Konstruktionsbücher

Herausgeber Professor Dr.-Ing. K. Kollmann, Karlsruhe

14

Verbindungselemente der Feinwerktechnik

Von

Obering. Hermann Pöschl

Karlsruhe

Mit 741 Abbildungen

Springer-Verlag Berlin Heidelberg GmbH 1954

ISBN 978-3-540-01825-4   ISBN 978-3-662-13365-1 (eBook)
DOI 10.1007/978-3-662-13365-1

Vorwort.

Die Eigengesetzlichkeit der Feinwerktechnik und die zunehmende Bedeutung dieser Technik in der deutschen Industrie verlangen eine ausgiebigere Behandlung im Schrifttum, da die Konstruktionen der Feinwerktechnik anderen Bedingungen unterliegen als die des Maschinenbaues.

Dem fühlbaren Mangel an Schrifttum kann in der Praxis nur durch die praktische Wissensvermittlung in den Konstruktionsbüros begegnet werden. Die Notwendigkeit der Verbreitung konstruktiven Wissens hat man zwar längst erkannt, da aber eine Lehre vom Konstruieren fehlt und überdies Konstruieren eine Kunst ist, die nur zu einem kleinen Teil gelehrt werden kann, die Industrie als die Verbraucherin konstruktiven Könnens aber nicht auf die geniale Idee warten kann, sondern immer auf die Arbeit guter Konstruktionsingenieure angewiesen ist, muß alles getan werden, um diesen Konstruktionsingenieuren die Arbeit zu erleichtern und die Arbeit im Konstruktionsbüro zu rationalisieren.

Dazu soll dieses Buch, soweit es in diesem bescheidenen Rahmen möglich ist, beitragen.

Es soll keine umfassende Behandlung der Verbindungselemente der Feinwerktechnik sein, sondern ist als Einführung in dieses Gebiet gedacht.

Der Konstrukteur steht immer vor der Aufgabe, sich nach und nach die umfangreichen Erfahrungsschätze oft mühevoll erschließen zu müssen, um sie für die Praxis zu verwerten. Dabei soll ihm dieses Buch ein Helfer sein, dem Studierenden zur Einführung, dem tätigen Konstrukteur zur Anregung.

Auch dieses Teilgebiet konstruktiven Wissens ist in ständiger Wandlung begriffen, ein Umstand, der eine Sammlung von Beispielen im Sinne von Rezepten ohnedies ausschließt. Aus diesem Grunde sind auch nur grundsätzliche Beispiele gewählt worden, die das konstruktive Denken anregend und fördernd beeinflussen sollen, um dem Konstrukteur zu einer brauchbaren, nach Möglichkeit optimalen Lösung zu verhelfen, ohne die Freiheit schöpferischen Denkens und Gestaltens zu beeinflussen.

Karlsruhe, im Februar 1954.

Hermann Pöschl.

Inhaltsverzeichnis.

Allgemeines.

Einleitung.

Eine vollkommene Konstruktion verlangt schon beim Entwurf die weitgehende Berücksichtigung der Fertigung und Fertigungsmöglichkeiten. Das gilt sowohl für die Gestaltung der Bauteile als auch für die Verbindung der Teile untereinander. Gebilde, die nicht erst durch Zusammensetzen mehrerer Einzelteile entstehen, sind selten. Für den Konstrukteur ergibt sich deshalb immer wieder die Aufgabe, zwei oder mehrere Teile miteinander zu verbinden. Deshalb wird von ihm die Kenntnis einer Unzahl von Verbindungsmöglichkeiten und deren zweckmäßige Anwendung verlangt. Wenn eine Verbindung auf normalem Wege nicht möglich ist, muß er unter Umständen vollkommen neue Wege gehen, unter Abweichung vom Üblichen. Vielfach ist es möglich, Lösungen aus anderen Arbeitsgebieten (Maschinenbau) in gleicher oder ähnlicher Form zu verwenden.

Die Verbindungselemente der Feinwerktechnik unterscheiden sich wesentlich von denen des Maschinenbaus. Eine Reihe für die Feinwerktechnik charakteristischer Forderungen bedingt diesen Unterschied und führte auch zur Entwicklung von Bauelementen und Verfahren zur Herstellung von Verbindungen der Teile untereinander, die im allgemeinen Maschinenbau kaum Verwendung finden.

Vor allem ist es die Massenfertigung, die neben der bestmöglichen Konstruktion zugleich die wirtschaftlichste Lösung verlangt. Der Hauptanteil an den Kosten eines feinmechanischen Erzeugnisses ist meist der Lohn. Konstrukteur und Betriebsmann sind deshalb bemüht, den Bauteilen und Verbindungselementen eine bis ins kleinste gehende konstruktive und fertigungstechnische Durcharbeitung angedeihen zu lassen. Die Massenfertigung erfordert ferner Verfahren und Vorrichtungen, die es zulassen angelernte Arbeitskräfte zu beschäftigen, andererseits rechtfertigt sie aber auch die Anwendung komplizierter und teurer Vorrichtungen und Maschinen. Die kleinen Abmessungen der Teile machen im Gegensatz zum Maschinenbau die Anwendung von billigen formschlüssigen Verbindungen durch Vernieten, Verlappen, Verpressen usw. oder durch stoffschlüssige Verbindungen wie Schweißen, Einbetten u. dgl. möglich.

Die in den Verbindungselementen der Feinwerktechnik auftretenden Beanspruchungen sind sehr verschiedenartig. Sie sind hinsichtlich ihrer Größe manchmal schwer zu erfassen. Meist sind die Festigkeitsanforderungen gering; vielfach bedingen aber zusätzliche im Betrieb auftretende Beanspruchungen (z. B. Schwingungen u. dgl.) eine besondere konstruktive Durchbildung.

Für die Auswahl des Werkstoffes der Verbindungselemente und ihre Bemessung gelten ähnliche Regeln wie bei der Gestaltung der Einzelteile eines feinmechanischen Gerätes. Ausschlaggebend für die Bemessung sind mit wenigen Ausnahmen nicht die Festigkeitswerte des Werkstoffes, da die Teile so klein und schwach dimensioniert werden müßten, daß man sie kaum noch bearbeiten könnte. Werkstoffe mit hohen Festigkeiten sind deshalb in der Feinwerktechnik selten. Werkstoffe, die sich leicht und ohne viel Arbeitsgänge bearbeiten lassen, überwiegen.

Ähnliche Überlegungen gelten für die Verbindungselemente. Die Vorteile, die eine Vereinheitlichung gleichartiger oder ähnlicher Verbindungselemente mit sich bringt, hat schon frühzeitig zur Normung der wichtigsten und am häufigsten vorkommenden Verbindungselemente geführt. Es wäre falsch, anzunehmen, daß damit die Tätigkeit des Konstrukteurs in bezug auf die Gestaltung oder die Verbesserung bekannter, genormter Verbindungselemente erschöpft sei. Es würde einen Stillstand der technischen Entwicklung unserer Verbindungselemente bedeuten, wenn sich der Konstrukteur bei der Gestaltung von Verbindungen lediglich auf die sinnvolle Anwendung genormter Verbindungselemente beschränken würde. An den Konstrukteur muß die Forderung gestellt werden, die Verbindungselemente gegebenenfalls um- oder neu zu gestalten. Meist sind es neuere Erkenntnisse oder Forschungsergebnisse der Festigkeitslehre oder neuartige Anforderungen, die eine Um- oder Neugestaltung ermöglichen oder sogar bedingen. Da in der feinmechanischen Fertigung der Lohn gegenüber den Materialkosten überwiegt, haben auch Verbesserungen der Verfahren zur Herstellung von Verbindungen schon Änderungen oder Neugestaltungen von Verbindungselementen nach sich gezogen.

Die Verbindungselemente der Feinwerktechnik sind in bezug auf ihre Entwicklung keinesfalls abgeschlossen. Selbst seit langem gebrauchte Elemente, wie Schrauben oder Niete, sind stetigen Verbesserungen unterworfen und werden verschiedentlich auch durch neuartige und bessere Verbindungsarten verdrängt.

Der Konstrukteur hat die Möglichkeit, durch die geschickte Auswahl der Verbindungselemente und ihre zweckmäßige Gestaltung schon einen beträchtlichen Teil seiner Aufgabe zu lösen — auf dem Wege zur Erzielung der optimalen Lösung einer Konstruktion.

Einteilung und Benennung.

Die Verbindung kann eine mittelbare oder eine unmittelbare sein. Bei einer mittelbaren Verbindung dient ein besonderes, zusätzliches Verbindungselement zur Verbindung der Teile (Verschraubung, Vernietung), während bei der unmittelbaren Verbindung die Teile sich selbst zusammenhalten (Verlappung, Verschweißung).

Darüber hinaus unterscheidet man zwischen formschlüssigen, kraftschlüssigen und stoffschlüssigen Verbindungen.

Bei einer formschlüssigen Verbindung halten sich die zu verbindenden Teile selbst zusammen, z. B. Verlappung, Einbettung.

Eine Verpressung zweier Teile stellt eine kraftschlüssige Verbindung dar.

Von einer stoffschlüssigen Verbindung spricht man, wenn die Teile durch Löten, Schweißen, Kleben u. dgl. zusammengehalten werden.

Die beschriebenen Verbindungsarten treten nicht immer allein auf. So ist beispielsweise eine Vernietung sowohl form- als kraftschlüssig, wenn es sich um die feste Verbindung zweier Teile handelt. Ein reiner Formschluß liegt dagegen vor, wenn die Teile beweglich miteinander vernietet sind.

Weiterhin unterscheidet man zwischen lösbaren und unlösbaren Verbindungen. Lösbar ist eine Verbindung, wenn die Teile sich ohne Zerstörung der Verbindungselemente oder der verbundenen Teile selbst wieder trennen lassen.

Über die Wahl der Verbindung.

Bei den vielen Möglichkeiten der Verbindung von Teilen ist immer wieder die Frage der günstigsten Verbindung zu klären. Die richtige Verbindungsart auszuwählen ist schwierig, da die Güte einer Verbindung von vielen Faktoren beeinflußt wird. Es entspricht nicht der Denkweise des Konstrukteurs, dabei nach einem bestimmten Schema vorzugehen, er schaltet bei der Wahl einer Verbindung von vornherein schon eine große Zahl von Verbindungsmöglichkeiten aus. Ist beispielsweise aus konstruktiven Gründen eine lösbare Verbindung notwendig, so scheidet die Vielzahl der unlösbaren Verbindungen aus und die Auswahl beschränkt sich auf die lösbaren. Da schon der Entwurf mitunter in starkem Maße von der gewählten Verbindung beeinflußt wird, muß sich der Konstrukteur rechtzeitig über die Art der Verbindung im klaren sein. Die Güte einer Verbindung ist zwar vorwiegend, aber nicht ausschließlich durch die Wahl einer bestimmten Verbindung bedingt. So ist beispielsweise bei einer Schweißverbindung die Güte nicht nur von der Arbeit des Ausführenden, sondern auch von der Schweißbarkeit des Werkstoffes und damit auch von der Auswahl des letzteren abhängig. Von Einfluß ist auch die geforderte Genauigkeit. Enge Fertigungstoleranzen, die eine erhebliche Mehrarbeit bedingen, können vermieden werden durch geeignete Gestaltung, zweckmäßige Wahl der Verbindungsart und durch eine geschickte Bemaßung. Bei Außenteilen ist mitunter das Aussehen von Wichtigkeit und deshalb mitbestimmend bei der Gestaltung einer Verbindung oder eines Verbindungselementes. Bei der Gestaltung einer Verschraubung ist darauf zu achten, daß Schraube und Mutter gut zugänglich sind und genügend Platz für das Anziehen vorhanden ist. Bei der Beurteilung der Güte einer Verbindung spielt auch die Sicherheit eine große Rolle. Nicht zuletzt entscheidet die Preiswürdigkeit bei gleichwertigen Verbindungen. Die richtige Verbindung auszuwählen, setzt die Kenntnis der Fertigung und Fertigungsmöglichkeiten voraus. Dies gilt in besonderem Maße für die Verbindungen in der Feinwerktechnik. Es ist unerläßlich, daß der Konstrukteur die Verbindung in bezug auf die bei der Fertigung oder Montage möglichen Fehler kritisch prüft.

Korrosion durch Elementbildung.

Kommen bei der Verbindung zweier oder mehrerer Teile Werkstoffe miteinander zur Berührung, die zur Korrosion neigen und deren Berührungsstelle feucht wird, dann besteht die Gefahr der Korrosion durch Elementbildung, die unter Umständen zur Zerstörung der Teile führen kann. Das betrifft sowohl die Teile untereinander als auch Bauteile und Verbindungselement, beispielsweise Schraube oder Niet. Die Korrosionsgefahr ist um so größer, je größer der Spannungsunterschied zwischen den beiden sich berührenden Metallen ist.

Die Korrosion kann vermieden oder wenigstens verringert werden, wenn man Metalle auswählt, die möglichst wenig Spannungsunterschied gegeneinander aufweisen, in der elektrochemischen Spannungsreihe also möglichst benachbart sind. Häufig genügt es schon, plattierte oder mit einer geeigneten Oberfläche versehene Werkstoffe zu verwenden (galvanische Oberflächenbehandlung oder Lackierung). Das elektrochemische Potential von Legierungen kann durch geringe Zusätze

Einige Daten aus der elektrochemischen Spannungsreihe.

Magnesium	−1,87 Volt	Kobalt	−0,26 Volt
Aluminium	−1,45 „	Nickel	−0,25 „
Mangan	−1,10 „	Zinn	−0,15 „
Zink	−0,76 „	Blei	−0,13 „
Chrom	−0,56 „	Kupfer	+0,35 „
Eisen	−0,43 „	Silber	+0,80 „
Kadmium	−0,42 „	Gold	+1,50 „

(z. B. von Cu) veredelt werden. Meist genügt schon eine, zwischen die gefährdeten Teile gelegte Scheibe aus geeignetem Material. Zur Isolierung der gefährdeten Metalle dienen Lacke und vor allem Kunststoffe, wie chlorfreies Vulkanfiber, Kunststoff, chromfreies Leder, Gummi und Ölpapier. Neben plattierten Werkstoffen werden auch plattierte Verbindungselemente verwendet, die durch einen meist aufgeschweißten metallischen Überzug gegen Korrosion geschützt sind.

In Abb. 1 sind die beiden Buchsen A und B aus verschiedenen Materialien. Die Korrosionsgefahr kann durch Zwischenlegen einer Scheibe C aus geeignetem Material, das beispielsweise in der elektrolytischen Spannungsreihe zwischen den Materialien der Buchse A und B liegt, wesentlich verringert werden.

Durch Aufschweißen eines metallischen Überzuges plattierte Leichtmetallniete zeigt Abb. 2.

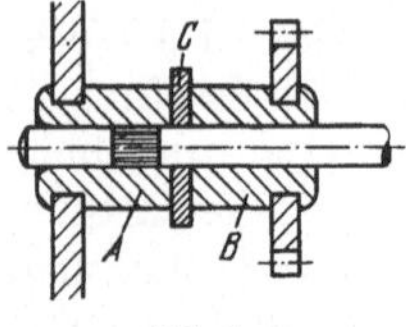

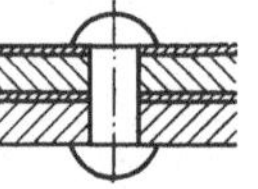

Abb. 1.　　　　Abb. 2.　　　　Abb. 3 u. 4.

Plattierte Werkstoffe bieten noch keinen vollwertigen Korrosionsschutz, da an den Schnittflächen der Verbindungsstelle noch Korrosionsgefahr zwischen Bauteil und Verbindungselement besteht (Abb. 3). Ein vollkommener Korrosionsschutz dagegen wird durch die Verwendung plattierter Niete, wie in Abb. 4 gezeigt, erreicht.

Eine weitere Möglichkeit bietet die Isolierung der gefährdeten Bauteile durch Zwischenlagen (Abb. 5). Die noch bestehende Korrosionsgefahr zwischen Schraube und Alu-Bauteil kann durch Oberflächenbehandlung der Schraube beseitigt werden (Anstrich oder galvanischer Überzug).

Sofern eine Oberflächenbehandlung nicht möglich ist, muß die Schraube ebenfalls von den Bauteilen isoliert werden, wie dies für einen Sonderfall in Abb. 6 dargestellt ist.

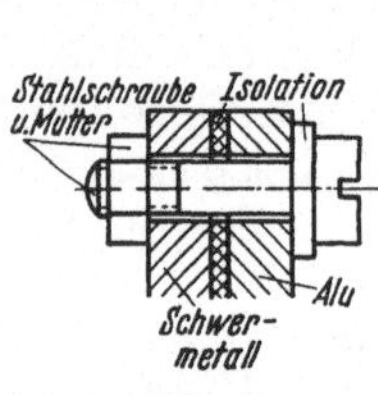

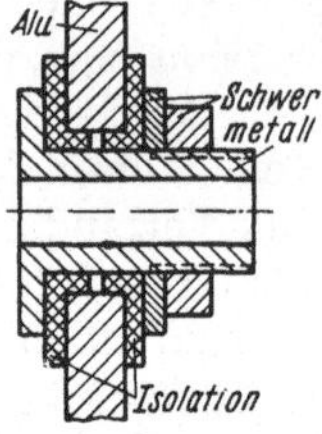

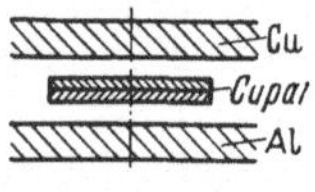

Abb. 5.　　　　Abb. 6.　　　　Abb. 7.

Für plattierte Werkstoffe selbst besteht keine Korrosionsgefahr. Sie eignen sich deshalb gut als Zwischenlage bei der Verbindung gefährdeter Materialien, z. B. Zwischenlage einer Cupalscheibe bei der Verbindung eines Cu- und eines Alu-Teils, wobei selbstverständlich die Kupferseite des Cupalbleches dem Bauteil aus Kupfer zugewendet sein muß (Abb. 7).

Bei starren Nietverbindungen kann als Isolation auch guter Lack verwendet werden (Abb. 8). Bei Verbindungen, die öfter gelöst werden müssen, oder bei elastischen Verbindungen kann man Kunststoffe verwenden. Auch chromfreies Leder, Gummi und Ölpapier sind geeignet (Abb. 9).

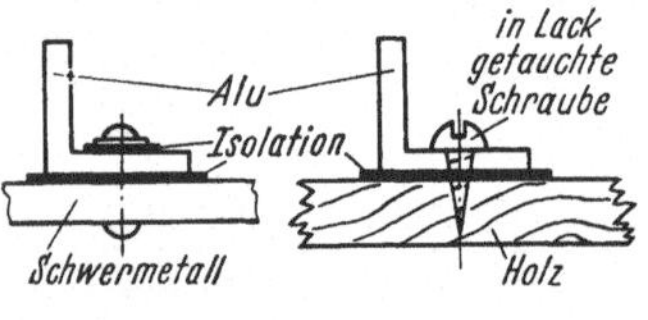

Abb. 8 u. 9.

A. Schraubverbindungen.

I. Gestaltung der Schraube und des Muttergewindes.

1. Die Schraube in der Feinwerktechnik. Die Schraube ist das gebräuchlichste, lösbare Verbindungselement. Der große Bedarf sämtlicher Industrien, die Massenfertigung und der Austauschbau führten schon frühzeitig zur Normung der Schrauben. Dies zeigte sich sehr bald als notwendig, weil jeder das Gewinde nach eigenen Regeln herstellte. WHITWORTH schuf als erster Ordnung, indem er das nach ihm benannte Gewindesystem festlegte, das allgemein Anwendung in allen Ländern fand. Etwas unglücklich war allerdings die Wahl des Flankenwinkels mit 55°. Ein kleiner Flankenwinkel ergibt große Tragflächen, läßt sich aber schwerer herstellen. Je größer der Winkel, desto geringer werden die Tragflächen. WHITWORTH legte deshalb als Mittelwert 55° fest. Naheliegender wäre es gewesen, 60° zu wählen, als den unkonstruierbaren Winkel von 55°.

Wie jeder Industriezweig hat auch die Feinwerktechnik die ihr eigentümlichen Schraubenformen in Normen festgelegt. Dies bringt eine Reihe von Vorteilen mit sich, die vor allem dem Konstrukteur zugute kommen, der nur in Ausnahmefällen Sonderformen entwickelt, wenn es konstruktiv oder aus Gründen der Preiswürdigkeit bedingt ist. Kopfform, Profilform und Genauigkeit werden durch den Gebrauchszweck bestimmt. Die Feinwerktechnik verwendet für Befestigungsschrauben fast ausschließlich das metrische Gewinde und das metrische Feingewinde. Die anderen Gewindeprofile finden hauptsächlich für Bewegungsschrauben Anwendung, als Befestigungsschrauben nur dann, wenn die Eigenart des betreffenden Profils konstruktive Vorteile bringt.

Das Gewinde wurde bei den ersten Schrauben geschmiedet oder gefeilt. Dann verwendete man gehärtete Muttern als Schneideisen. Da die Muttern keine Nuten hatten, konnte das Gewinde nicht geschnitten, sondern nur gequetscht werden. Erst später verwendete man Schneideisen mit Nuten, die den Spänen Raum gaben. Die Erfindung der Schneidkluppe war ein gewaltiger Fortschritt. Heute werden die Gewinde der Befestigungs- und Bewegungsschrauben je nach Bedarf, Verwendungszweck, Fertigungsmöglichkeit und Genauigkeit durch Schneiden, Schleifen, Fräsen oder Walzen (Rollen) hergestellt. Die spanlos arbeitenden Herstellverfahren überwiegen, da sie am wirtschaftlichsten sind. Übertriebene Anforderungen hinsichtlich der Genauigkeit des Gewindes versucht der Konstrukteur der höheren Kosten wegen zu vermeiden. Das gleiche gilt für das Aussehen der Schraube, das vielfach durch die Fertigung bedingt ist.

Form und Herstellung des Kopfes haben eine lange Entwicklungszeit hinter sich. Die ältesten Schrauben hatten Vierkantkopf und Vierkantmuttern. Vom Vierkantkopf kam man erst auf Umwegen zum heute allgemein üblichen Sechskantkopf. Zur Herstellung des Kopfes hat man früher einen Rundstab bis zur Rotglut erhitzt und den Kopf gestaucht. In einem weiteren Arbeitsgang wurde der Grat entfernt. Besonders für kleinere Schrauben war dieses Verfahren zu unwirtschaftlich. Erst die Werkstofforschung und Erzeugung des richtigen Werkstoffes machten es möglich, brauchbare Schrauben durch Kaltverformung herzustellen. Das Rundmaterial wird vorgestaucht und in einem zweiten Arbeitsgang zu einem Zylinderkopf fertig gestaucht. Zur Herstellung von Sechskantköpfen wird der Zylinderkopf noch durch eine Sechskantlochmatrize gedrückt, wobei die überstehenden Kopfteile abgegratet werden.

Als Kopfformen haben sich in der Feinwerktechnik besonders der Zylinderkopf, der Senkkopf, der Halbrundkopf, der Linsenkopf, der Linsensenkkopf und für größere Abmessungen der Sechskantkopf eingebürgert. Darüber hinaus findet man Stiftschrauben und Gewindestifte.

Grundsätzlich kann gesagt werden, daß Schraubverbindungen in der Feinwerktechnik nur als lösbare Verbindungen Bedeutung haben. Die Schraube ist das einzige Verbindungselement, das auch ein wiederholtes Lösen gestattet, ohne daß dabei die Bauteile oder die Schraube selbst beschädigt werden und deshalb ausgewechselt werden müssen. Verglichen mit anderen Verbindungen sind Verschraubungen verhältnismäßig teuer, sei es durch das Gewindeschneiden oder durch zusätzliche Teile, wie Schrauben und Muttern. Besonders groß wird der Aufwand gegenüber anderen Verbindungsarten, wenn außer der Schraube, Scheibe und Mutter noch Sicherungselemente nötig sind. Gewichtsmäßig ist die Schraube ungünstiger als andere Verbindungselemente. Es werden demnach Verbindungen, die weder im Betrieb noch bei der Instandsetzung gelöst werden müssen, überwiegend als unlösbare Verbindungen gestaltet.

2. Das Gewinde, Entstehung, Abmessung und Benennung. Wickelt man ein Dreieck so um einen Zylinder, daß sich die eine Seite mit dem Umfang der Grundfläche deckt, so beschreibt die andere eine Schraubenlinie (Abb. 10).

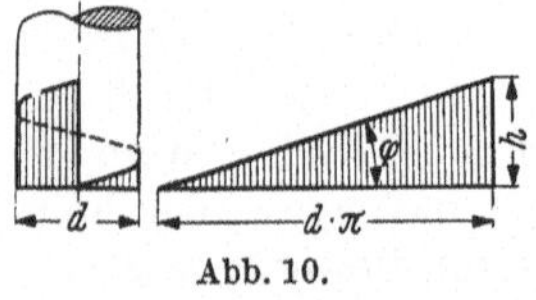

Abb. 10.

Der Abstand zweier auf der gleichen Mantellinie liegenden Punkte der Schraubenlinie heißt Ganghöhe oder Steigung (h).

Die Schraube entsteht, wenn ein Prisma mit gleichbleibender Steigung auf einem Zylinder aufgewickelt wird.

Werden zwei oder mehr Prismen aufgewickelt, so entsteht die zwei- oder mehrgängige Schraube. Gebräuchlich sind: *Flachgängiges Gewinde* (Abb. 11); *scharfgängiges Gewinde* (Abb. 12); *Trapezgewinde* (Abb. 13); *Rundgewinde* (Abb. 14).

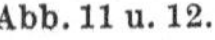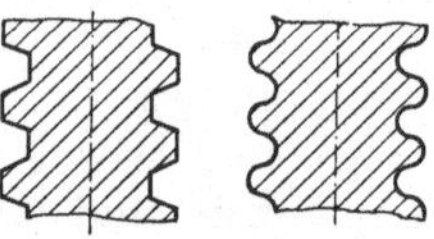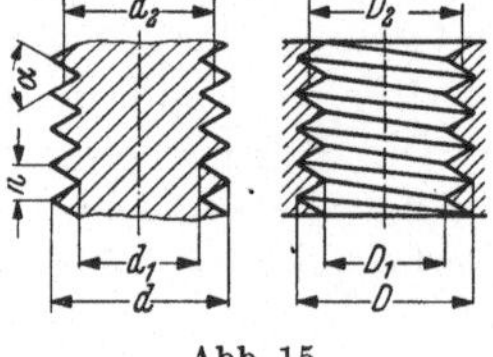

Abb. 11 u. 12.   Abb. 13 u. 14.   Abb. 15.

Abmessungen und Bezeichnung:

Außendurchmesser, Bolzen d,
Außendurchmesser, Mutter D,
Kerndurchmesser, Bolzen d_1,
Kerndurchmesser, Mutter D_1,
Flankendurchmesser, Bolzen d_2,
Flankendurchmesser, Mutter D_2.
Steigung (oder Ganghöhe) h,
Flankenwinkel α,
Steigungswinkel (Abb. 15) φ.

Der Steigungswinkel einer Schraube ist für Außendurchmesser, Kerndurchmesser und Flankendurchmesser verschieden. Der mittlere Steigungswinkel wird aus dem Flankendurchmesser d_2 errechnet zu:

$$\operatorname{tg}\varphi = \frac{h}{d_2 \cdot \pi}, \qquad d_2 = \frac{d + d_1}{2}.$$

Gekennzeichnet ist das Gewinde durch: Profilform, Durchmesser, Steigung, Gangzahl (ein- oder mehrgängig), Richtung (rechts oder links).

Je nach dem Verwendungszweck unterscheidet man *Bewegungs-* und *Befestigungsschrauben.*

Die Bewegungsschrauben dienen dazu, eine Drehbewegung in eine geradlinige Bewegung zu verwandeln, oder umgekehrt. Sie haben flachgängiges, meist aber trapezförmiges Gewinde.

Befestigungsschrauben dienen dazu, zwei oder mehrere Teile miteinander zu verbinden. Meistens haben sie scharfgängiges Gewinde, da bei diesem der Reibungswiderstand und damit die Sicherheit gegen selbständiges Lösen am größten ist.

3. Übliche Gewinde, Bezeichnung — Verwendungszweck.

Gewindeart	Verwendungszweck	Profilform	Bezeichnungsbeispiel
Metrisches Gewinde nach DIN 13, Blatt 1	Für Befestigungsgewinde aller Art von 0,3 bis 68 mm Durchmesser. Gute Anlage in den Flanken durch Fortfall der Spitzen. Stimmt mit dem internationalen S. I.-Gewinde überein.	Abb. 16.	M 8
Metrisches Feingewinde nach DIN 244 bis 247 und DIN 516 bis 521	Überall dort verwendet, wo aus konstruktiven Gründen kleinere Steigung und geringere Gewindetiefe notwendig sind.	Abb. 17.	M 20×1,5
Whitworth-Gewinde nach DIN 11	In Deutschland nur noch in geringem Umfang — vornehmlich für Armaturenbau, Flanschverbindungen usw. — gebräuchlich.	Abb. 18.	1″
Whitworth-Feingewinde nach DIN 239 bis 240	Siehe WHITWORTH-Gewinde und metrisches Feingewinde.	Wie Abb. 18.	W 60× $^1/_6$ ″
Whitworth-Rohrgewinde nach DIN 259	Gewindeform entspricht dem WHITWORTH-Gewinde, jedoch mit kleinerer Steigung. Der Nenndurchmesser bezieht sich auf das dazugehörige Rohr (R 1″ = 32,9 mm Gewindedurchmesser). Verwendet für Gewinde, die dicht sein sollen (ohne besondere Dichtungsmittel), also nur für Installationszwecke (Armaturen, Fittings), nicht als Konstruktionsgewinde.	Wie Abb. 18.	R 1″
Whitworth-Rohrgewinde mit Spitzenspiel nach DIN 260	Als Konstruktionsgewinde verwendbar, im Gegensatz zu WHITWORTH-Rohrgewinde nach DIN 259.	Wie Abb. 18.	R $^3/_4$″ m Sp

Gewindeart	Verwendungszweck	Profilform	Bezeichnungs-beispiel
Trapezgewinde nach DIN 103, DIN 378, DIN 379	Verwendet für Bewegungsgewinde (Spindeln). Das Flachgewinde wurde durch das Trapezgewinde fast völlig verdrängt.	Abb. 19.	Trapg 50×8
Sägengewinde nach DIN 513 bis DIN 515	Verwendet für Gewinde, die hohe Drücke übertragen müssen (Spindeln für Pressen). Tragende Flanke fast senkrecht zur Achse.	Abb. 20.	S 70×10
Rundgewinde nach DIN 405	Verwendet im Armaturenbau, wo sich die scharfen Kanten anderer Gewinde abnutzen würden.	Abb. 21.	Rundg 40× $^1/_6''$
Edison-Gewinde nach DIN VDE 40 400	Für Lampensockel, Fassungen und Sicherungen.	Abb. 22.	R 27 VDE 400
Stahlpanzerrohrgewinde nach DIN 40430	Für Installation mit Stahlpanzerrohr und Durchführungsarmaturen, z. B. Kabeleinführung.	Abb. 23.	Pg 16
Gewinde für Schutzgläser und Kappen nach DIN VDE 40 450	Vorwiegend für die chemische Industrie und Laborgeräte.	Abb. 24.	Glasg 74,5

Bezeichnungsbeispiel für linksgängiges Gewinde: M 6 links.
Bezeichnungsbeispiel für mehrgängiges Gewinde links: M 20 links   (2gäng)

4. Berechnung der Schraube. In der Feinwerktechnik werden Bolzendurchmesser und Gewindetiefe einer Schraubverbindung selten rechnerisch ermittelt, die Festlegung erfolgt meist gefühlsmäßig. Eine rechnerische Nachprüfung der empirisch festgelegten Abmessungen ergibt fast durchweg einen ziemlich großen Sicherheitsfaktor. Vielfach werden die Abmessungen einzelner Verschraubungen absichtlich überdimensioniert, um einheitliche Gewinde innerhalb eines Bauteiles zu erhalten und damit die Fertigung zu erleichtern.

Die Beanspruchungsverhältnisse sind meist sehr kompliziert. In den seltensten Fällen handelt es sich um reine Zug- oder Druckbeanspruchungen. Zusätzliche Beanspruchungen, wie sie beispielsweise beim Anziehen der Schraube oder im Betrieb durch Schwingungen verursacht werden, bestimmen vielfach die Abmessungen der Verschraubung. Biegebeanspruchungen, wie sie durch schiefe Kopfauflage oder nicht planparallele Bauteile entstehen, bringen eine weitere zusätzliche Belastung. Die kleinen Abmessungen, wie sie in der Feinwerktechnik vorkommen, erfordern eine besondere Beachtung dieser Einflüsse. Das Gefühl für das richtige Anzugsmoment einer Schraube geht mit kleiner werdendem Durchmesser allmählich verloren. Der Einfluß der Toleranzen wird größer.

Wenn an Stelle der gefühlsmäßig festgelegten Abmessung die errechnete Zahl treten soll, dürfen die vorerwähnten Hinweise nicht außer acht gelassen werden.

Die Festigkeit einer Schraubverbindung ist von der Abmessung der Schraube und von der Länge des Muttergewindes abhängig. Bei zu geringer Länge des Muttergewindes werden bei Überlastung die Gewindegänge im Muttergewinde zerstört; bei zu reichlich bemessener Länge des Muttergewindes erfolgt der Bruch im Gewindebolzen.

Bei einer richtig gestalteten Schraubverbindung ist das Muttergewinde so bemessen, daß es der Festigkeit der Schraube entspricht.

Eine Stahlschraube erfordert also beispielsweise in Aluminium eine größere Gewindetiefe als in Stahl, andernfalls ist die Schraube nicht voll ausgenutzt.

Berechnung der Schraube. Als tragende Fläche kommt nur der Kernquerschnitt der Schraube in Frage. Zur leichteren Handhabung der Formel sei jedoch der Nenndurchmesser zugrunde gelegt. Bei Schrauben mit metrischem Gewindeprofil verhält sich der Nennquerschnitt zum Kernquerschnitt ungefähr wie $1:0,65$. Die wirksame Fläche ist demnach

$$F = 0,65 \cdot \frac{d^2\,\pi}{4}.$$

Führt man mit Rücksicht auf die zusätzliche Verdrehbeanspruchung beim Anziehen der Schraube den Faktor $0,8$ ein, so ergibt sich die zulässige Beanspruchung:

$$P = 0,8 \cdot 0,65 \cdot \frac{d^2\,\pi}{4} \cdot \sigma \cdot \frac{1}{v}.$$

$$d = \sqrt{\frac{P \cdot v}{0,4 \cdot \sigma}}$$

nur für Schrauben mit metrischem Gewindeprofil ($d = $ Außendurchmesser).

$$d_1 = \sqrt{\frac{P \cdot v}{0,63 \cdot \sigma}}$$

für Schrauben mit beliebigem Gewindeprofil ($d_1 = $ Kerndurchmesser).

Es bedeuten:

$P = $ auf die Schraube wirkende Kraft in kg,

$d = $ Nenndurchmesser (Außendurchmesser) der Schraube in mm,

$\sigma = $ Zugfestigkeit des Schraubenwerkstoffes in kg/mm^2,

$v = $ Sicherheit,

$d_1 = $ Kerndurchmesser der Schraube in mm.

Werte für die Bruchbeanspruchung σ_B sind aus der Bezeichnung des Werkstoffes (z. B. St 34.11), aus Hilfsbüchern, Werkstoffblättern, Normen oder aus der Kennzeichnung der Schraube selbst zu entnehmen. Die Kennzeichnung hochwertiger Schrauben und Muttern erfolgt nach DIN 267. Das Kennzeichen setzt sich zusammen aus einer Kennzahl und einem Kennbuchstaben, z. B. 8 G. Die Zahl „8" drückt aus: 80 kg je mm^2 Mindestzugfestigkeit. Der Buchstabe „G" gibt Aufschluß über Streckgrenze und Dehnung. Näheres siehe DIN 267.

Der Wert für die Sicherheit v kann, sofern nicht Grund für die Festlegung eines anderen Wertes vorhanden ist, für Verschraubungen mit $v = 2,5$ angenommen werden. Dieser Wert hat sich praktisch bewährt.

Obige Formeln für die Berechnung des Schraubendurchmessers gelten für rein statische Belastung der Verschraubung. Bei wechselnder Beanspruchung muß dem jeweiligen Belastungsfall Rechnung getragen werden. Man rechnet dann meist mit der zulässigen Spannung σ_{zul}, dem Quotienten aus der, dem jeweiligen Belastungsfall entsprechenden Materialfestigkeit und der Sicherheit.

Werte für die zulässige Spannung σ_{zul} können aus Hilfsbüchern, Tabellen (C. BACH), Werkstoffblättern usw. entnommen werden.

Die Formeln für die Berechnung des Schraubendurchmessers ändern sich bei Verwendung der Werte für die zulässige Spannung σ_{zul} wie folgt:

Gewindeaußendurchmesser für Schrau-   Kerndurchmesser für Schrauben mit
ben mit metrischem Gewindeprofil: beliebigem Gewindeprofil:

$$d = \sqrt{\frac{P}{0,4 \cdot \sigma_{zul}}}. \qquad\qquad d_1 = \sqrt{\frac{P}{0,63 \cdot \sigma_{zul}}}$$

5. Bestimmung der Einschraublänge (Gewindetiefe). Bei einer richtig gestalteten Schraubverbindung entspricht die Festigkeit des Schraubenbolzens der Festigkeit des Muttergewindes. Dabei ist es gleichgültig, ob es sich um die Bemessung der Mutter bei mittelbaren Verschraubungen oder um die Bemessung der Einschraublänge (Gewindetiefe) bei einer unmittelbaren Verschraubung handelt.

Weiterhin muß man verlangen, daß bei einer richtig gestalteten und einwandfrei ausgeführten Verschraubung die der Berechnung zugrunde gelegten Kräfte ausreichen, um zwischen den zu verbindenden Teilen durch Schraube und Mutter so viel Reibung zu erzeugen, daß ein Verrutschen der Teile verhindert wird. Daß sich bei unsachgemäßer Montage die Mutter löst und der Schraubenschaft auf Abscheren beansprucht wird, stellt eine zusätzliche Belastung dar, auf die aber gegebenenfalls Rücksicht genommen werden muß.

Leider sind die in den Schraubverbindungen der Feinwerktechnik auftretenden Beanspruchungen sehr verschiedenartig und hinsichtlich ihrer Größe, im Gegensatz zum Maschinenbau, außerordentlich schwer zu erfassen.

Wenn auch die Schraubverbindungen in der Feinwerktechnik in bezug auf die Festigkeit meist sehr reichlich bemessen sind, so besteht doch die Gefahr, daß bei den kleinen Abmessungen der Verschraubungen eine Reihe von Einflüssen eine sehr wesentliche Rolle spielt. Deshalb ist eine rein festigkeitsmäßige Berechnung in den meisten Fällen unangebracht. So ist beispielsweise die Gefahr, daß die Schraube bei der Montage überbeansprucht wird, viel größer als im Maschinenbau. Weiterhin ist der prozentuale Einfluß der Gewindetoleranzen bei den kleinen Abmessungen wesentlich höher als bei den Verschraubungen mit großen Gewindeabmessungen.

Auch der Einfluß der Oberflächenbehandlung bedingt bei den üblichen Abmessungen M 2,6 bis M 4 in bezug auf das Anzugsmoment und das Mindestbruchmoment schon Änderungen von 20 bis 30%.

Bei Verschraubungen in Leichtmetall führt besonders ein häufiges Lösen der Verschraubung eine wesentliche Festigkeitsminderung herbei. Derartige Verschraubungen werden deshalb zweckmäßigerweise mit Durchsteckschrauben ausgeführt oder es werden bei Gußstücken Stahlbuchsen eingegossen.

Untersucht man nun gar noch die Kräfteverhältnisse in einer Verschraubung, so stellt sich heraus, daß die Kraftübertragung zwischen Gewindebolzen und Mutter sehr ungünstig ist, da bei den üblichen Verschraubungen der erste Gewindegang über ein Drittel der zu übertragenden Kräfte aufnehmen muß. Darüber hinaus entsteht bei Wechselbeanspruchungen durch das mehr oder weniger große Gewindespiel eine schlagartige Kraftwirkung, die die Dauerfestigkeit wesentlich herabsetzt. Auch der Tatsache muß Rechnung getragen werden, daß bei den oft kleinen

Gewindelängen der Feinwerktechnik ein etwas zu starkes Entgraten des Gewindeloches schon eine erhebliche Verkürzung der Gewindelänge bedeuten kann.

Auf Grund der vorstehenden Überlegungen ist es deshalb sehr schwer und wahrscheinlich auch gar nicht angebracht, die Verschraubungen der Feinwerktechnik ganz schematisch zu berechnen. Es seien deshalb im nachfolgenden nur die Überlegungen und Richtwerte für die überschlägige Berechnung von Verschraubungen angegeben und im übrigen auf die, auf Grund nachfolgender Überlegungen und praktischer Erfahrungen ermittelten Werte verwiesen, die dem Diagramm in Abb. 25 entnommen werden können.

Bei Werkstoffen gleicher Festigkeit wählt man im allgemeinen die

$$\text{Einschraublänge } m = d,$$

wobei d = Gewindeaußendurchmesser ist.

Diese Faustformel hat auch heute noch Berechtigung. Die Einschraublänge ist damit zwar reichlich bemessen, und es brauchen für Verluste, die durch Senken des Muttergewindes entstehen, keinerlei Zuschläge mehr gemacht werden. Eine Festigkeitsberechnung, die unter Berücksichtigung der eingangs gestellten Forderung, daß die Festigkeit des Schraubenbolzens der Festigkeit des Muttergewindes entsprechen soll, durchgeführt wird, ergibt

$$\text{Einschraublänge } m = 0{,}8 \cdot d,$$

ein Wert, der auch bei der Bemessung der normenmäßig festgelegten Muttern zugrunde gelegt ist. Die in den Normen mit einer Einschraublänge bzw. Höhe von $0{,}5 \cdot d$ festgelegten Muttern genügen obiger Forderung nicht mehr. Sie sind für die vielen Zwecke gedacht, bei denen aus konstruktiven Gründen eine geringere Mutterhöhe erwünscht ist und die Festigkeit von untergeordneter Bedeutung ist, oder anderweitig, z. B. durch eine größere Anzahl von Schrauben, erreicht wird.

Bei Werkstoffen verschiedener Festigkeit ändert sich die Einschraublänge entsprechend der Festigkeit der Werkstoffe von Bolzen und Mutter zu:

$$m = d_1 \cdot \frac{\sigma_{Bolzen}}{\sigma_{Mutter}}.$$

σ = zulässige Spannung in kg/mm² des Bolzen- bzw. Mutterwerkstoffes.

Wenn man für σ die zulässigen Biegungswerte einsetzt, wird man der Tatsache gerecht, daß bei einer Überbeanspruchung vor dem Zerreißen zunächst die Gewindegänge abgebogen werden.

Auch diese Formel ergibt ebenso wie die beiden erstgenannten Faustformeln Werte mit einer etwas überdimensionierten Einschraublänge, wobei der Forderung Rechnung getragen wird, daß bei einer Überbeanspruchung der Verschraubung der Bolzen zu Bruch gehen soll und nicht das Muttergewinde.

Praktische Versuche haben dies auch bewiesen und damit den Nachweis erbracht, daß die Einschraublänge nach obigen Formeln zu groß wird. Das gilt insbesondere für die bei größeren Schraubenabmessungen in der Feinwerktechnik üblichen Gewinde mit feinerer Steigung (Feingewinde).

Nach neueren Forschungen[1] errechnet sich die Einschraublänge bzw. Mutterhöhe für Feingewinde zu:

$$m = 0{,}154 \left(\frac{d}{h}\right)^{0{,}68} \cdot d.$$

h = Steigung,
d = Gewindeaußendurchmesser.

---

[1] Nach B. Haas (Berlin): Z. VDI Bd. 82 (1938) Nr. 114.

Einschraublänge
Einschraublänge
Schraube-Zugfestigkeit in kg/mm² (σ_B)
15 25
10 20 30 40 50 60 70 80
40
30
25
20
15
10
Mutter-Zugfestigkeit in kg/mm² (σ_B)
1
1,5
2
2,5
3
3,5
4
4,5
5
6
7
8
10
12
14
16
18
20
25
30
35
40
Einschraublänge in mm
Beispiel: Werkstoff des Muttergewindes σ_B=20 kg/mm²
Schraube σ_B=60 kg/mm². Für Gewinde M4 ist
die Einschraublänge=6 mm, für M5=7 mm.
Oder: Einschraublänge 10 mm, für M8 und
einem Schraubenwerkstoff σ_B=50 kg/mm²,
Festigkeit des Werkstoffes für das Mutter-
gewinde= ~20 kg/mm²
M2
M3
M4
M5
M6
M8
M 10
M 12
M 16
M 20

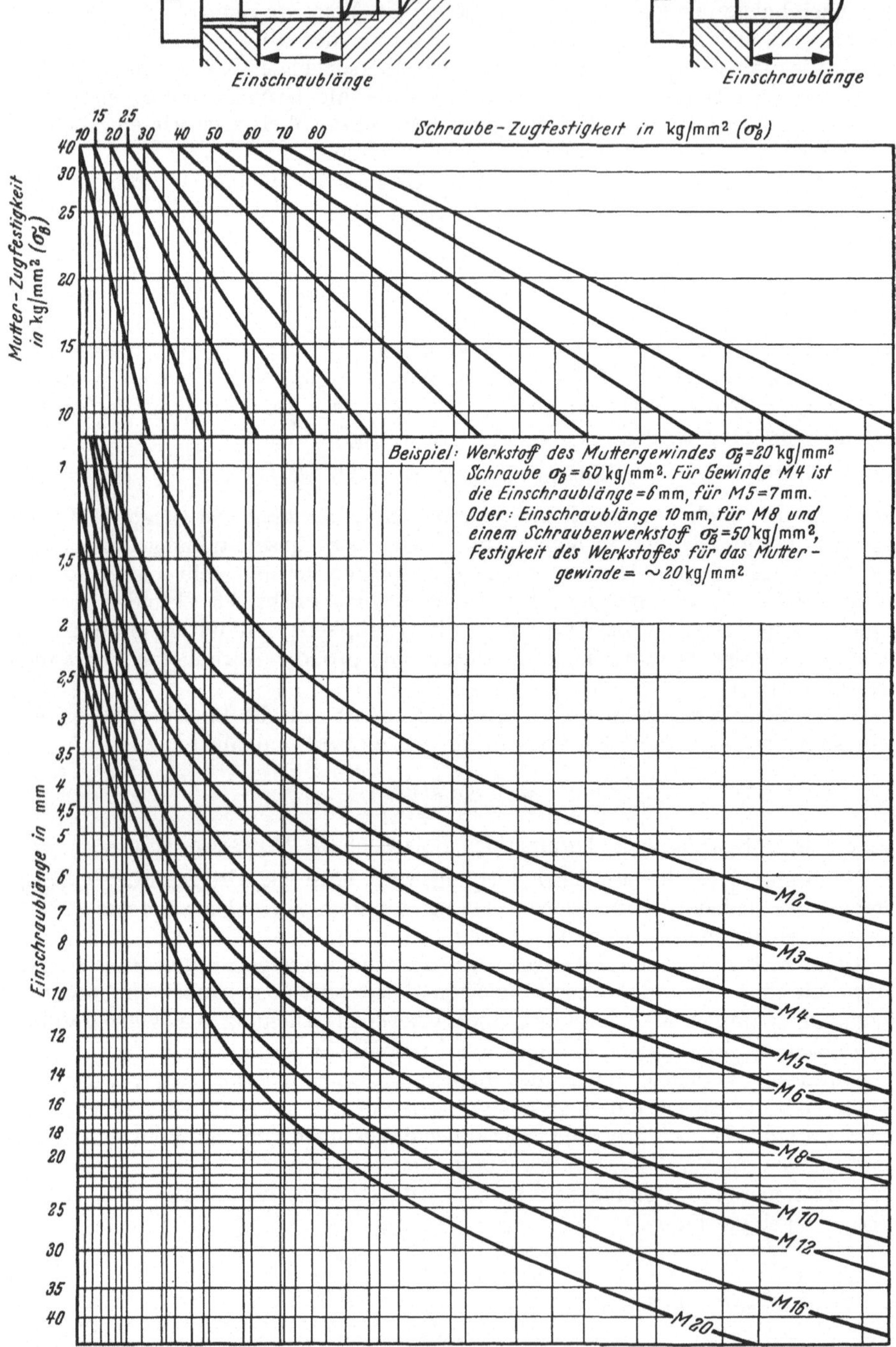

Abb. 25.

Auch die aus den Kurven in Abb. 25 (S. 12) zu entnehmenden Werte für die Einschraublänge stützen sich auf neuere Forschungen. Es sind erprobte Werte, die den besonderen Anforderungen der Feinwerktechnik entsprechen.

6. Beispiele zur Erreichung der richtigen Einschraublänge. Das zur Erreichung einer größeren Gewindetiefe übliche Durchziehen eines Bleches ist abhängig von der Blechdicke und vom Lochdurchmesser. Man kann ungefähr rechnen: $h = 2\,s$ (Abb. 26). Genauere Angaben findet man auf DIN 7952.

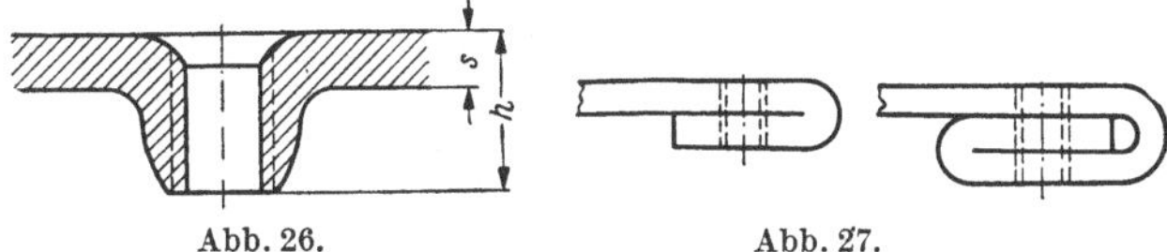

Abb. 26.　　　Abb. 27.

Auch durch ein- oder mehrfaches Umlegen von Blechen kann die Gewindelänge, wie in Abb. 27 gezeigt, vergrößert werden.

Sehr häufig benutzt man durch Nieten oder Schweißen befestigte Augen, die eine beliebige Größe der Gewindelänge ermöglichen (Abb. 28 und Abb. 29).

Abb. 28 u. 29.　　　Abb. 30.

Sind mehrere Gewindelöcher an einem Bauteil, so ist es billiger, eine größere Gewindelänge durch zusätzliche Gewindeträger aus einem Stück, die durch Nieten (Abb. 30) oder durch Schweißen befestigt werden (Abb. 31), zu erreichen.

Abb. 31.　　　Abb. 32 u. 33.

Bei Teilen aus dünnem Blech, wie in Abb. 32 und 33, kann die Vergrößerung der Gewindelänge durch Einlegen einer gegen Verdrehung gesicherten Mutter (Vierkantmutter) erzielt werden. Das Gewinde selbst braucht dabei nicht unbedingt auch in das dünne Blech geschnitten werden.

Auch das Einlegen einer Metallmutter in geeignet gestaltete Vertiefungen bei Preßteilen ermöglicht eine ausreichende Gewindelänge und vermeidet zugleich das Gewinde im Preßteil (Abb. 34).

In ähnlicher Weise kann bei keramischen Teilen durch Einlegen von Muttern, bei Hart-

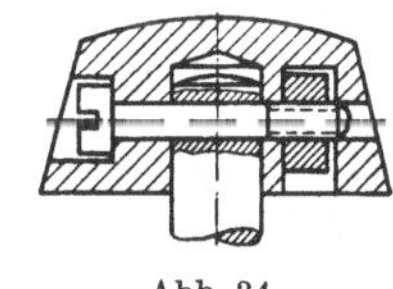

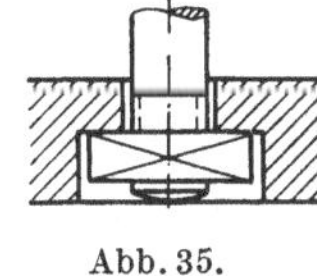

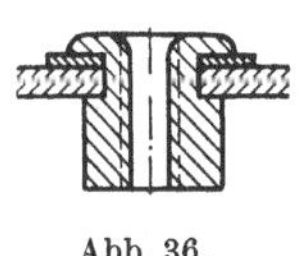

Abb. 34.　　　Abb. 35.　　　Abb. 36.

papierplatten u. dgl. durch eingenietete und drehgesicherte Buchsen, eine beliebige Gewindelänge erreicht werden (Abb. 35 und 36).

Wenn bei Gußteilen die Wandstärke für die Gewindelänge nicht ausreicht, werden Gußaugen vorgesehen, wie in Abb. 37.

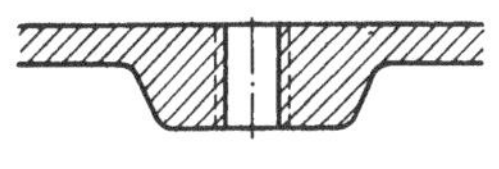

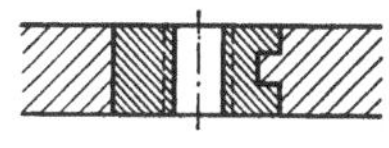

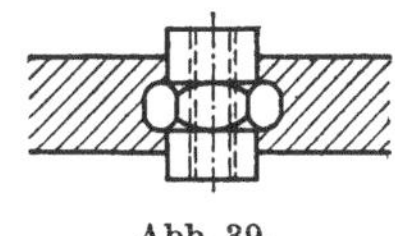

Abb. 37.　　　Abb. 38.　　　Abb. 39.

In Bauteile aus Spritzguß und Kunststoff können die Teile mit dem Muttergewinde auch eingespritzt oder eingepreßt werden. Sie müssen gegen Verdrehen gesichert sein (Abb. 38 und 39, siehe auch unter „Einbettungen"). Besonders bei Verschraubungen in Leichtmetall, die oft gelöst werden müssen, werden Stahlbuchsen eingegossen oder eingelegt. Nicht selten werden auch Durchsteckschrauben verwendet, um das Gewinde im Leichtmetall zu umgehen.

Sehr gut bewährt haben sich auch Einschraubbuchsen, die in Holz, Leichtmetall, Guß und Kunststoff eingeschraubt werden. Meist handelt es sich um Einschraubbuchsen, die sich ihr Gewinde in den Werkstoff, in den sie eingeschraubt werden sollen, selbst schneiden (Abb. 40).

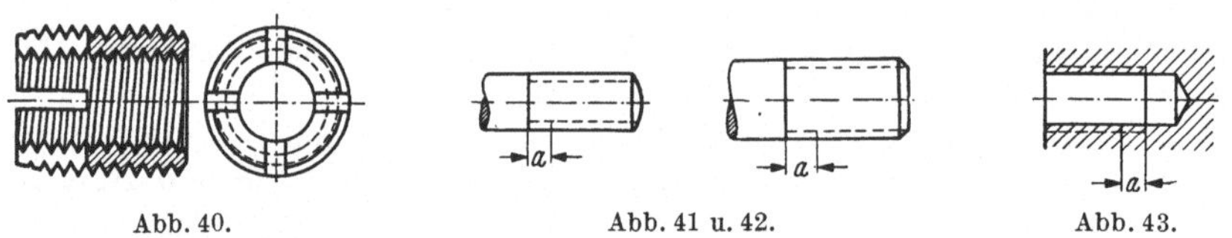

Abb. 40.   Abb. 41 u. 42.   Abb. 43.

7. Die Gestaltung von Bolzen- und Muttergewinde. Das Gewindeende wird bis etwa M 6 meist mit Kuppe (Abb. 41) ausgeführt, darüber mit einer Abschrägung unter 45° bis zum Kerndurchmesser (Abb. 42). Die Schraubenenden sind genormt nach DIN 78.

Der Gewindeauslauf a wird auf der Zeichnung nicht angegeben. Er beträgt etwa $^1/_3$ bis $^1/_4$ d (für M 2 bis M 20). Die Abmessungen sind in DIN 76 festgelegt (Abb. 41 bis 43).

Die Gewinderille muß bemaßt werden, um zu vermeiden, daß der Querschnitt unnötig geschwächt wird. Die Einstichtiefe muß mindestens gleich der Gewindetiefe sein. Meist ist sie 0,05 bis 0,1 mm größer als diese. Für die Einstichbreite genügt, wenn keine anderen Gründe vorliegen, die Gewindesteigung (Einstich-

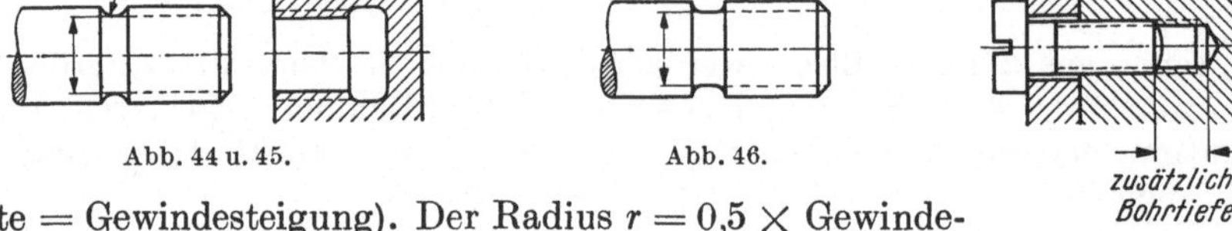

Abb. 44 u. 45.   Abb. 46.

zusätzliche Bohrtiefe
Abb. 47.

breite = Gewindesteigung). Der Radius $r = 0,5 \times$ Gewindesteigung (Abb. 44, 45, 46).

Die Bohrtiefe bei Gewindesacklöchern ergibt sich aus der Einschraublänge zuzüglich dem in der Tabelle angegebenen Wert, der den Anschnitt des Gewindebohrers berücksichtigt (Abb. 47).

Gewinde	M 2 bis M 3	M 4 bis M 6	M 8 bis M 10	M 12 bis M 14	M 16 bis M 18	M 20 bis M 22
Zusätzliche Bohrtiefe	3	4	6	8	10	12

Bei Gewinden in Kunststoff (Abb. 48) muß man den Gewindeanfang etwas zurücksetzen, um ein Ausbrechen der ersten Gewindegänge beim Einschrauben zu vermeiden. Der Augendurchmesser soll aus Festigkeitsgründen nicht unter $3 \cdot d$ ausgeführt werden. Kleinere Gewinde als M 2,6 werden nicht ausgeführt. Die Gewindetiefe soll besonders bei kleineren Gewinden nicht größer als $2 \cdot d$ sein.

Bei Gewinden in Gußteilen muß der Abstand des Gewindes vom Rand mindestens 2 bis $3 \cdot d$ betragen, um den Gußungenauigkeiten Rechnung zu tragen

(Abb. 49). Aus den gleichen Gründen soll der Durchmesser der Augen an Gußteilen 2 bis $3 \cdot d$ groß sein (Abb. 50).

Der Flankenwinkel bestimmt das Kräftedreieck für das Gewindeprofil. Ein kleinerer Flankenwinkel ergibt zwar eine kleinere Radialkomponente, erschwert

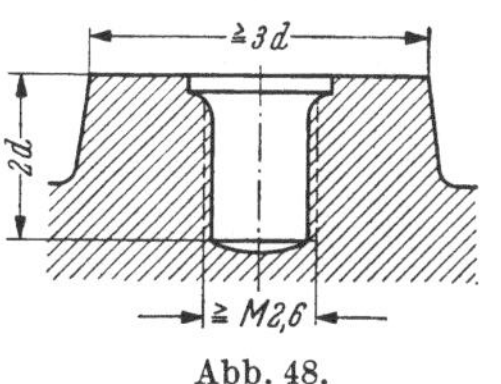

Abb. 48.

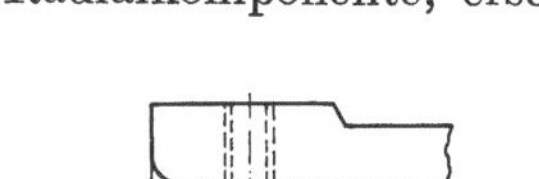

Abb. 49.

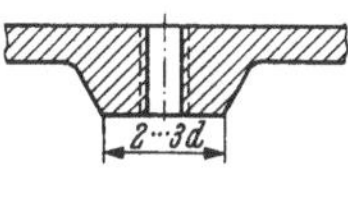

Abb. 50.

aber die Herstellung des Gewindes und macht das Gewinde selbst empfindlicher. Für das metrische Gewinde ist ausschließlich der Flankenwinkel 60° festgelegt.

Einen Idealfall stellt das flachgängige Gewinde dar, das aber der schwierigen Fertigung wegen selten verwendet wird und deshalb auch nicht genormt ist. Es wurde durch das trapezförmige Gewinde fast völlig verdrängt (Abb. 51).

Für diejenigen Fälle, für die eine kleine Radialkomponente erwünscht ist, wird das Sägengewinde verwendet (Abb. 52).

Bei Anwendung des Sägengewindes ist auf die Richtung der Kraft

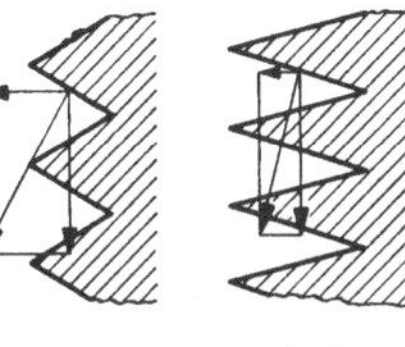

Abb. 51.

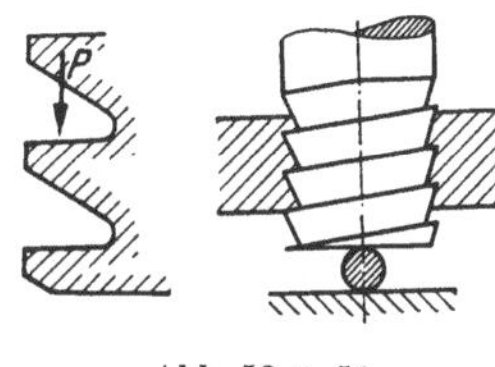

Abb. 52 u. 53.

zu achten, in der die Schraube beansprucht wird. Als tragende Flanke darf nur die fast senkrecht zur Achse stehende beansprucht werden (Abb. 53).

In Abb. 54, dem Beispiel einer Leitungsklemme, wirkt der zum Einlegen der Leitung vorgesehene Schlitz festigkeitsmindernd. Die Radialkomponente kann zur Zerstörung der Klemme führen. Noch größer ist die Gefahr bei einer Klemme mit Kreuzschlitz.

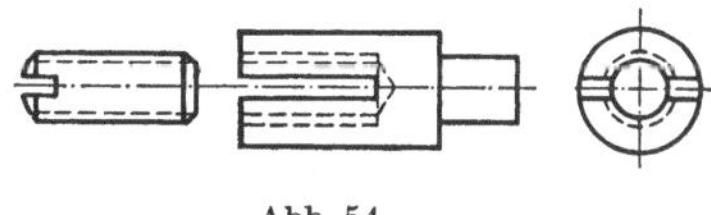

Abb. 54.

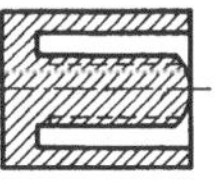

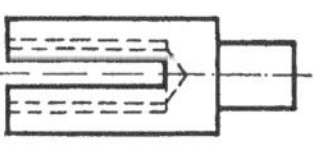

Abb. 55.

Diesen Nachteil kann man zum Teil beheben, wenn man eine besonders gestaltete Schraube vorsieht, die das Aufbiegen der Klemme verhindert (teure Schraube) (Abb. 55).

Bei der in Abb. 56 dargestellten Leitungsklemme mit Kreuzschlitz werden die auftretenden seitlichen Kräfte durch Anwendung des Sägengewindes wesentlich herabgesetzt.

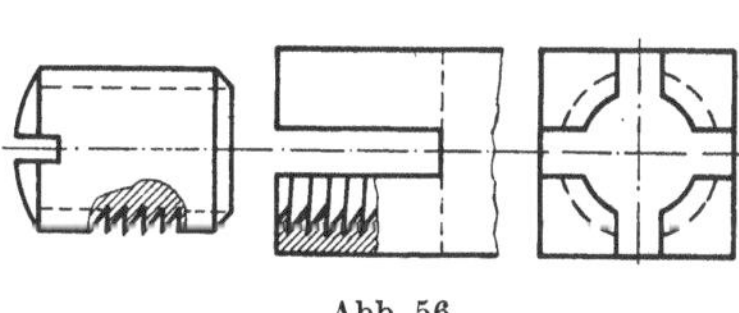

Abb. 56.

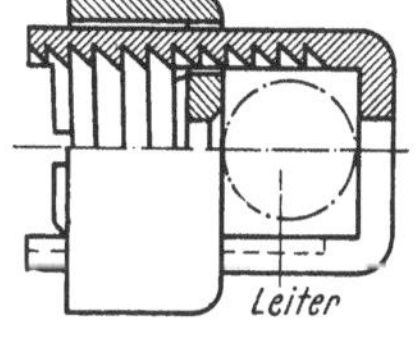

Abb. 57.

Noch deutlicher zeigt dies das Beispiel (Abb. 57) einer Leitungsklemme mit einer sehr kleinen Flankenauflage im Mutterteil (der Blechbügel mit dem Muttergewinde ist im Seitenriß allein dargestellt). Das Gewinde ist als Sägengewinde ausgebildet, die Radialkomponente demnach sehr klein.

Ein typisches Beispiel für die zweckmäßige Anwendung von Sägengewinde ist auch das Gewinde zur Betätigung einer Schlauchbandage. Durch Betätigung der Schraube wird das obere Bandende mit einem geprägten Sägengewinde gegen das untere Bandende bewegt und damit die Bandage angezogen. Sie wird verwendet für die Befestigung von Kühlschläuchen u. dgl. (Abb. 58).

In Abb. 59, einem Beispiel, bei dem auch ein Sondergewinde angebracht erscheint, ist der Gewindeträger ein Blechteil, bei dem je ein durchgedrückter Teil eine Gewindehälfte

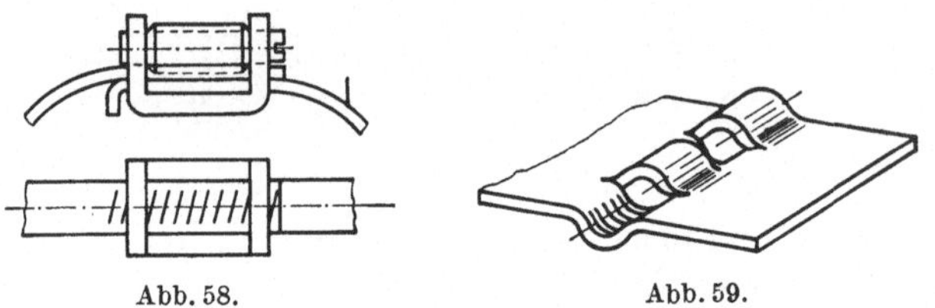

Abb. 58.   Abb. 59.

trägt. Auch hier besteht die Gefahr der Verformung durch die seitlichen Kräfte. Man hat hierbei aber kein Sägengewinde verwendet, sondern durch ein verhältnismäßig langes Gewinde eine gute Lastverteilung erreicht.

Auch das Rundgewinde wird in der Feinwerktechnik gerne aus Gründen der einfacheren Fertigung angewendet. Ein typisches Beispiel ist eine Taschenlampen-

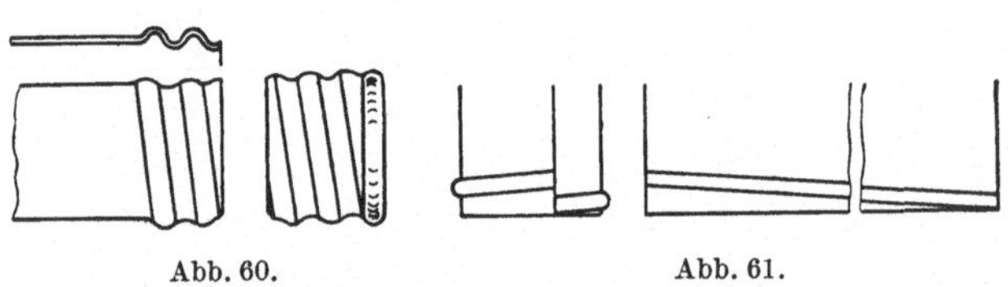

Abb. 60.   Abb. 61.

hülse und die dazugehörige Kappe aus Blech mit Rundgewinde (Abb. 60). Dabei kann der eine Teil der Taschenlampe mit einem Gewindegang, der vor dem Rollen zur eigentlichen Hülse in das Blech eingedrückt wird, versehen werden (Abb. 61).

Einen Sonderfall stellt das sogenannte Reißgewinde dar, es ist ein sehr flaches Rundgewinde und wird verwendet, um Kunststoffteile aus der Form herausreißen zu können, solange die Masse noch elastisch ist, da bei Mehrfachformen das Herausschrauben zu viel Zeit in Anspruch nehmen würde (billige Flaschenverschlüsse) (Abb. 62).

Normalerweise wird rechtsgängiges Gewinde angewendet. Linksgängiges Gewinde nur in Sonderfällen, beispielsweise bei einer Spannschraube (Abb. 63). Ein anderer Grund ist ein entgegen der Gangrichtung der Schraube, also lösend wirkendes

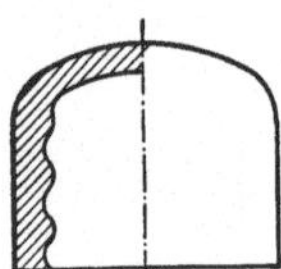

Abb. 62.

Drehmoment. Mitunter werden schnell zu betätigende Gewinde gebraucht. Ein solches „Schnellgewinde" entsteht, wenn man auf dem Gewindebolzen nur einen Teil der Gewindegänge stehen läßt und im Muttergewinde eine entsprechend große Aussparung vorsieht, die das Einführen des Bolzens ermöglicht. Um das nötige Anzugsmoment zu erreichen, bleibt dann nur noch etwa ein Drittel Umdrehung übrig (Abb. 64).

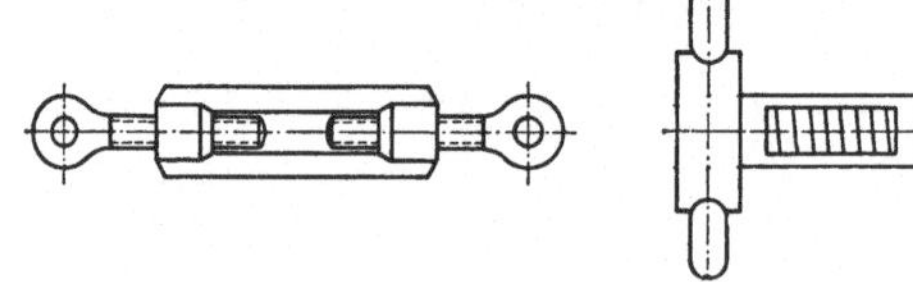

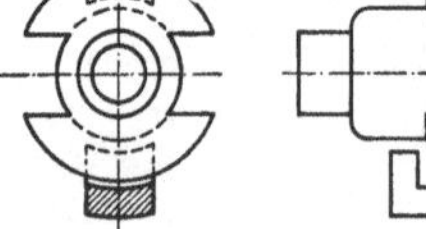

Abb. 63.   Abb. 64.   Abb. 65.

Ähnlich ist das Schnellgewinde zur Verbindung von Schläuchen (Schnellkupplung von Feuerwehrschläuchen u. dgl.) ausgebildet. (Zweigängiges Gewinde) (Abb. 65).

Auch konische Gewinde werden als Schnellgewinde oder zum Zwecke der Dichtung ohne besonderes Dichtungsmittel verwendet. Das konische Gewinde hat den Vorteil des Schnellgewindes, aber den Nachteil der geringeren Sicherheit gegen selbsttätiges Lösen (Abb. 66).

Das Differentialgewinde ist eine Kombination aus zwei Gewinden verschiedener Steigung. Es wird verwendet als Befestigungsgewinde zur Verspannung von Teilen oder als Bewe-

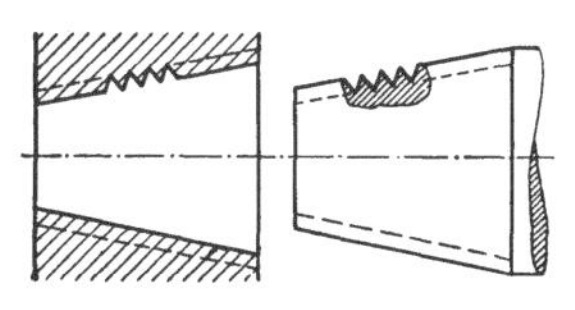

Abb. 66.

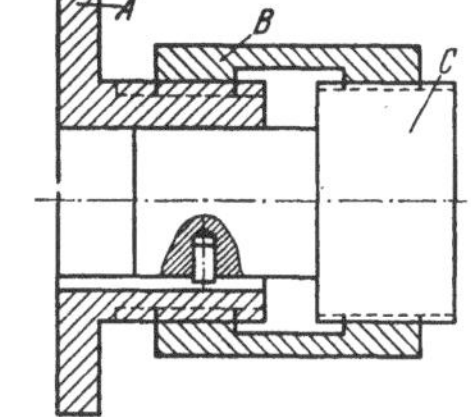

Abb. 67.

gungsgewinde zur Ausführung kleiner Verschiebungen in axialer Richtung bei großer Winkelbewegung. Der Bolzen C verschiebt sich im Bauteil A bei einer vollen Umdrehung der Mutter B nur um die Differenz der beiden Steigungen $h_1 - h_2$ (Abb. 67), wobei

$$h_1 = \text{Steigung des Bauteiles } A,$$
$$h_2 = \text{Steigung des Bauteiles } C.$$

8. Schrauben, Sonderformen. Selbst das einfache Bauelement „Schraube" ist ständigen Verbesserungen unterworfen. Erhöhte Anforderungen und Auswirkungen der Forschung auf dem Werkstoffgebiet und der Werkstoffbehandlung ermöglichen es, auch bei der Gestaltung der Schraube neue Wege zu gehen. Durch die Verwendung besserer Werkstoffe lassen sich Schrauben kleineren Durchmessers verwenden, wobei nicht nur an der Schraube selbst, sondern häufig auch am Bauteil Gewicht gespart werden kann. Besondere Anforderungen bedingen die Gestaltung besonderer Schrauben.

Innensechskantschrauben (Abb. 68) bieten die Möglichkeit einer platz- und werkstoffsparenden Gestaltung der Bauteile. Der günstige Faserverlauf des spanlos hergestellten Kopfes gewährleistet eine gute Kräfteübertragung vom Schraubenschaft zum Kopf. Die Schrauben können besser angezogen werden als

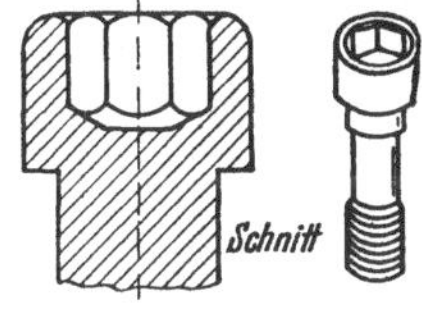

Abb. 68.

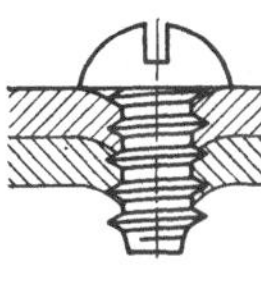

Abb. 69.

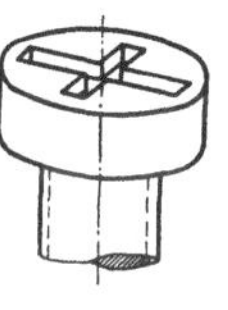

Abb. 70.

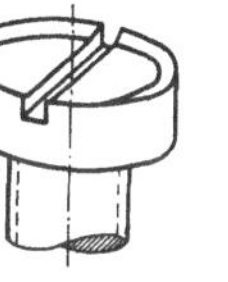

Abb. 71.

gewöhnliche Schrauben, ohne daß das Sechskant beschädigt wird. Der Schlüssel beansprucht weniger Raum, die Konstruktion wird leichter.

Gewindeschneidende Schrauben (Abb. 69). Schrauben, die sich ihr Gewinde selbst schneiden und für die also nur ein Kernloch gebohrt zu werden braucht, haben sich, besonders für Bauteile aus Leichtmetall, weitgehend eingeführt. Die Schrauben haben ein Gewinde nach Art des Holzschraubengewindes, eine andere Art ist ähnlich den Gewindebohrern hergestellt. Abmessungen und sonstige Angaben in DIN 7507 bis 7513.

Schrauben mit besonders ausgebildetem Kopf (Abb. 70). Schrauben mit einem Schlitz, der nicht über den ganzen Kopfdurchmesser geht, werden hergestellt, um die Festigkeit des Kopfes zu erhöhen und Beschädigungen des Kopfes zu vermeiden. Der Kreuzschlitz dient dem leichteren Auffinden des Schraubenschlitzes. Dem gleichen Zweck dient ein Schraubenkopf mit Rand, der überdies das Abgleiten des Schraubenziehers und die damit verbundene Beschädigung des Bauteiles vermeiden soll.

Schrauben für Sonderzwecke (Abb. 71). Der Konstrukteur muß für besondere Zwecke Schrauben mitunter besonders gestalten. Als Beispiel sei eine Schraube angeführt, bei der aus konstruktiven Gründen eine Mutter als Schraube gestaltet wurde.

9. Muttern, Sonderformen. Die einfachste Form eines Muttergewindes ist ein Vierkantloch in Teilen aus Kunststoff als Ersatz für ein Gewinde von untergeordneter Bedeutung oder bei geringen Festigkeitsansprüchen. Die Seitenlänge des Quadrates entspricht dem Kerndurchmesser des Gewindes (Abb. 72).

Abb. 73 zeigt den einfachsten und billigsten Ersatz für ein Gewinde in Blechteilen. Loch und kurzer Radialschlitz, der die Verformung des Lochrandes zu

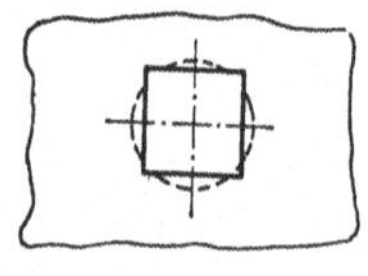

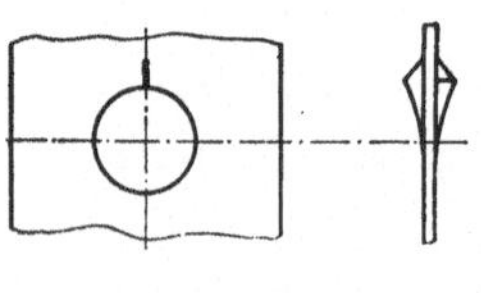

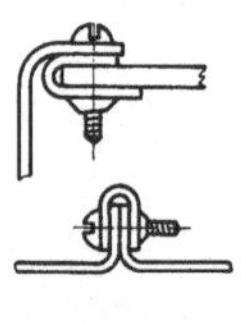

Abb. 72.   Abb. 73.   Abb. 74.

einem Gewindegang ermöglicht, ergeben ein Muttergewinde für geringe Ansprüche.

In einer gegenüber dem vorhergehenden Beispiel verbesserten Ausführung entsteht ein mittelbares Verbindungselement, das auch zur unmittelbaren Verschraubung geeignet ist. Die Blechmutter hat nur einen Gewindegang, der aus der Blechebene herausgedrückt wird. Ein radialer Einschnitt ermöglicht die Formung des Gewindeganges. Blechdicke = Breite der Gewindenut. (Aus Feinmechanik und Präzision 15/16 — 1942) (Abb. 74).

Sehr gut bewährt hat sich auch ein in Abb. 75 dargestellter neuartiger Ersatz für eine Mutter mit verhältnismäßig großer Festigkeit und guter Anlage in den Gewindeflanken. Das Teil federt in sich und sichert sich damit selbst. Die beiden das Muttergewinde bildenden Blechlappen sind nicht vorgebogen und vor dem

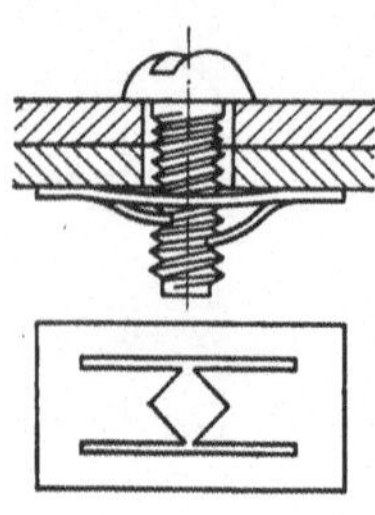

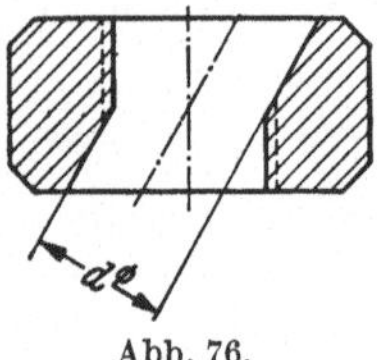

Abb. 75.   Abb. 76.   Abb. 77.

Einschrauben des Bolzens oder der Schraube in einer Ebene. Abb. 76 zeigt eine Aufsteckmutter zum schnellen Aufstecken und Lösen auf langem Gewindeschaft, besonders dann geeignet, wenn das Gewinde häufig von Hand bedient werden muß ($d \geq$ Gewindedurchmesser). Die Mutter wird in der nach Abb. 77 gezeichneten Art aufgeschoben und richtet sich beim Auftreffen auf das zu befestigende Bauteil auf und kann dann angezogen werden.

10. Einige Besonderheiten bei hochbeanspruchten Verschraubungen. Bei Verschraubungen, vorwiegend solchen, die einer wechselnden Belastung ausgesetzt sind, sei zunächst auf die Verwendung hochwertiger Schrauben hingewiesen. Es ist nicht immer empfehlenswert, der hohen Beanspruchung lediglich durch Vergrößerung des Schraubendurchmessers Rechnung zu tragen. Vielfach wird durch die Verwendung von Schrauben, die hochwertiger sind als normale, die Konstruktion nicht unwesentlich beeinflußt (Abb. 78). Sie kann mitunter verkleinert werden. Zur Erhöhung der Dauerfestigkeit, besonders gegen Bruch in den Gewindegängen, kann man die Länge des Gewindeauslaufes vergrößern (Abb. 79). Brüche am Schraubenkopf können verringert werden durch vergrößerte Kopfabrundung (Abb. 80), im Grenzfall durch einen parabo-

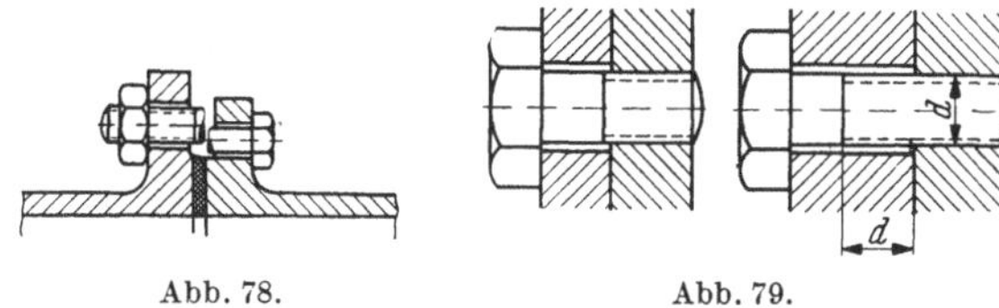

Abb. 78. Abb. 79.

lischen Übergang vom Kopf zum Schaft (Abb. 81). Brüche im Gewindeauslauf können verringert werden durch eine Gewinderille mit verrundetem Auslauf, die mindestens $0{,}5 \cdot d$ lang sein muß (Abb. 82).

Durch Verringerung des Schaftdurchmessers entsteht die sogenannte Dehnschraube (Taillenschraube), die Dauerschwingungsbeanspruchungen gegenüber wesentlich fester ist als die gewöhnliche Schraube. Durch die größere Nach-

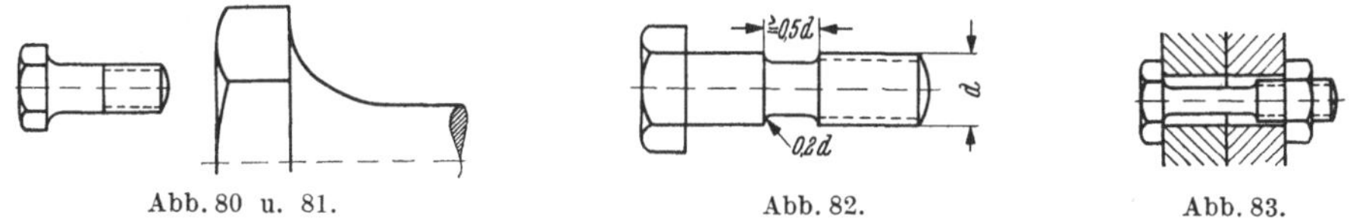

Abb. 80 u. 81. Abb. 82. Abb. 83.

giebigkeit der Dehnschraube werden in ihr nur geringe Spannungen hervorgerufen. Bei ruhender Beanspruchung ist selbstverständlich die Dehnschraube entsprechend schwächer als eine Schraube mit ungeschwächtem Schaftquerschnitt. Der kleinstmögliche Schaftdurchmesser ist nicht durch die Wechsellast, sondern durch die größte auftretende Zug- und Verdrehungsspannung bedingt (Abb. 83).

Bei langen Dehnschrauben kann eine gegenseitige Verschiebung der Bauteile durch zusätzliche Paßflächen vermieden werden (Abb. 84).

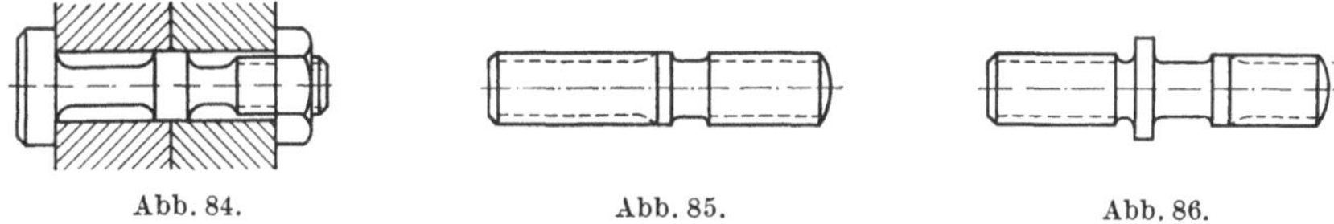

Abb. 84. Abb. 85. Abb. 86.

Auch bei der Gestaltung hochbeanspruchter Stiftschrauben kann man mit dem gleichen Effekt einen verjüngten Schaft vorsehen (Abb. 85).

Bei Biegebeanspruchungen kann durch einen zusätzlichen Bund (Abb. 86) die Festigkeit der Schraube erhöht werden.

Nach LEHR kann eine größere Dauerhaltbarkeit des Bolzens durch Übergreifen der Mutter bei Schrauben mit verjüngtem Schaft erreicht werden (Abb. 87).

Die einzelnen Gewindegänge einer Mutter sind nie gleichmäßig beansprucht. Um dies zu erreichen, verwendet man bei hochbeanspruchten Schraubverbindungen sogenannte Zugmuttern (nach Wiegand & Haas) mit kegeliger Form, die sich dem Bolzen anpassen und eine gleichmäßige Verteilung der Belastung auf alle Gänge gewährleisten soll (Abb. 88).

Der gleiche Zweck soll beim Solt-Gewinde erreicht werden. Durch eingedrehte Rillen im Gewindegrund der Mutter sollen die ersten Gewindegänge weicher gestaltet werden (Abb. 89).

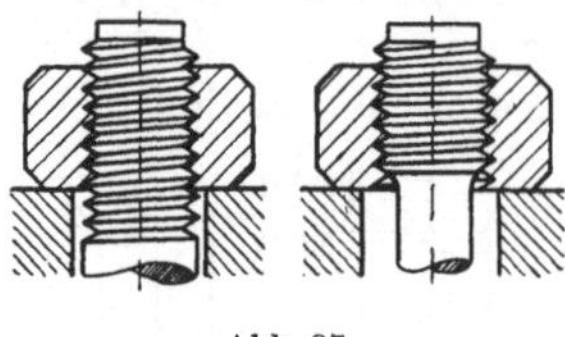

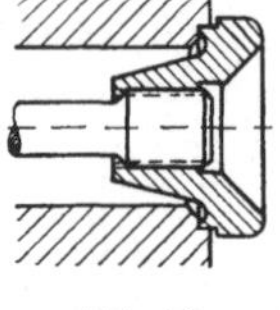

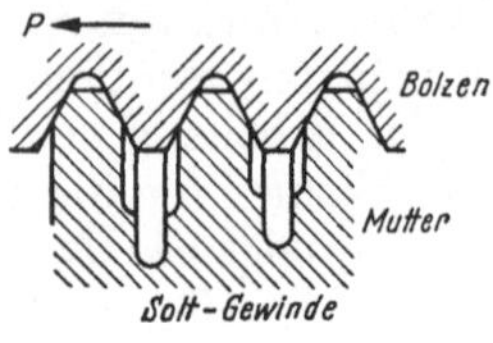

Abb. 87.   Abb. 88.   Abb. 89.

Umfangreiche Forschungsarbeiten waren nötig, um die häufig recht unklaren Ursachen bei hochbeanspruchten Schraubverbindungen zu ergründen. Voraussetzung für den Konstrukteur ist immer, sich Klarheit über die Art der Beanspruchung der Verschraubung zu verschaffen, um bei der Gestaltung dafür sorgen zu können, daß Brüche vermieden werden. Gerade in der Feinwerktechnik ist die Beanspruchung beim Zusammenbau wesentlich, weil Schrauben fast immer nur nach Gefühl angezogen werden. Zugbeanspruchungen, die beim Anziehen der Mutter im Schraubenbolzen entstehen, überschreiten dabei nicht selten den Wert von 60 kg/mm². Wenn man das richtige Gefühl für das geeignete Anzugsmoment nicht voraussetzen kann, müssen Schraubenschlüssel mit begrenztem Drehmoment verwendet werden. Wichtig ist ferner die Wahl eines geeigneten Werkstoffes mit genügend hoher Streckgrenze. Hochbeanspruchte Verschraubungen werden nicht selten unter gleichzeitiger Messung der Schraubenverlängerung angezogen. Alles, was die Reibung zwischen Bolzen und Muttergewinde herabsetzt, trägt zur Erhöhung der Vorspannung einer Verschraubung bei, so beispielsweise Schmierung, aber auch die Oberflächenbehandlung verdient in diesem Zusammenhang Beachtung. Als Beispiel sei angeführt, daß das zulässige Anzugsmoment für die in der Feinwerktechnik üblichen Schraubenabmessungen von M 2,6 bis M 4 sich um 30% verringert, wenn man Schrauben mit glanzverzinkter und geölter Oberfläche verwendet.

Hochbeanspruchte Verschraubungen sind häufig, wechselnden Betriebslasten ausgesetzt. Durch konstruktive Maßnahmen ist dafür zu sorgen, daß die Vorspannung in einer Verschraubung aufrechterhalten bleibt. Die Vorspannung selbst muß größer sein als die im Betrieb auftretende Kraft.

II. Gestaltung der Verschraubung.

a) Mittelbare Schraubverbindungen.

Bei Verschraubungen mit Zentrieransätzen muß die Ansatzlänge kleiner sein als die Bauteildicke ($a < b$), um eine sichere Auflage des Schraubenkopfes zu gewährleisten. Da die Auflagefläche für den Kopf meist zu klein wird wegen der größeren Bohrung, muß eine Scheibe untergelegt werden (Abb. 90).

Für Teile, die ausgerichtet werden müssen oder bei denen mit Maßungenauigkeiten gerechnet werden muß, sind

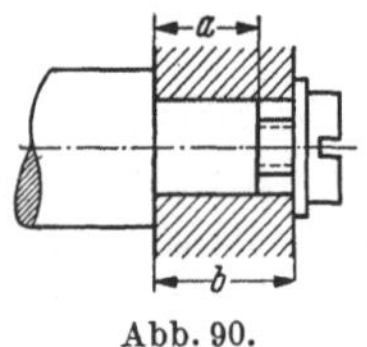

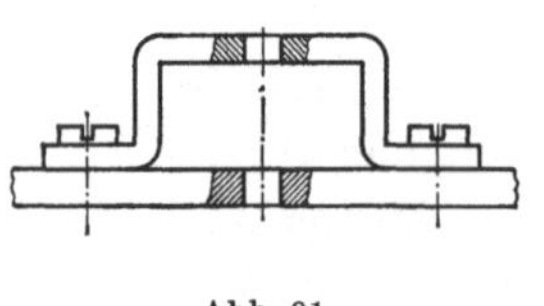

Abb. 90.   Abb. 91.

Senkschrauben zu vermeiden, weil sie die zu befestigenden Teile ausrichten. In Abb. 91 ist dies an einem Lagerbügel dargestellt.

Abb. 92 zeigt die Anwendung einer Senkschraube und einer besonderen Beilagscheibe an einer Stelle, an der ein Schraubenkopf wegen des Schlitzes Beschädigungen hervorrufen könnte, das Bauteil selbst aber keine Senkung erhalten kann.

'Bei Verschraubungen, die zur elastischen Aufhängung von Bauteilen dienen, muß durch eine

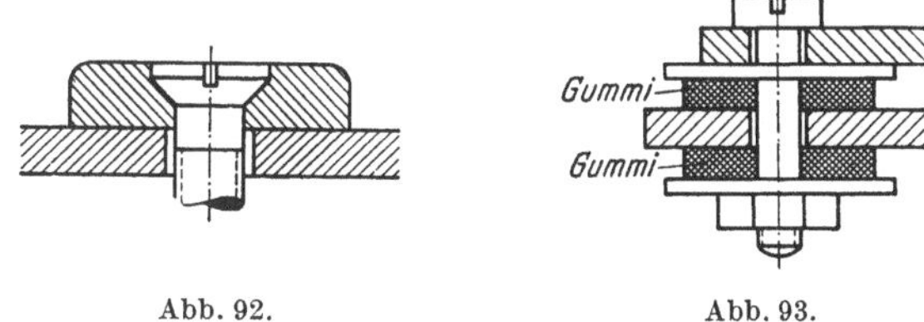

Abb. 92.   Abb. 93.

besonders große Scheibe oder durch besondere Gestaltung der Bauteile das Hervorquellen des Gummis vermieden werden (Abb. 93).

Abb. 94 zeigt die isolierende Verschraubung eines Federsatzes mit Isolierröhrchen, Abb. 95 als Gegenbeispiel dazu eine isolierende Verschraubung ohne Isolierröhrchen. Aus 1 mm dicken Hartpapierzwischenlagen werden Ringe durchgedrückt, die in die entsprechenden Löcher der Federn passen. Auf diese Weise werden die Isolierröhrchen gespart, die überdies für verschieden hohe Federsätze verschieden hoch sein müssen, was zu einer umständlichen Lagerhaltung führt.

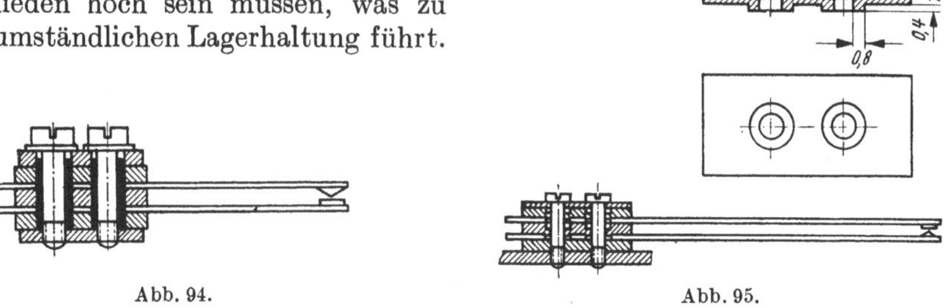

Abb. 94.   Abb. 95.

Wie Abb. 96 zeigt, ist bei Gußteilen für eine plane Auflage zu sorgen, indem man eine Senkung vorsieht. Durch eine besonders ausgebildete Scheibe (Abb. 97) wird dies auch erreicht.

Ein besonders gestaltetes Bauteil und eine dazu passende Unterlegscheibe, um eine gute Anlage des Schraubenkopfes in jeder Lage des Bauteiles zu erreichen,

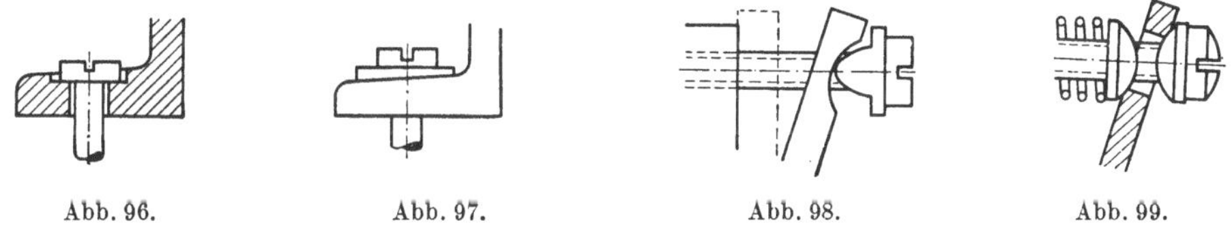

Abb. 96.   Abb. 97.   Abb. 98.   Abb. 99.

zeigt Abb. 98. Einen ähnlichen Zweck erfüllen zwei ballige Scheiben, deren eine mit einer Schraubenfeder angedrückt wird, sofern das Bauteil selbst nicht an den Schraubenkopf gedrückt wird (Abb. 99).

Eine ballig ausgeführte Auflagefläche, um Ungleichheiten der beiden Leiter auszugleichen, ausgeführt an einer Leitungsklemme für Leiter verschiedener Durchmesser, ist in Abb. 100 dargestellt.

Ein einstellbares Kugelgelenk, bei dem ein besonderer Stift für den durch die Kugel gegebenen Abstand der beiden Klemmbacken sorgt, zeigt Abb. 101. Das zu klemmende Bauteil, in diesem Falle eine Kugel, hat gleichbleibende Abmessungen, die Auflage für den Schraubenkopf kann deshalb plan sein. Im Beispiel nach Abb. 100, wo unterschiedliche Leiterquerschnitte geklemmt werden müssen, würde bei einer planen Kopfauflage eine zusätzliche Biegebeanspruchung der Schraube auftreten. Das Bauteil ist deshalb an der Stelle der Schraubenkopfauflage ballig (in diesem besonderen Falle zylindrisch) gestaltet.

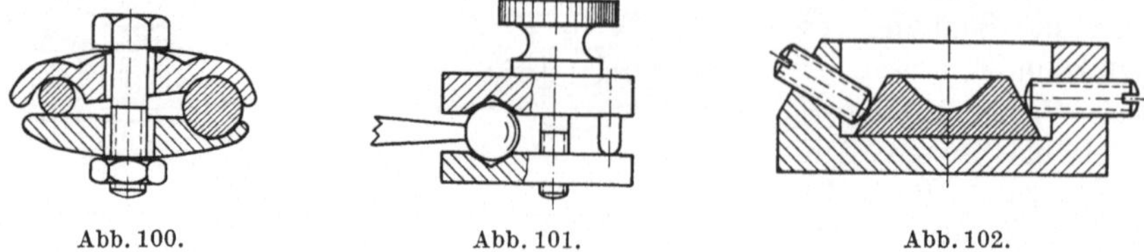

Abb. 100.   Abb. 101.   Abb. 102.

Ein Verschraubungsbeispiel (einstellbares Lager), bei dem die Schraube als Befestigungsschraube und auch als Bewegungsschraube dient, zeigt Abb. 102. Im Gegensatz zu den vorhergehenden Beispielen, bei denen die Schraube immer in Richtung der Schraube auf Zug oder Druck beansprucht wurde, wird hier die Kraft in zwei Komponenten zur Verschiebung und zur Befestigung des Lagers aufgeteilt. Die Anordnung kann dabei, wie auf der linken Seite des Bildes dargestellt, oder so wie das auf der rechten Seite gezeigt ist, ausgeführt sein. Dabei ist in dem letzteren Falle die Schraube zusätzlich auf Biegung beansprucht, was man normalerweise vermeidet, in diesem Falle aber als zusätzliche Sicherung gegen selbsttätiges Lösen dient.

1. Schraubverbindungen mit Achsen und Wellen. Zur Verschraubung auf Achsen und Wellen sind normale Schrauben ungeeignet. Gewindestifte sind zu vermeiden, da der Schlitz beim Anziehen leicht ausreißt. In allen Fällen sind deshalb Schrauben mit Kopf zu bevorzugen (Abb. 103).

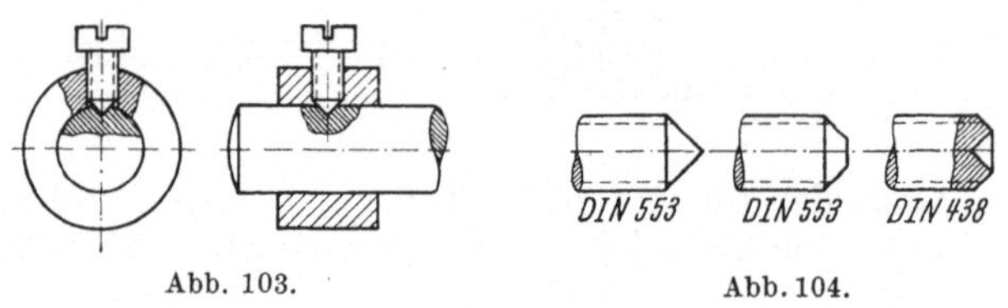

Abb. 103.   Abb. 104.

Am besten haben sich Schrauben mit Kopf und gehärteter Spitze oder gehärtetem Kegelstumpf bewährt. Auch Schrauben mit Kegelstumpf und Senkung (scharfer, kraterartiger Rand) eignen sich gut (Abb. 104).

Die Gestaltung der Welle richtet sich nach der Größe des zu übertragenden Drehmomentes. Bei geringen Drehmomenten genügt es, wenn die Schraube sich in die Welle eindrückt. Bei größeren Drehmomenten muß die Welle angesenkt werden (Abb. 105). Wenn das Ansenken vor der Montage nicht geschehen kann, weil eine Einstellung in axialer Richtung notwendig ist, sieht man eine Längsrille vor (Abb. 106), eine Rille auf dem Umfang, wenn eine Winkeleinstellung notwendig ist. $t = \max \cdot \frac{1}{4} d$ (Abb. 107).

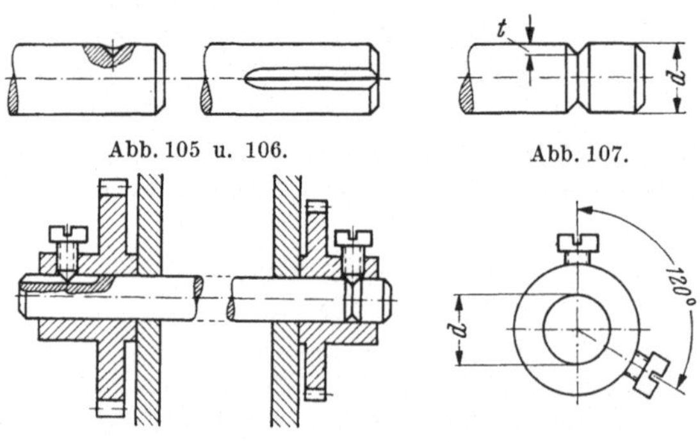

Abb. 105 u. 106.   Abb. 107.

Abb. 108.   Abb. 109.

Häufig müssen beide Möglichkeiten vorgesehen werden, eine Längsrille zur Einstellung des axialen Spieles und eine Rille auf dem Umfang für eine bestimmte Winkeleinstellung (Abb. 108).

Bei Verwendung von zwei Schrauben, wie in Abb. 109, werden die Schrauben nicht um 180° zueinander versetzt, sondern um einen kleineren Winkel, meist 120°, besonders dann verwendet, wenn eine Winkeleinstellung notwendig ist. Wenn die Verbindung nur kraftschlüssig ist, kann man als maximale Drehmomente etwa annehmen:

$$M_d = 30 \text{ gcm bei } d \geqq 2 \text{ mm,}$$
$$M_d = 100 \text{ gcm bei } d \geqq 5 \text{ mm.}$$

(Für höhere Drehmomente Formschluß notwendig.)

Mitunter muß eine gute Anlage eines Stellringes, Zahnrades od. dgl. an einem Wellenabsatz erreicht werden. Dies geschieht, indem man die Abmessungen so wählt, daß

$$a > b$$

wird, wie in Abb. 110.

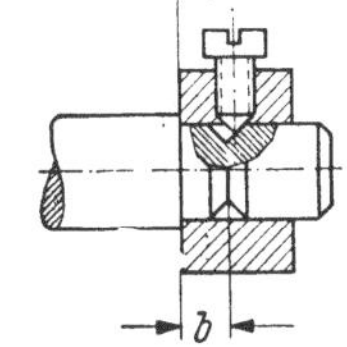

Abb. 110.

2. Schraubverbindungen mit nichtmetallischen Werkstoffen. Zum besseren Ausgleich der Toleranzen bei Verschraubungen mit keramischen Teilen sind Löcher möglichst als Langlöcher auszuführen (Abb. 111).

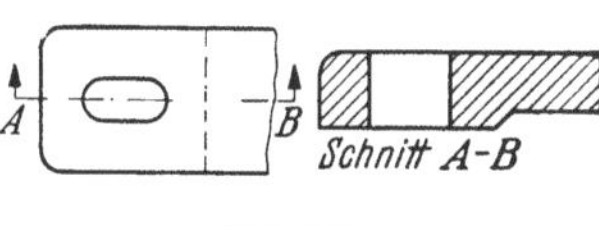

Abb. 111.

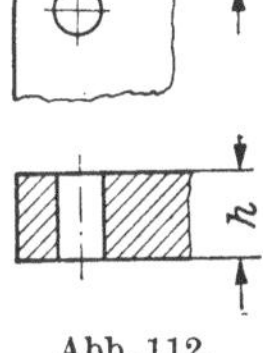

Abb. 112.

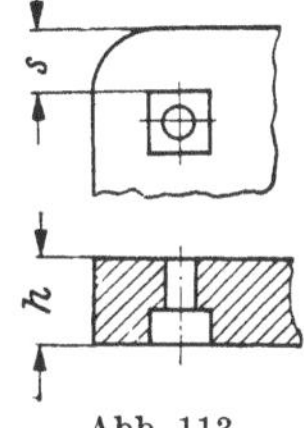

Abb. 113.

Bei Löchern und Aussparungen (Abb. 112 und 113) besteht die Gefahr des Ausbrechens. Es muß deshalb eine genügende Randbreite bei keramischen Teilen vorgesehen werden, die nachfolgender Tabelle entnommen werden kann.

h (mm) . . .	bis 10	11 bis 20	über 20
s (mm) . . .	$^1/_4\,h$	$^1/_5$ bis $^1/_6\,h$	mind. 3,5

Die Tabelle gibt Richtwerte für die Randbreite s in Abhängigkeit von der Dicke h des keramischen Teiles.

Dünne Wände an der Außenseite von Bauteilen sind zu vermeiden, weil sie beim Brennen leicht reißen. Senkungen sind deshalb so zu gestalten, daß keine dünnen Wände stehenbleiben (Abb. 114).

Wegen der Gefahr des Ausbrechens ist ein scharfer Gewindeauslauf bei Gewinden an keramischen Teilen zu vermeiden (Abb. 115).

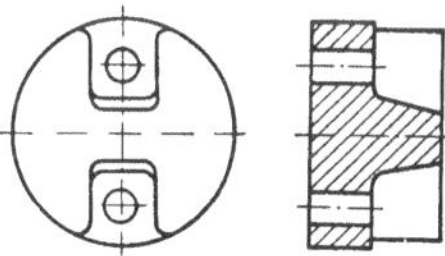

Abb. 114.

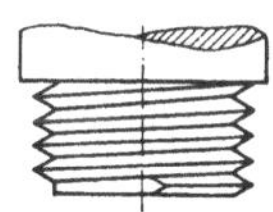

Abb. 115.

Auch zusätzliche Beanspruchungen, wie hoher spezifischer Flächendruck, muß durch Unterlegen von Scheiben (Abb. 116) verringert und kegelige Senkungen durch Flachsenkungen ersetzt werden (Abb. 117).

Auch bei Flachsenkungen Toleranzausgleich vorsehen (Abb. 118) und die Gefahr des Ausbrechens vermeiden durch geeignete Gestaltung. Dadurch ist vielfach auch eine leichtere Montage (Abb. 119) möglich.

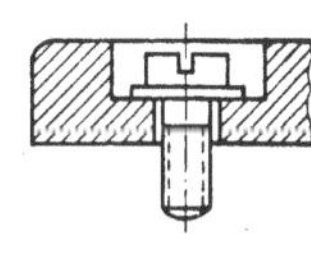

Abb. 116.

Abb. 117.

Zweckmäßigerweise werden Vertiefungen zum Einlegen von Muttern für Vierkantmuttern ausgebildet, weil sie eine größere Sicherheit gegen Verdrehen bieten als Sechskantmuttern (Abb. 120).

Eine hohe spezifische Flächenpressung bei Verschraubungen mit keramischen Bauteilen kann dadurch bedingt sein, daß nur eine kleine Fläche als Auflage übrigbleibt (bei Langlöchern z. B.), aber auch durch Unebenheiten des Materials, mit denen immer gerechnet werden

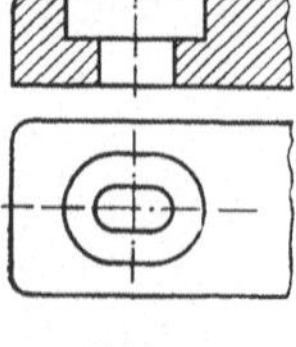

Abb. 118.

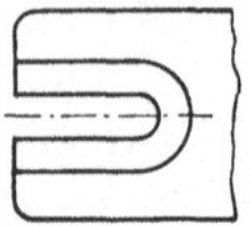

Abb. 119.

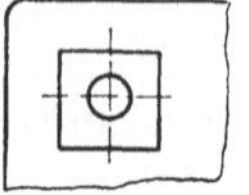

Abb. 120.

muß. Aus diesem Grunde soll bei Verschraubungen immer eine weiche Scheibe aus Preßspan od. dgl. vorgesehen werden, und zur Verringerung der spezifischen Flächenpressung eine metallische Scheibe.

In Abb. 121 ist eine derartige Verschraubung dargestellt.

Abb. 122 zeigt einen durch Verschraubung befestigten keramischen Spulenkörper.

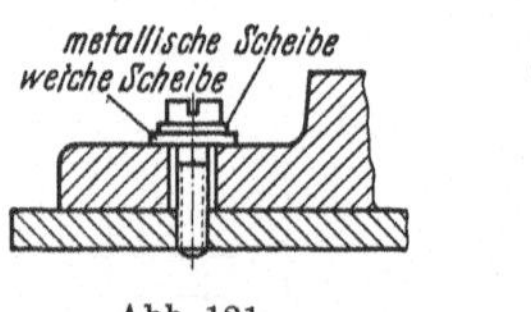

Abb. 121.

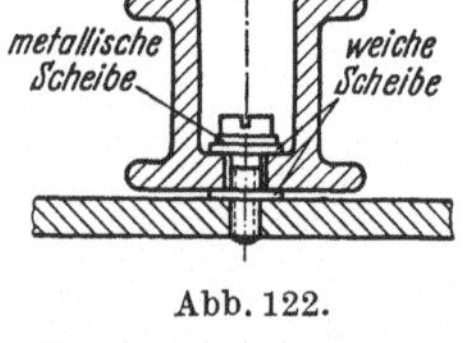

Abb. 122.

Gewinde in Kunststoff sind wegen der geringeren Festigkeit des Werkstoffes und den höheren Formkosten nach Möglichkeit zu vermeiden. Man kommt meist zu billigeren Lösungen, besonders bei Schraubverbindungen, wenn man metallische Muttern einlegt. Die Aussparung wird dabei der Form der Mutter angepaßt, womit eine leichte Montage gewährleistet und die Mutter gegen Verdrehen gesichert wird.

In Abb. 123 ist eine Sechskantmutter in das Isolierteil eingelegt, in

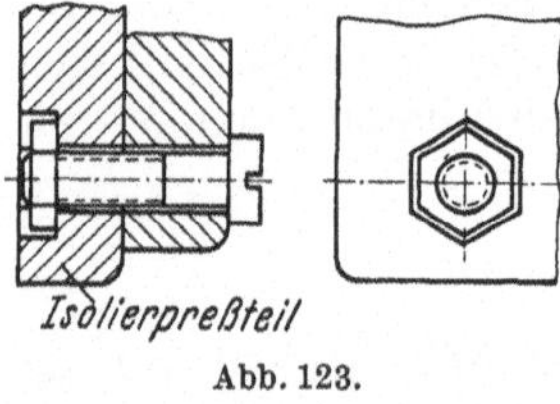

Abb. 123.

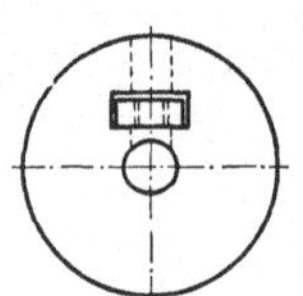

Abb. 124.

Abb. 124 eine Vierkantmutter in eine entsprechende Vertiefung. Die in der Abbildung nicht dargestellte Schraube sichert die Mutter gleichzeitig gegen Herausfallen.

3. Die Schraube bei Klemmverbindungen. Bei Klemmverbindungen bedient man sich meist der Keilwirkung. Die Klemmwirkung ist um so größer, je kleiner der Keilwinkel ist. In Abb. 125 werden zwei ineinandergesteckte, verschiebbare Rohre, von denen das innere geschlitzt ist, durch eine konische Mutter in der gewünschten Stellung durch Klemmen miteinander verbunden.

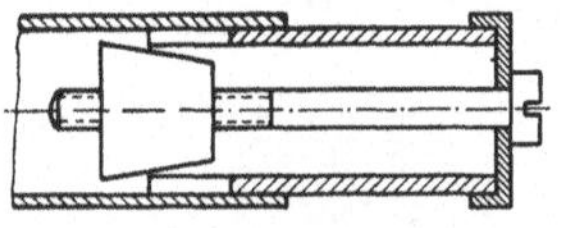

Abb. 125.

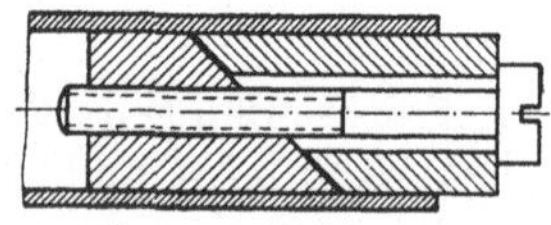

Abb. 126.

In Abb. 126 wird durch Verschieben zweier, schräg abgeschnittener Bauteile eine Klemmwirkung durch Verkeilen derselben erreicht.

Eine geschlitzte konische Buchse in Abb. 127, die durch eine Flügelschraube angezogen wird, dient als Halter für einen einstellbaren Rundstab (z. B. Zündstein).

Ein Kugelgelenk mit geschlitzter Kugel (Abb. 128) wird durch eine Schraube mit konischem Ansatz aufgeweitet und in einem Käfig festgeklemmt.

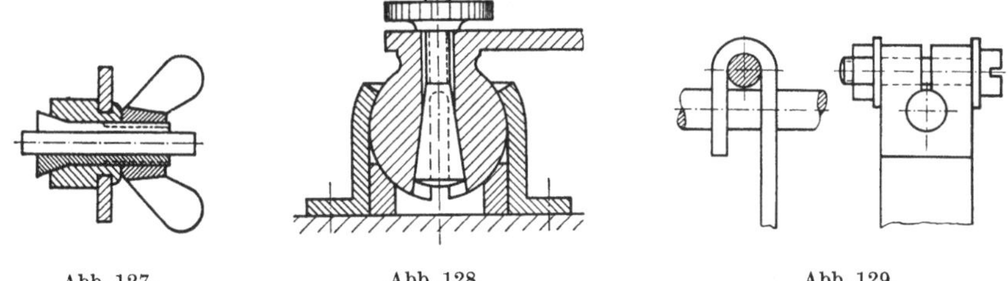

Abb. 127.　　　　　　Abb. 128.　　　　　　Abb. 129.

Abb. 129 zeigt eine billige und gute Verbindung eines Bauteiles mit einer Welle. Das Bauteil, beispielsweise aus Flachmaterial hergestellt und geschlitzt, wird durch eine Schraube auf der Welle festgeklemmt (an Stelle einer in das Bauteil eingenieteten Buchse verwendbar). Da an die Bohrung für die Welle keine hohen Anforderungen hinsichtlich Genauigkeit gestellt werden, und eine besondere Buchse entfällt, wird die Verbindung sehr billig.

4. Schraubverbindungen bei elektrischen Leitern. Die direkte Verschraubung eines elektrischen Leiters mit dem Bauteil soll grundsätzlich nur bei metallischen Bauteilen geschehen (Abb. 130 und 131).

Bei Isolierstoffen, Holz u. dgl., ist die Verschraubung des elektrischen Leiters immer von der Verschraubung des Bauteiles zu trennen (Abb. 132),

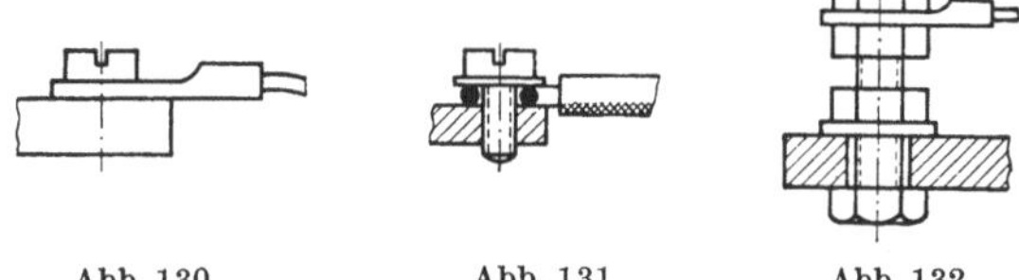

Abb. 130.　　　　Abb. 131.　　　　Abb. 132.

weil das nichtmetallische Bauteil schwinden kann, die Verbindung des Leiters davon aber nicht beeinflußt werden soll.

Die Verschraubung eines Leiters nach Abb. 133 mit einem Bauteil, das in Isolierpreßstoff befestigt werden soll, ist deshalb nicht ausreichend und muß nach Abb. 134 ausgeführt werden. Der Ausdehnungskoeffizient von Isolierstoffen ist größer als der von Metall. Es ist deshalb notwendig, die mechanische Verbindung von der elektrischen zu trennen und den Kontaktdruck vom Schrumpfungsvorgang unabhängig zu machen.

Darüber hinaus erfordern elektrische Leiter besondere Schraubverbindungen (Anschlußklemmen) wegen der Notwendigkeit der Sicherung solcher Verbindungen besonders dann, wenn die Leiter aus Aluminium oder Zink sind. In diesem Fall muß auf die Nachgiebigkeit dieser Werkstoffe unter Druck (das sogenannte „Fließen"), die schnelle Oxydation und die

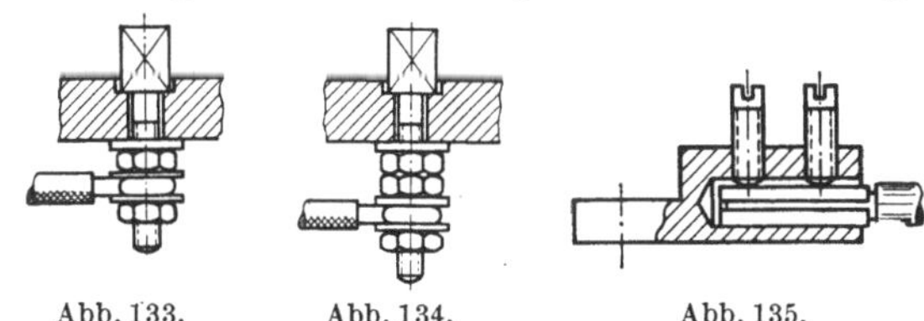

Abb. 133.　　　　Abb. 134.　　　　Abb. 135.

Möglichkeit der Elementbildung zusammen mit anderen Metallen Rücksicht genommen werden.

Die für diesen Zweck entwickelten Klemmen sehen meist ein federndes Zwischenglied vor, um dem Fließen, der damit verbundenen Verminderung des Kontaktdruckes und dem Lösen der Verschraubung wirksam zu begegnen. In Abb. 135 ist gezeigt, daß man durch Kupferröhrchen, die über den Leiter geschoben werden, die Elementbildung und damit die Korrosionsgefahr beseitigen kann.

Eine Abzweigklemme mit einem gehärteten, federnden Zwischenglied, das unverlierbar und drehbar an der Klemmschraube durch Nietung befestigt ist, zeigt Abb. 136 und 137 eine Klemme mit drehbar eingenietetem Druckstück und ein-

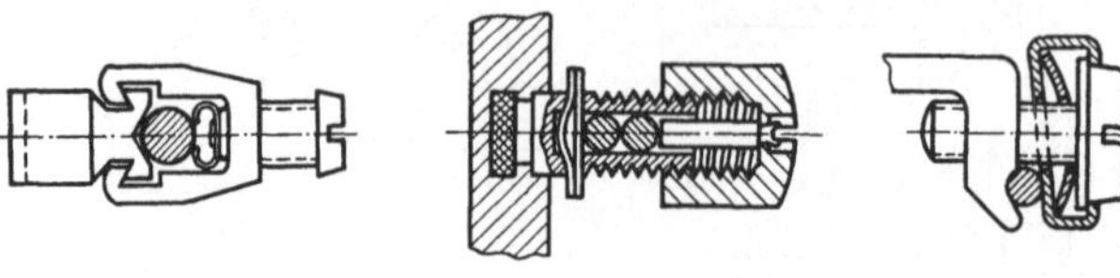

Abb. 136.   Abb. 137.   Abb. 138.

gelegter Sattelscheibe als federndes Zwischenglied, mit der ein oder mehrere Leiter geklemmt werden können. Gut bewährt hat sich eine Klemme für Installationszwecke nach Abb. 138. Bei dieser ist eine federnde Sattelscheibe mit einem besonders geformten Schraubenkopf in einem Blechtopf eingerollt. Der Leiter kann als Öse oder als gerade ausgestreckter Draht auch einseitig angeschlossen werden. Für diesen letzteren Fall wird die Auflage besonders gestaltet, um ein Weggleiten des Drahtes zu vermeiden.

Eine Installationsklemme, bei der die nötige Federung durch ein gewölbtes

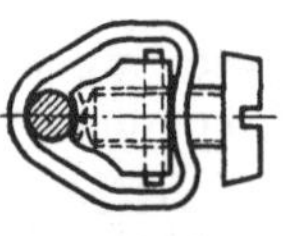
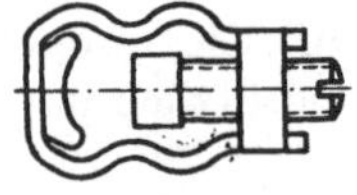
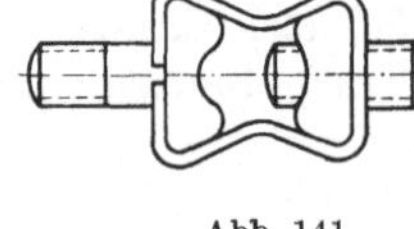

Abb. 139.   Abb. 140.   Abb. 141.

Anschlußstück erreicht wird (Abb. 139), ist für Sonderzwecke entwickelt worden, desgleichen eine Klemme, deren Rahmen und Schraube aus Dural oder Stahl hergestellt sind. Die Federung wird durch den gewellten Rahmen erreicht (Abb. 140). Sehr ähnlich dieser Klemme ist eine andere nach Abb. 141 gestaltete Klemme mit federndem Rahmen, die zur Befestigung der Klemme selbst noch mit einem Schraubenbolzen versehen wurde.

Als Reihenklemme vielfach verwendet wurde die Klemme nach Abb. 142, bei

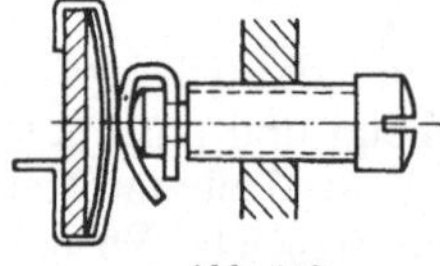
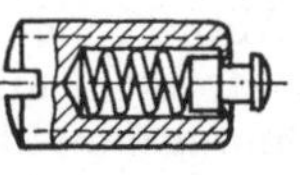
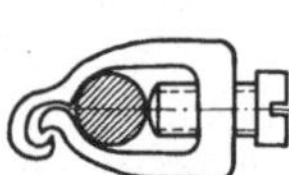

Abb. 142.   Abb. 143.   Abb. 144.

der das Kontaktblech mit einer Federbandstahleinlage versehen ist. Der Schuh an der Klemmschraube dient nur als Schutz für den Leiter, um ihn vor Zerstörung beim Anziehen der Schraube zu schützen, er wird durch seitliche, isolierende Trennwände am Mitdrehen gehindert.

Die Klemmschraube mit drehbar eingerolltem Druckstück und besonderer Druckfeder (Schraubenfeder), nach Abb. 143, ist zu der am meisten verwendeten federnden Klemmschraube für geringe Ansprüche geworden. Einen interessanten Sonderfall einer aus gezogenem Profil hergestellten Klemme mit federnden Schenkeln, die mit Vorspannung aneinanderliegen, zeigt Abb. 144.

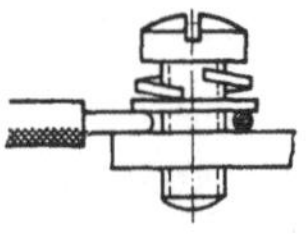
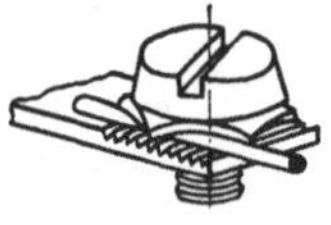
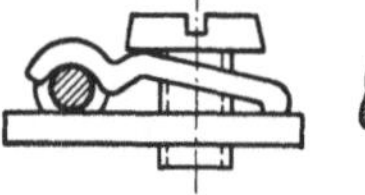

Abb. 145.   Abb. 146.   Abb. 147.

Den einfachsten Fall einer federnden Verschraubung eines Leiters mit normalen Bauteilen stellt die Klemmschraube, mit Federscheibe als elastisches Zwischenglied, nach Abb. 145 dar. Auf eine zusätzliche Scheibe sollte bei einer solchen Verschraubung nicht verzichtet werden.

Eine Installationsklemme mit Wellenfederscheibe und gerillter Gegenlage nach Abb. 146 hat ähnlich wie die Tatzenklemme (Abb. 147) mit federndem Stahlbügel und gleichfalls gerillter Gegenlage den Vorteil der Sicherung durch die Federung des Stahlbügels und das seitliche Verkanten der Schraube.

Abb. 148 und 149 zeigen Klemmen mit Stahlfederbügel als Druckstück.

In Abb. 150 ist ein federhartes Messingblech zu einem Vierkantrohr gebogen. Erst beim Einschrauben der Klemmschraube kommen die umgebogenen Enden zur Anlage und bilden die Sicherung der Schraube.

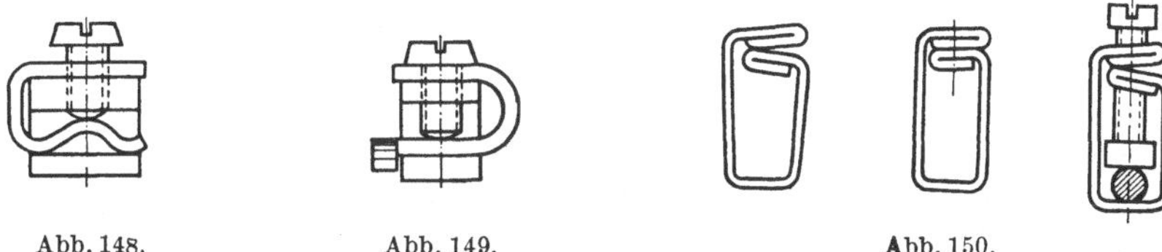

Abb. 148.　　　　Abb. 149.　　　　Abb. 150.

5. Dichte Verschraubungen. Da eine unter den Kopf gelegte Scheibe für eine Verschraubung, die dicht sein soll, nicht geeignet ist (Abb. 151), andererseits aber mit Rücksicht auf die, zwischen Schraubenkopf und der eigentlichen Dichtungsscheibe, entstehende Reibung Rücksicht genommen werden muß, werden besonders gestaltete Schrauben für diesen Zweck verwendet (Abb. 152).

Wenn ein Schraubenbolzen gedichtet werden soll, kann man dafür Hutmuttern und eine zusätzliche Dichtungsscheibe verwenden (Abb. 153).

Normale Muttern sind ungeeignet, weil sie das Gewinde

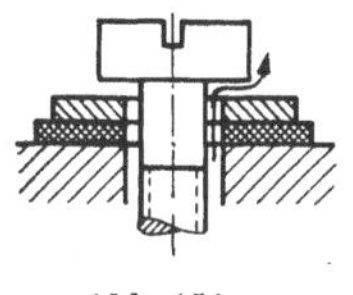
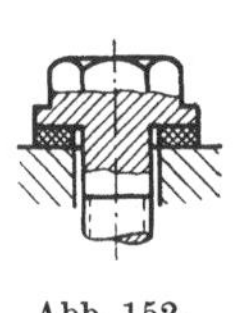
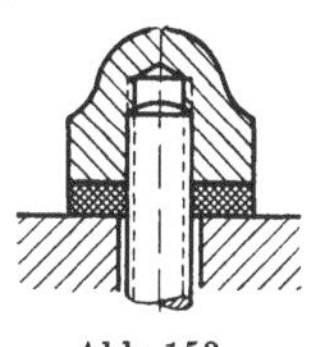

Abb. 151.　　　　Abb. 152.　　　　Abb. 153.

nicht abdichten. Große Flächen an Dichtflächen haben den Nachteil des geringeren spezifischen Druckes. Eine Erhöhung der Dichtigkeit kann durch konzentrische Rillen in den beiden Teilen erreicht werden. Die Rillen dürfen nicht in Form einer Spirale eingedreht sein, wie dies der einfacheren Fertigung wegen häufig versucht wird, weil die Verschraubung sonst meist undicht wird (Abb. 154).

Eine gute Abdichtung ohne besondere Dichtungsbeilage, die durch eine geringe Fläche und den damit verbundenen hohen spezifischen Flächendruck erreicht wird, zeigt Abb. 155. Dabei ist ein Bauteil ballig, das andere mit einer kegeligen

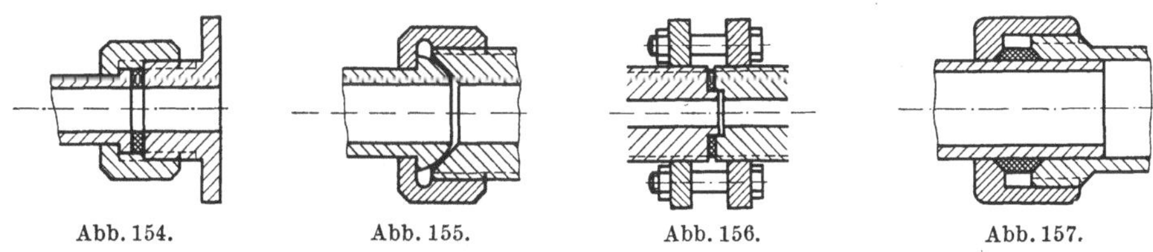

Abb. 154.　　　　Abb. 155.　　　　Abb. 156.　　　　Abb. 157.

Senkung ausgeführt. Bei Leitungen, Armaturen usw. verwendet man auf Gewindestutzen lose aufgeschraubte Gewindeflansche, sie erfordern ein gleichmäßiges Anziehen der Schrauben, um die Dichtung gleichmäßig zu beanspruchen (Abb. 156).

Eine besondere Dichtung und eine entsprechende Gestaltung der Teile (Abb. 157) erfordert die Abdichtung eines glatten Rohres, das einstellbar sein soll. Die eigentliche Dichtung erhält eine besondere Form, so daß der Druck der Verschraubung konzentrisch auf das abzudichtende Rohr erfolgt.

6. Unterlegscheiben. In DIN 125 und 433 sind die üblicherweise verwendeten Unterlegscheiben in Normen festgelegt. Es gibt gewöhnliche Scheiben (Abb. 158) und solche mit Facette und größerem Durchmesser (Abb. 159), die der Schraubverbindung ein besseres Aussehen geben.

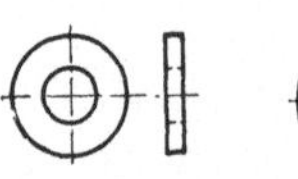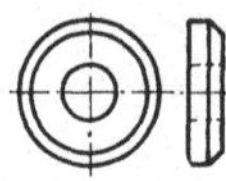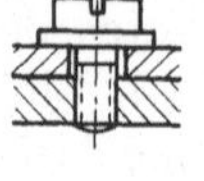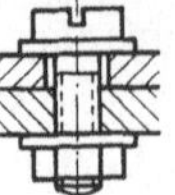

Abb. 158 u. 159.   Abb. 160 u. 161.

Die Anwendung von Scheiben wird notwendig bei nichtbearbeiteter Sitzfläche des Schraubenkopfes (Abb. 160) oder der Mutter (Abb. 161), am häufigsten· jedoch zur Verminderung der spezifischen Flächenpressung bei Verschraubung von Bauteilen mit großen Durchgangslöchern und bei Langlöchern, da sich sonst die Schraube wegen der geringen Auflagefläche eindrückt (Abb. 162 und 163).

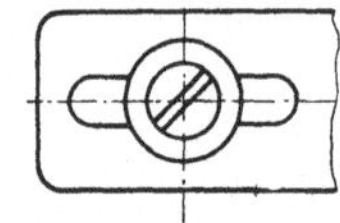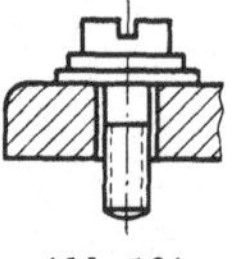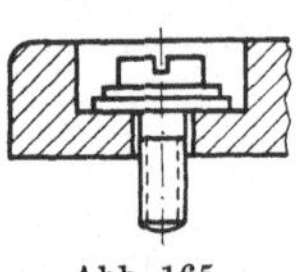

Abb. 162 u. 163.   Abb. 164.   Abb. 165.

Auch zum Ausgleich der Unebenheiten bei keramischen Teilen wird eine weiche Scheibe (Papier, Preßspan od. dgl.) unter der metallischen Scheibe verwendet (Abb. 164 und 165).

Zum Ausgleich bei U- oder I-Trägern dienen die Vierkantscheiben nach DIN 434 und 435 (Abb. 166), weil diese Profileisen keine planparallelen Schenkel haben (Abb. 167).

Vierkantscheiben nach Abb. 168 mit parallelen Flächen nach DIN 436 werden vorwiegend für Holzverbindungen verwendet, weil sie sich in das Holz eindrücken und sich dann nicht mehr mitdrehen.

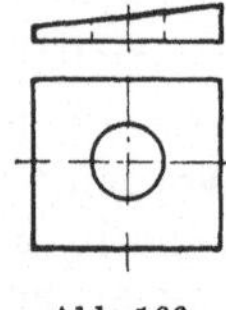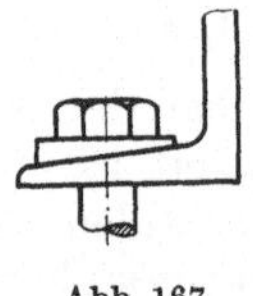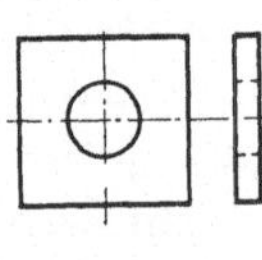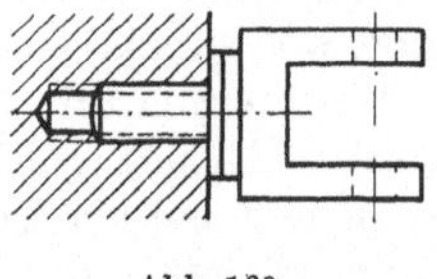

Abb. 166.   Abb. 167.   Abb. 168.   Abb. 169.

Mitunter kann auch die richtige Winkelstellung von Bauteilen nur durch die Verwendung von Unterlegscheiben erreicht werden (Abb. 169). Eine Möglichkeit, von der aber nur selten Gebrauch gemacht wird, weil die Stellung des Bauteiles von dem mehr oder weniger guten Anziehen der Verschraubung abhängt.

b) Unmittelbare Verschraubungen.

Bei der unmittelbaren Verschraubung von Bauteilen, z. B. bei der Verbindung von Platten und Säulen, muß auf den Gewindeauslauf (Abb. 170) Rücksicht genommen werden. Um das Einschrauben bis zum Bund zu ermöglichen, wird bei großen Säulendurchmessern ein Einstich vorgesehen (Abb. 171). Bei kurzem Muttergewinde ist es zweckmäßig, eine Scheibe unterzulegen (Abb. 172).

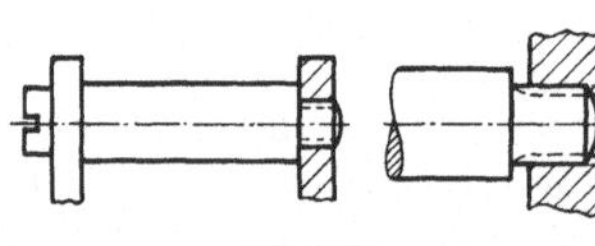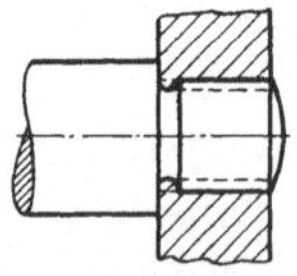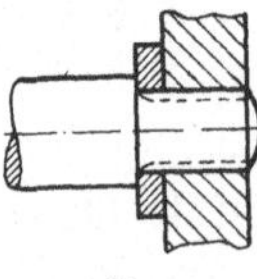

Abb. 170.   Abb. 171.   Abb. 172.

Bei genügend langem Muttergewinde kann eine Spitz- oder eine Flachsenknng am Mutterteil angebracht werden. Die Spitzsenkung bedingt unter Umständen einen größeren Säulendurchmesser. Die Flachsenkung braucht nur unwesentlich größer als der Gewindedurchmesser zu sein (Abb. 173 und 174).

Um das Einschrauben zu erleichtern verwendet man zweckmäßig Sechskant- oder Vierkantsäulen. Runde Säulen bedingen ein besonderes Werkzeug, oder es

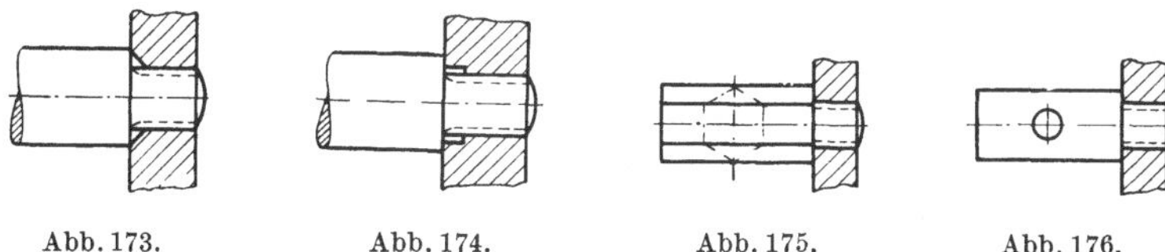

Abb. 173. Abb. 174. Abb. 175. Abb. 176.

müssen Vorkehrungen getroffen werden, um das Anziehen der Säule zu erleichtern. Zum Beispiel Radialbohrungen, durchgehende Bohrungen oder Flächen an der Säule (Abb. 175, 176, 177).

Unmittelbare Verschraubungen ergeben sich häufig dort, wo die Schraube nicht als Verbindungselement, son-

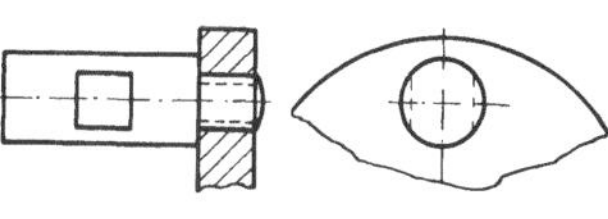
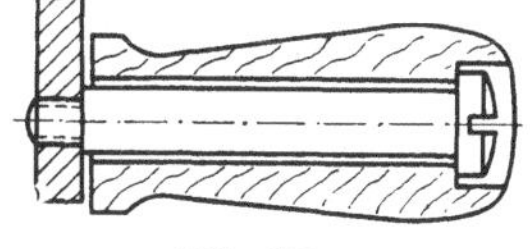

Abb. 177. Abb. 178.

dern als selbständiges Bauteil verwendet wird, z. B. als Teil einer Kurbel (Abb. 178) oder wenn die Schraube als Achse ausgebildet wird, wie in Abb. 179, auch dann, wenn zur Führung oder Drehsicherung von Bauteilen, die axial verschoben werden müssen, eine besonders gestaltete Schraube verwendet wird (Abb. 180).

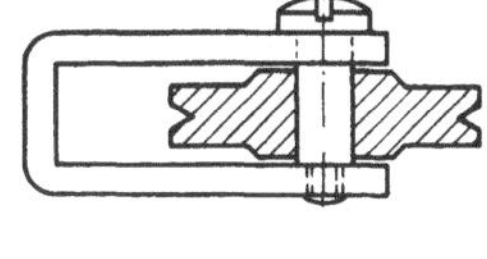
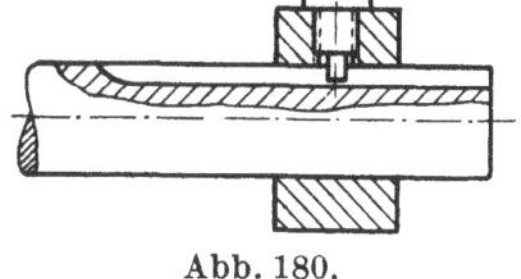

Abb. 179. Abb. 180.

III. Sicherung von Schraubverbindungen.

a) Lagesicherung verschraubter Bauteile.

Bei verschraubten Bauteilen, die in ihrer gegenseitigen Lage zueinander gesichert oder zentriert werden sollen, weil die Bauteile eine bestimmte Lage zueinander haben, genügt fast nie die Schraube allein (Abb. 181 und 182).

Platinen für Laufwerke u. dgl., die mit Rücksicht auf die Lagerbohrungen, die fluchtend zueinander sein müssen, häufig mittels Säulen verbunden werden, deren Ansatz die Lage der Pla-

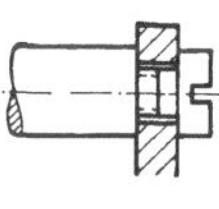
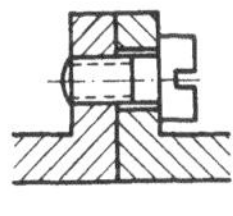

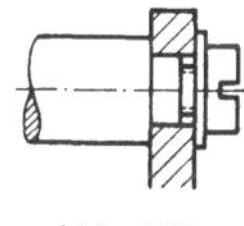

Abb. 181. Abb. 182. Abb. 183.

tinen sichert, zeigt Abb. 183. Andere Bauteile können durch Zentrieransätze in ihrer gegenseitigen Lage zueinander gesichert werden (Abb. 184).

Die Lagesicherung kann nicht immer unmittelbar sein, besonders dann, wenn die Bauteile erst bei der Montage ausgerichtet werden können. In solchen Fällen übernehmen dann Paßstifte oder Paßrohre die Aufgabe der Lagesicherung (Abb. 185 und 186).

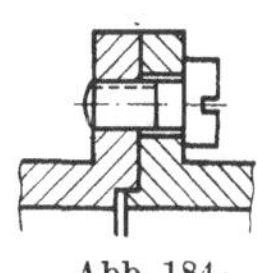
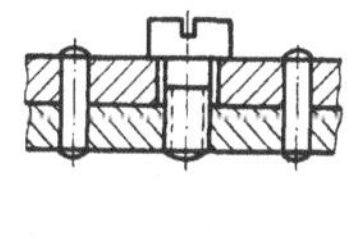
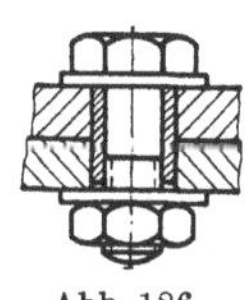

Abb. 184. Abb. 185. Abb. 186.

Bei zentrisch miteinander verbundenen Teilen darf nie das Gewinde allein zur Zentrierung herangezogen werden. Es muß in allen Fällen ein besonderer Zentrieransatz die Zentrierung übernehmen (Abb. 187 und 188).

3*

Die Lagesicherung kann unmittelbar geschehen, wenn man Bauteile mit Bunzen versieht, die in Löcher des anderen Bauteils ragen. Das Durchdrücken der Bunzen geschieht erst bei der Montage, wobei die Vorrichtung das Durchgangsloch des unteren Bauteiles als Aufnahme benutzt (Abb. 189).

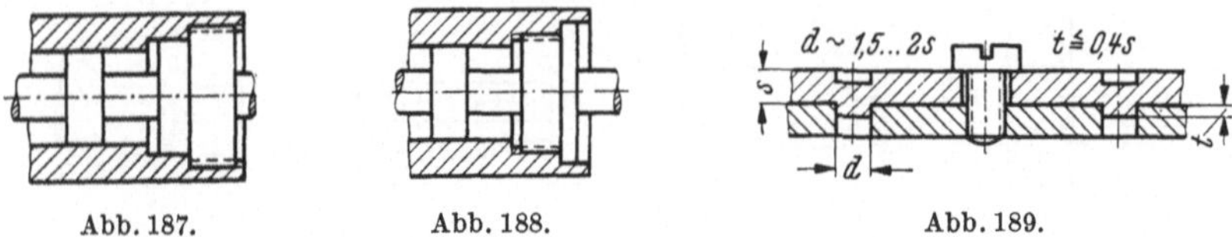

Abb. 187. Abb. 188. Abb. 189.

Die Befestigung von Bauteilen mit nur einer Befestigungsschraube erfordert immer eine Lagesicherung. Dies geschieht meist durch entsprechende Aussparungen, Nuten u. dgl. (Klemmenleiste, Abb. 190).

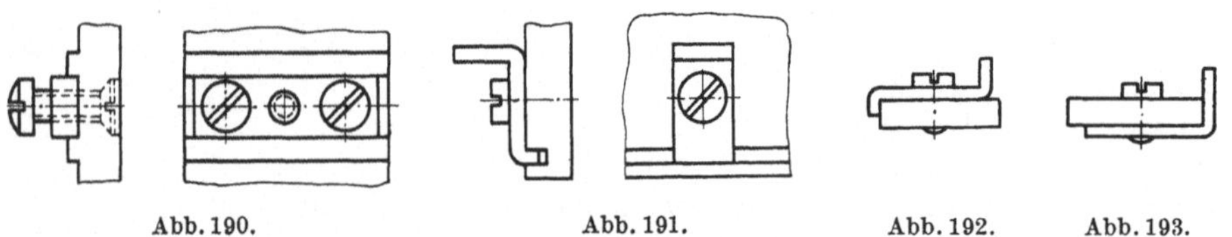

Abb. 190. Abb. 191. Abb. 192. Abb. 193.

Besonders dann, wenn viele Bauteile aufgeschraubt werden sollen, ergibt oft eine unmittelbare Sicherung eine wirtschaftlichere Lösung als die Befestigung der einzelnen Bauteile durch je zwei Schrauben. Oft genügt eine Rille, wie in Abb. 191, oder das Bauteil wird so gestaltet, daß es sich selbst sichert. Manchmal genügt schon die geschickte Anbringung des Bauteiles zur Lagesicherung (Abb. 192 und 193).

b) Schraubensicherungen.

Die besondere Sicherung einer Verschraubung ist notwendig, wenn die Gefahr des Lockerns infolge von Stößen, Erschütterungen, Schwingungen usw. vorliegt. Dadurch kann eine kurzzeitige Längung der Schraube auftreten und die unbelastete Mutter kann sich lösen.

Die Gestaltung der Sicherung ist abhängig von der Art der Beanspruchung der Verschraubung und von der Elastizität des Werkstoffes. Jede Schraube sichert sich zunächst selbst durch die beim Anziehen auftretende axiale Verspannung. Diese Sicherung wird größer, mit kleiner werdendem Steigungswinkel (Feingewinde), bei kleinerer Gewindetoleranz und großer Elastizität des Werkstoffes. Damit sind bereits die Möglichkeiten für die Gestaltung besonderer Sicherungselemente angedeutet. Die axiale Verspannung kann erhöht werden durch Unterlegen federnder Scheiben unter den Schraubenkopf (kraftschlüssige Sicherung). Eine andere Art der Sicherung besteht darin, daß man den Kopf der Schraube oder die Mutter am selbsttätigen Drehen hindert, beispielsweise durch Unterlegen eines Bleches, das nachher an der Schraube und am Bauteil umgebogen wird (formschlüssige Sicherung), oder indem man Schraubenkopf und Bauteil durch Lack miteinander verbindet (stoffschlüssige Sicherung). Diese Sicherungen können mittelbar oder unmittelbar sein, je nachdem, ob ein besonderes Teil zur Sicherung verwendet wird oder ob die Sicherung durch zweckentsprechende Gestaltung erreicht wird. Ob man die Verschraubung nach der einen oder anderen Art sichert, muß von Fall zu Fall entschieden werden. Wenn die Notwendigkeit einer Sicherung vorliegt, ist es zweckmäßig, dies schon beim Entwurf zu berücksichtigen, da die Anwendung einer unmittelbaren Sicherung die Gestaltung der Teile mitunter sehr beeinflußt. Es wäre jedoch abwegig, bei der Konstruktion in allen Fällen eine unmittelbare Sicherung der Verschraubung zu erstreben, sofern kein Grund dafür vorliegt. Häufig ist die Lösung naheliegend und ohne besonderen Aufwand möglich. Die mittelbare Sicherung kommt häufiger vor und ist vielfach auch billiger durch die Verwendung genormter Sicherungselemente.

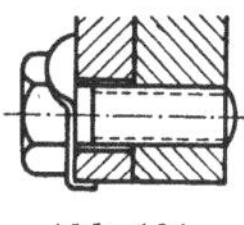
Abb. 194.

Abb. 195.

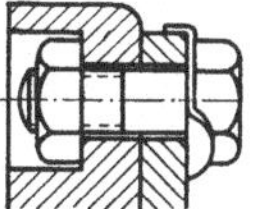
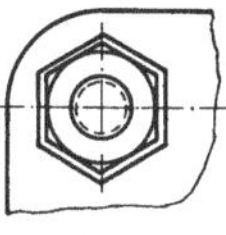
Abb. 196.

1. Formschlüssige Sicherungen. Zur kraftschlüssigen Sicherung einer Verschraubung werden häufig Sechskantschrauben benutzt, die die Verwendung von Sicherungsblechen ermöglichen. Das Sicherungsblech wird an einer Fläche der Schraube und am Bauteil umgebogen (Abb. 194). Zu beachten ist dabei, daß bei einer Verschraubung mit Schraube und Mutter sowohl für die Schraube als auch für die Mutter ein Sicherungsblech nötig ist (Abb. 195). Wenn bei versenkt angeordneten Schraubenköpfen oder Muttern das Bauteil entsprechend gestaltet wird, kann ein besonderes Sicherungselement vermieden und die Montage erleichtert werden. Im allgemeinen verwendet man runde Scheiben (DIN 9022) (Abb. 196 und 197).

Auch besonders gestaltete Scheiben, die dem jeweiligen Verwendungszweck angepaßt sind, werden verwendet. Derartige Sicherungs-

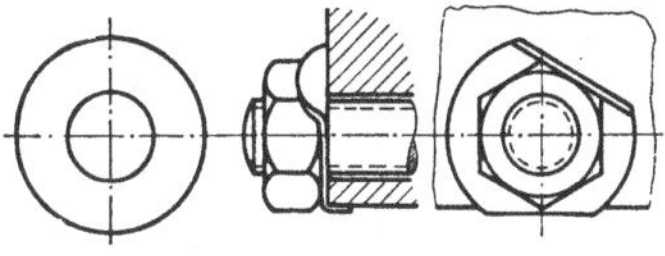
Abb. 197.

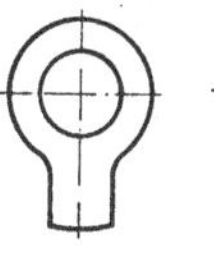
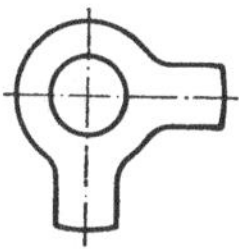
Abb. 198 u. 199.

bleche können nur einmal verwendet werden (Abb. 198 und 199). Näheres unter DIN 93, 432, 462, 463.

Wenn ein Umbiegen der Sicherungsscheibe am Bauteil nicht möglich ist, kann man eine Sicherungsscheibe mit Nase nach DIN 432 verwenden, die aber eine besondere Bohrung im Bauteil erfordert (Abb. 200).

Zwei Schrauben oder Muttern lassen sich durch ein gemeinsames Sicherungsblech sichern (Abb. 201).

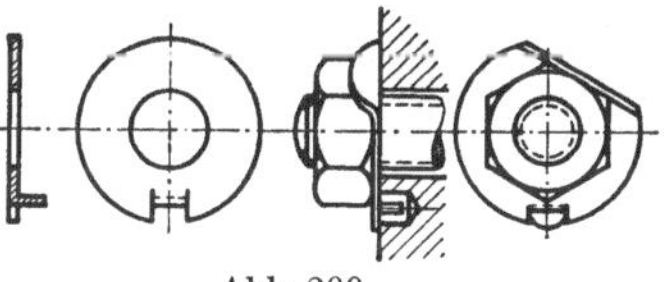
Abb. 200.

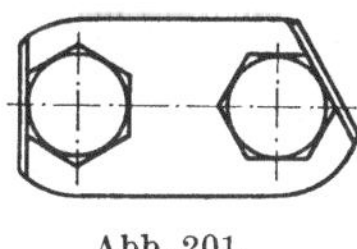
Abb. 201.

Schraubenköpfe mit Bohrung können mittels Draht gesichert werden (Abb. 202).

Kronenmuttern und durchbohrte Schraubenbolzen ermöglichen die Anwendung eines Splintes oder eines an den Enden aufgeweiteten Rohres als Sicherungselement. (Zur Übertragung von Kräften nicht geeignet. Herstellung der Sicherung zeitraubend und schwierig, da mitunter schwer zugänglich. Splinte nur einmal verwendbar) (Abb. 203).

Bei mehreren Schrau-

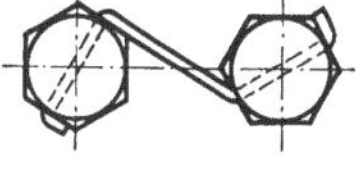
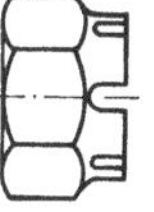
Abb. 202.

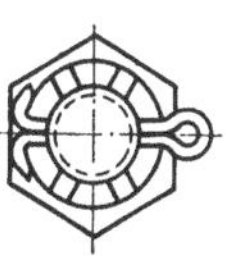
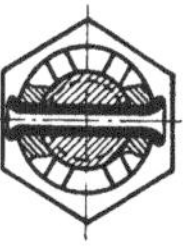
Abb. 203.

ben kann ein gemeinsamer Draht verwendet werden, der so anzubringen ist, daß die Mutter in Anzugsrichtung gehalten wird (Abb. 204).

Eine Sechskant- oder Vierkantmutter mit Bohrung zur Anbringung einer Sicherung mittels Draht od. dgl. hat den Vorteil gegenüber der Splintsicherung, daß bei der Montage keine Bohrung hergestellt werden muß (Abb. 205).

Mitunter werden, der einfacheren Fertigung wegen, an Stelle der Löcher nur
Schlitze gefräst und nach dem Einlegen des Drahtes zugedrückt (Abb. 206).

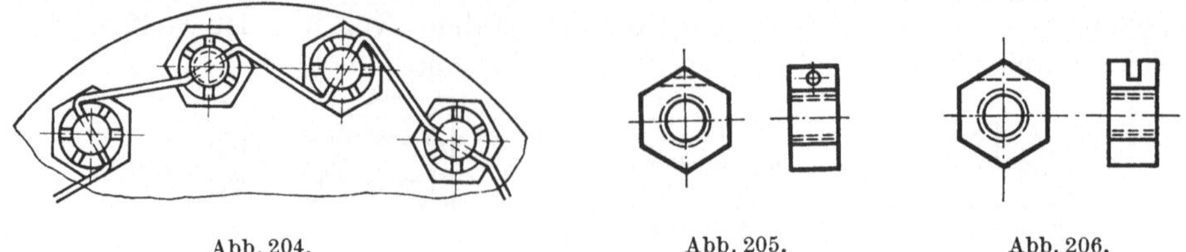

Abb. 204.   Abb. 205.   Abb. 206.

In Abb. 207 ist ein Hakensprengring als Sicherung für eine Verschraubung gezeigt. Nachteilig ist, daß der Bolzen erst nach dem Einstellen oder nach dem Anziehen des Bauteiles mit dem Muttergewinde abgebohrt werden kann. (Zur Übertragung von Kräften nicht geeignet. Bei Verbindungen, die oft gelöst werden
müssen, mit Vorsicht anzuwenden, da die Welle immer wieder abgebohrt werden
muß.) Abb. 208 zeigt die Sicherung einer Senkschraube durch Seegerring (siehe
auch unter „Einspreizen"). Der Seegerring sichert die Schraube nur gegen gänzliches Lösen oder Verlieren. Die Güte der Sicherung ist abhängig von der Lage
des Einstiches zum Schraubenkopf.

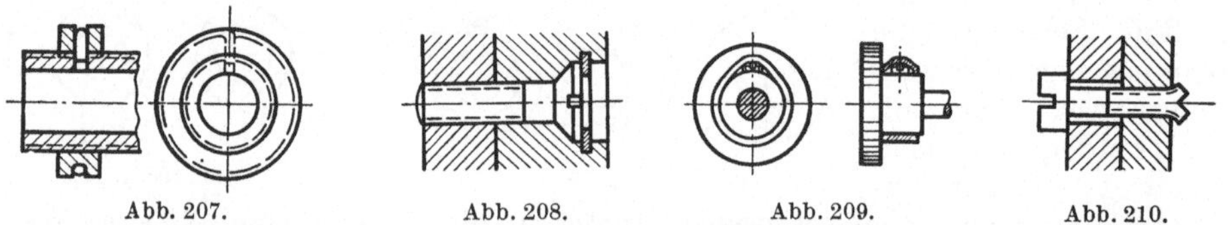

Abb. 207.   Abb. 208.   Abb. 209.   Abb. 210.

In Abb. 209 ist die Sicherung einer Verschraubung mit einem besonderen
Gummiring dargestellt. Der Gummiring schmiegt sich an den vorstehenden
Schraubenkopf an und verhindert ein Lösen desselben, indem er die Schraube
am Drehen hindert. Selten angewendet wird die Sicherung der Schraube durch
Meißel- oder Körnerschlag wegen der robusten Art dieser Sicherung und weil sie
auch schlecht wieder zu lösen ist (Abb. 210).

Die Sicherung einer Verschraubung durch Körnerschlag in die Mutter zeigt
Abb. 211. Die Sicherung beruht darauf, daß Werkstoff der Mutter in das Gewinde
des Bolzens eingedrückt wird. Häufiger angewendet wird der umgekehrte Fall
(Abb. 212) der Sicherung durch Körnerschlag in den Gewindebolzen. Derartige
Sicherungen sind nur anwendbar, wenn die Verbindung nicht gelöst oder nach-
gezogen und vom Verbindungselement kein Drehmoment übertragen werden
muß. Der härtere Werkstoff muß immer in den weicheren gedrückt werden.

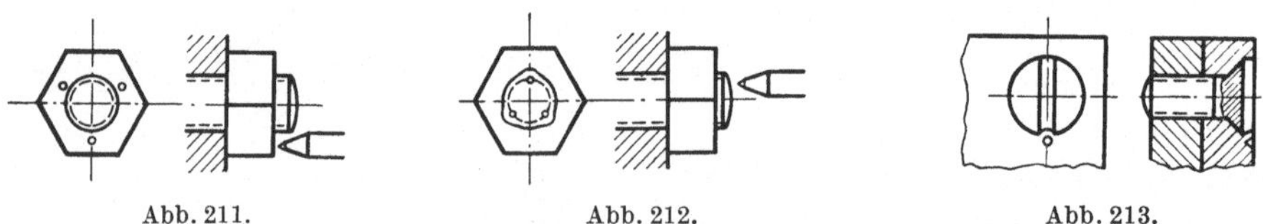

Abb. 211.   Abb. 212.   Abb. 213.

Ähnlich ist die Sicherung einer Senkschraube durch Körnerschlag, wobei der
Werkstoff des Bauteiles in den Schlitz der Schraube gedrückt wird und einen
Formschluß ergibt (Abb. 213).

Abb. 214 zeigt eine weniger robuste Art der Sicherung einer Senkschraube unter Verwendung einer besonderen kegeligen Sicherungsscheibe. Hierbei wird der Rand der Sicherungsscheibe in den Schlitz der Schraube gedrückt, die Scheibe selbst wird durch Körnerschlag (in das Bauteil) gesichert.

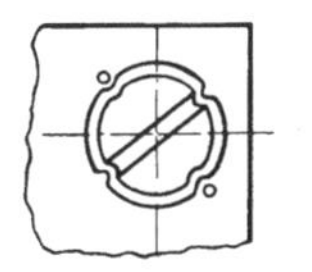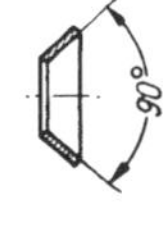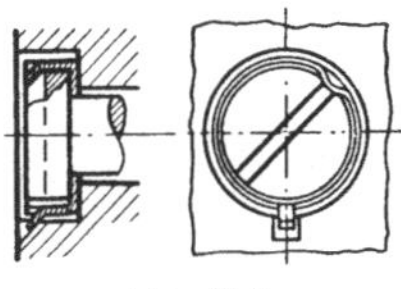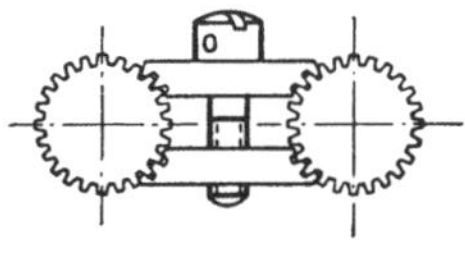

Abb. 214.   Abb. 215.   Abb. 216.

In ähnlicher Form gesichert wird eine versenkt angeordnete Zylinderkopfschraube mittels eines Sicherungsnapfes nach DIN 526 (Abb. 215).

Abb. 216 zeigt einen der vielen Sonderfälle einer Schraubensicherung. Zwei einstellbare Schrauben mit gezahntem Kopf, gesichert durch zwei zusätzliche Sicherungsbacken. Die Schraube für die Verschraubung der Sicherungsbacken wird besonders gesichert mittels Draht.

2. Kraftschlüssige Sicherungen. Federnde Sicherungselemente sind sehr beliebt, weil sie leicht anwendbar sind. Diese Sicherungselemente gehören zu den

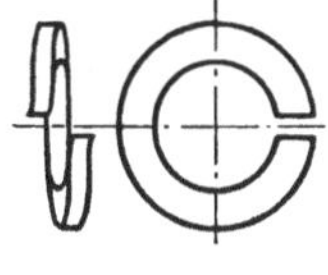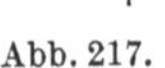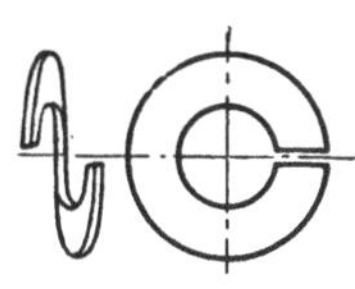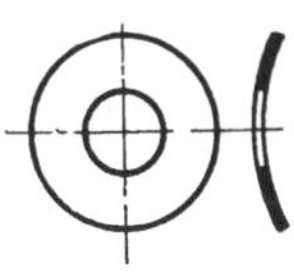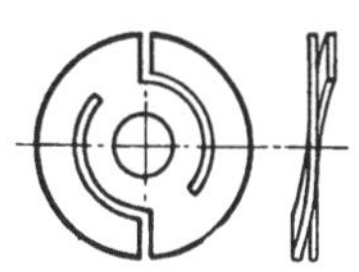

Abb. 217.   Abb. 218.   Abb. 219.   Abb. 220.

kraftschlüssigen Sicherungen und führen eine axiale Verspannung zwischen Bolzen und Muttergewinde herbei. Am bekanntesten sind die schweren, angebogenen (Abb. 217) und die leichten, glatten Federringe (Abb. 218). Die Güte derartiger Sicherungen ist nicht zuletzt vom Anzugsmoment abhängig. Derartige Federscheiben werden in allen möglichen Abarten hergestellt, als Sattelscheibe (Abb. 219) oder als Scheibe mit zwei oder mehreren federnden Lappen (Abb. 220). Zahnscheiben als Sicherungsscheiben haben sich gut eingeführt, obwohl die Federungseigenschaften gering sind. Sie sind in vielen Abarten im Handel erhältlich. Zahnscheiben führen leicht dazu, die Oberfläche des Bauteiles zu zerstören, was zur Korrosion an der aufgerauhten Stelle führt (Abb. 221, siehe auch DIN 6797 und 6798).

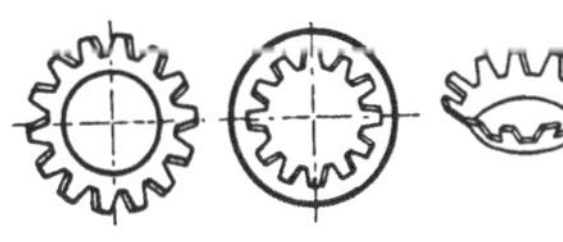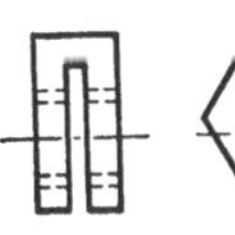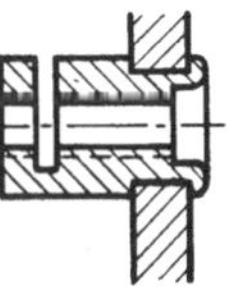

Abb. 221.   Abb. 222.   Abb. 223.

Eine Mutter kann sichernd gestaltet werden (Abb. 222), wenn man sie mit einem Schlitz versieht, so daß zwei federnde Gewindeträger entstehen, die eine axiale Verspannung herbeiführen. Derartige Muttern sind handelsüblich. Den gleichen Effekt kann man bei Bauteilen erzielen, wie das beispielsweise bei einem eingenieteten Gewindeträger gezeigt ist (Abb. 223). Die Abb. 224 zeigt einen einstellbaren, gegen selbsttätiges Lösen gesicherten Gewindebolzen *A*. Der Gewindebolzen *A* wird mit einem mit Schlitz versehenen Gewindebolzen *B* und einem dazwischenliegenden Gummiteil derart gemeinsam eingeschraubt, daß zwischen den beiden Gewindebolzen eine axiale Verspannung auftritt. Im Beispiel Abb. 225 wird ein ähnlicher Zweck erreicht, wenn man den Bolzen zusammen mit einer Scheibe ohne Gewinde und einer dem Kernloch entsprechenden Bohrung aus elastischem Material (z. B. Cellon) einschraubt.

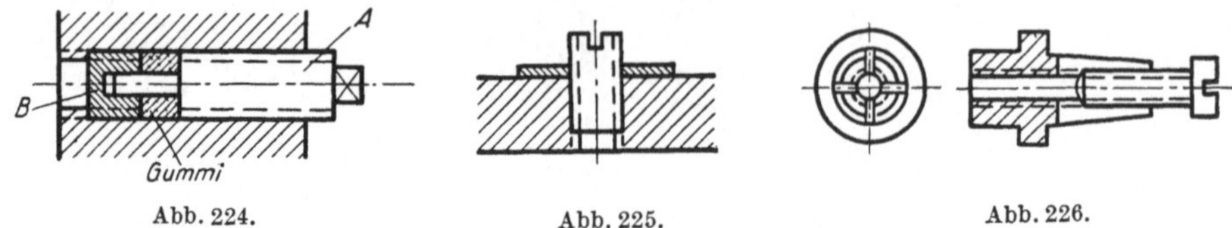

Abb. 224. Abb. 225. Abb. 226.

Eine Sicherung durch radiale Verspannung kann erzielt werden durch ein- oder mehrmaliges Schlitzen des Bauteiles, das das Muttergewinde trägt (Abb. 226).

Abb. 227 zeigt die Elastic-Stop-Sicherheitsmutter, eine Sechskantmutter mit einem durch Einrollen befestigten Fiberring mit einer Bohrung, die dem Kerndurchmesser entspricht. Beim Einschrauben wird Gewinde in den Fiberring geschnitten. Durch die entstehende radiale Verspannung wird die Mutter gesichert. Nach dem gleichen Prinzip aufgebaut ist die Zweimetall-Annietmutter, die noch einen besonderen Gewindeträger aus Stahl hat, der in einer Leichtmetallfassung gehalten wird. Sie wird als unverlierbare Mutter viel verwendet (Abb. 228).

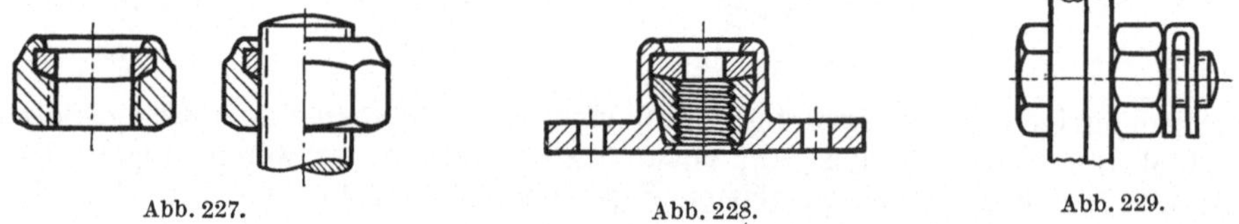

Abb. 227. Abb. 228. Abb. 229.

Diese Art von Muttern lassen sich zwar mehrmals, aber nicht unbeschränkt oft, verwenden. Es ist darauf zu achten, daß die Schraube mit Sicherheit aus der Mutter herausragt. Die Annietmutter wird vorwiegend für Verbindungen verwendet, bei denen Schubkräfte übertragen werden müssen oder zur Montageerleichterung, wenn die Mutter unzugänglich ist.

Eine normale Mutter kann gesichert werden durch einen federnden Bügel, der auf das überstehende Schraubenende geschraubt wird (Abb. 229).

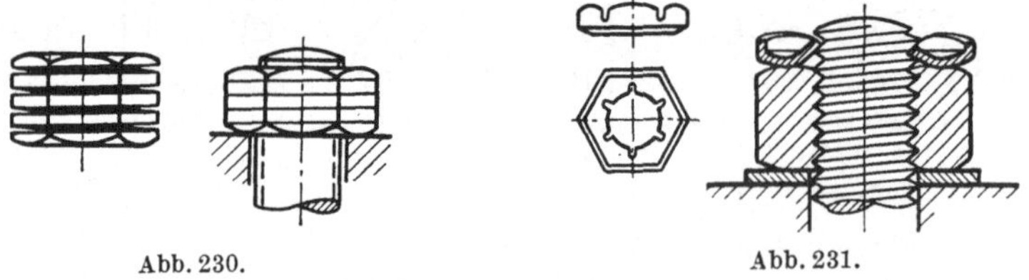

Abb. 230. Abb. 231.

Die MAN-Sicherheitsmutter ist eine als Feder ausgebildete Mutter mit normalen Abmessungen (Abb. 230). Auch hier wird die Sicherung durch axiale Verspannung (gute Anlage in den Gewindeflanken) erreicht.

Zur Sicherung einer normalen Mutter dient auch die sogenannte Pal-Mutter, die als zusätzliche Mutter auf den Schraubenbolzen geschraubt wird und sich mit

sechs Sperrzähnen federnd in die Gewindegänge legt. Die Pal-Mutter ist als Sechskantmutter ausgebildet und wird wie eine normale Mutter aufgeschraubt (Abb. 231).

Abb. 232 zeigt die Contra-Mutter, sie hat
einen besonderen Sicherungsgewindeteil und ein
elastisches Zwischenglied. Der Sicherungsgewindeteil hat gegenüber dem eigentlichen Mutter-
gewindeteil einen Steigungsunterschied, der beim
Aufschrauben durch das elastische Zwischenglied
ausgeglichen wird und dadurch eine axiale Verspannung hervorruft.

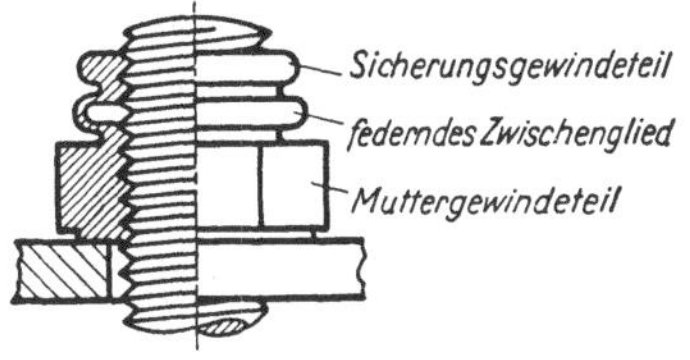

Abb. 232.

Ein sehr beliebtes Sicherungselement ist die Gegenmutter als Sicherung einer
Verschraubung.

Durch die Gegenmutter wird eine axiale Verspannung in dem Bolzenstück
zwischen den beiden Muttern und damit eine Sicherung gegen selbsttätiges Lösen
der Verschraubung erreicht, z. B. bei der Sicherung zweier Muttern gegeneinander,
wenn die beiden Muttern zusammen als axiale Begrenzung dienen sollen (Abb. 233).

Die Verspannung kann auch zwischen Mutter und Bauteil erfolgen. Mit Rücksicht auf eine gute Lastverteilung in der Verschraubung ist immer dafür zu sorgen,
daß das eigentliche, tragende Muttergewinde nicht durch die Gegenmutter entlastet wird. In den Beispielen nach Abb. 234 und 235 wäre dies der Fall, wenn
die Mutter auf der oberen Seite angebracht wäre. Es würden sich dann beim Anziehen der Gegenmutter die Gewindegänge im Muttergewinde des Bauteiles ab-
heben und die Gegenmutter würde die ganze Last übernehmen, während das
Bauteil selbst entlastet ist.

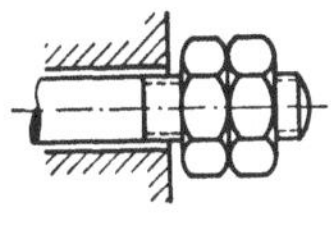
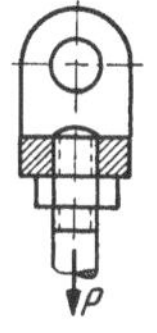
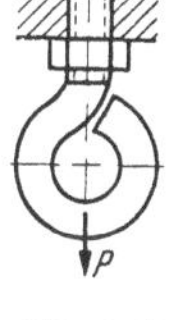
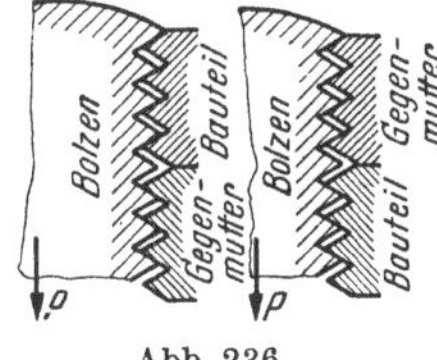

Abb. 233. Abb. 234. Abb. 235. Abb. 236.

Die Anordnung nach dem in Abb. 236 dargestellten Schnittbild, in dem die
Mutter über dem Bauteil angeordnet ist (rechtes Bild), ist deshalb falsch.

Ähnlich ist es bei allen Verschraubungen mit Durchsteckschrauben und mit
Stiftschrauben. Die am Gewindeende sitzende Mutter trägt die Belastung. Es ist
deshalb zweckmäßig, bei verschieden hohen Muttern, die höhere Mutter nach
außen zu setzen (Abb. 237). Abb. 238
zeigt eine Sicherheitsmutter mit
einer Radialbohrung und eingelegtem
Gewebe od. dgl., ähnlich der Elastic-
Stop-Mutter. Von dieser Sicherungsart wird auch bei Bauteilen mit
Muttergewinde Gebrauch gemacht,
wenn ein spielfreies Gewinde erfor-

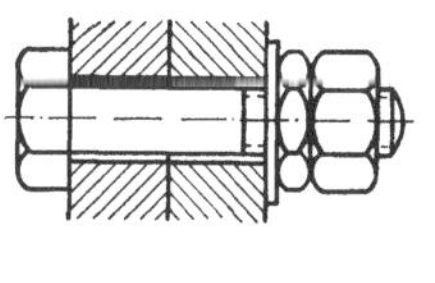
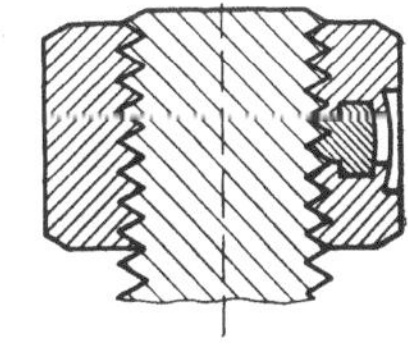

Abb. 237. Abb. 238.

derlich ist. Die Einlage läßt sich leicht einstellbar gestalten oder es kann durch
Federdruck für eine dauernde gute Anlage im Gewinde gesorgt werden.

3. Stoffschlüssige Sicherungen, z. B. Sicherung mit Lack. Bei kleinen Schrauben
(bis etwa 5 mm Durchmesser), geringen Erschütterungsbeanspruchungen und be-
grenzten Temperaturbeanspruchungen können Schrauben mit Lack gesichert
werden. Dazu werden Sicherungslacke verwendet, die eine kurze Trockenzeit aufweisen und nach dem Trocknen nicht so spröde werden, daß sie abplatzen.

Die Sicherung mit Lack erfolgt meist nach dem Festziehen der Schraube oder Mutter nach einer der nachfolgend beschriebenen Arten. Manchmal wird auch vor der Herstellung der Schraubverbindung die Schraube in Lack getaucht oder Lack in ein Sackloch getropft, und dann die Schraube eingeschraubt.

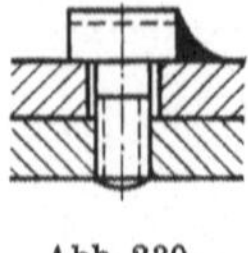

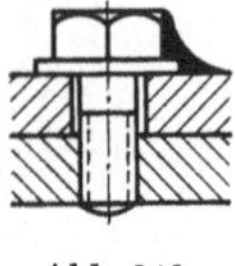

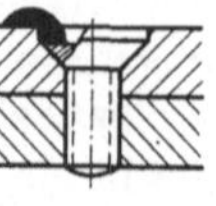

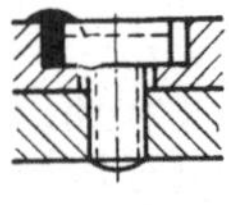

Abb. 239.   Abb. 240.   Abb. 241.   Abb. 242.

Im allgemeinen wird nur ein Lacktropfen zur Verbindung des Schraubenkopfes mit dem Bauteil benutzt. Zweckmäßigerweise wird man den Lack so am Schraubenkopf anbringen, daß er in den Schraubenschlitz fließt (Abb. 239 und 240).

Auch bei Senkschrauben oder versenkt angebrachten Zylinderkopfschrauben wird in ähnlicher Weise verfahren (Abb. 241 und 242).

Bei Verschraubungen mit Schraube und Mutter genügt eine Sicherung am Schraubenkopf allein nicht mehr. Auch eine Sicherung zwischen Bauteil und Mutter ist ungenügend. Die Lacksicherung muß zwischen Bauteil und Mutter und zwischen Mutter und Schraubenbolzen erfolgen (Abb. 243).

Eine zusätzliche Sicherung des Schraubenkopfes ist im allgemeinen nicht nötig und wird nur zur Erzielung einer höheren Sicherheit bei größerer Beanspruchung ausgeführt (Abb. 244). Auch von der Möglichkeit, den Schraubenkopf gänzlich mit Lack zu umgeben, wird wenig Gebrauch gemacht (Abb. 245).

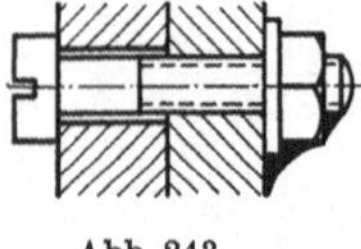

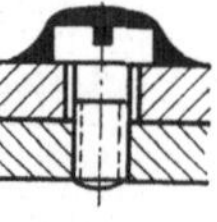

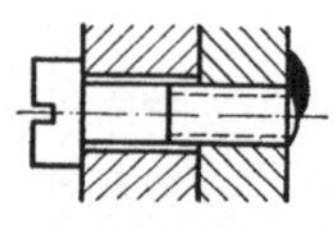

Abb. 243.   Abb. 244.   Abb. 245.   Abb. 246.

Im allgemeinen wird nur bei Verschraubungen, die schwer zugänglich sind, die Sicherung am Schraubenende vorgenommen (Abb. 246).

Auch Schrauben ohne Kopf und deren Ende nicht zugänglich ist (Gewindestifte), werden mit Lack gesichert (Abb. 247).

Sicherung durch Löten. Eine Sicherung, die nur in seltenen Ausnahmefällen Anwendung findet, aber auch zu den stoffschlüssigen Sicherungen gehört, ist die Sicherung einer Verschraubung durch Löten. Dabei wird der Schraubenkopf oder das Schraubenende mit dem Bauteil durch Lötzinn miteinander verbunden (Abb. 248).

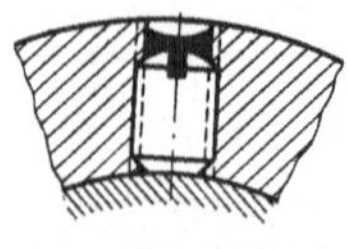

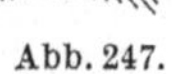

Abb. 247.   Abb. 248.

4. Sonderfälle von Sicherungen. Neben den formschlüssigen, kraftschlüssigen und stoffschlüssigen Schraubensicherungen gibt es noch eine Reihe von Sonderfällen unmittelbarer oder mittelbarer Sicherungen von Verschraubungen. So kann eine Schraubensicherung durch Klemmen oder seitliches Verspannen erreicht werden. Man versucht im allgemeinen eine seitliche Verspannung bei Verschraubungen zu vermeiden. Bei den meist reichlich bemessenen Verschraubungen der Feinwerktechnik aber kann man sich mitunter solcher Sicherungen bedienen. Die seitliche Verspannung der Verschraubung selbst wird vermieden, wenn man die Anordnung ähnlich wie in dem Beispiel mit der Schrägmutter wählt, wobei sich die Verspannung nur auf das Schraubenende auswirkt.

Durch eine besonders vorgebogene Scheibe wird eine Sicherung erreicht durch das seitliche Verspannen der Schraube und die Federung der Scheibe, häufig auch zum Klemmen von elektrischen Leitern verwendet (Abb. 249 und 250).

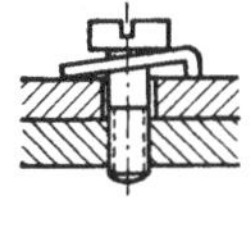

Abb. 249.

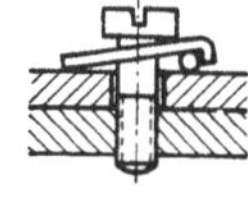

Abb. 250.

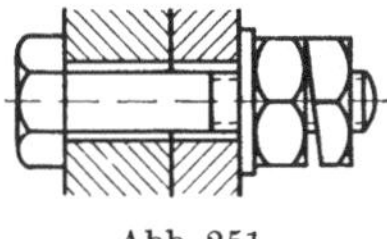

Abb. 251.

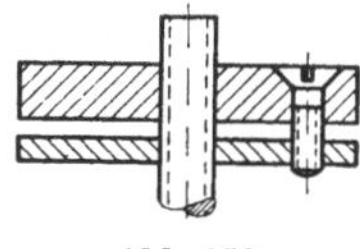

Abb. 252.

Abb. 251 zeigt die Sicherung durch eine zusätzliche, abgeschrägte Mutter, die mit der schrägen Fläche gegen die Grundmutter geschraubt wird. Beim Anziehen kippt die Schrägmutter und wird dadurch auf dem Schraubenbolzen festgeklemmt. (Ohne Nacharbeit leicht anzubringen.)

Die Sicherung einer Verschraubung durch Klemmen oder Verkanten eines Bauteiles, in diesem Falle einer besonderen Scheibe, die ebenfalls Gewinde trägt, und ähnlich wie das Bauteil auf dem Schraubenbolzen aufgeschraubt ist, ist anwendbar, wenn das Bauteil beispielsweise in axialer Richtung verstellt und dann gesichert werden soll (Abb. 252).

Eine einstellbare Pfropfenschraube, gesichert durch eine besondere Sicherungsschraube (Gewindestift), wobei gegebenenfalls der Gewindestift selbst noch mit Lack gesichert werden muß, zeigt Abb. 253.

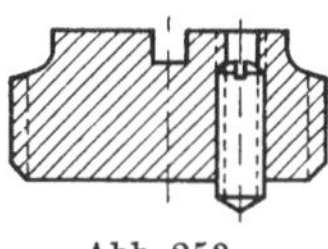

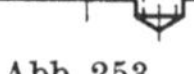

Abb. 253.

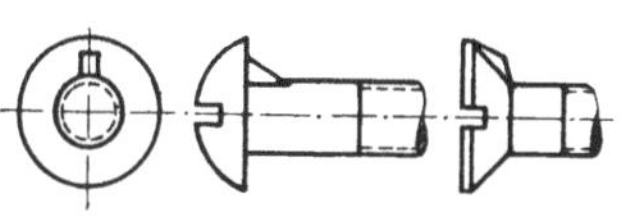

Abb. 254.

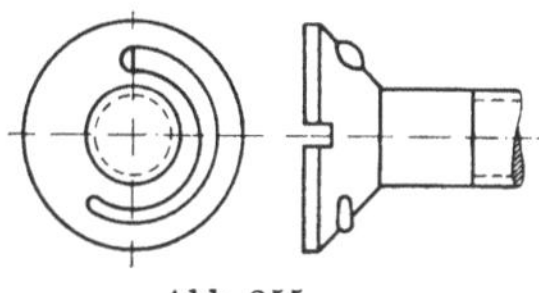

Abb. 255.

In Abb. 254 sind Sonderschrauben nach DIN 604 und 607 mit einer Nase unter dem Schraubenkopf, die zur Sicherung der Schraube dient, gezeigt. Die Schraube kann dabei nur als Durchsteckschraube verwendet werden, wobei die Mutter noch besonders gesichert werden muß.

Abb. 255 zeigt eine Schraube mit umlaufender Wulst auf dem Senkkopf. Die Wulst gräbt sich kurz vor dem Aufliegen des Senkkopfes in das Bauteil ein und sichert dadurch die Schraube gegen selbsttätiges Lösen.

5. Unmittelbare Sicherung bei Verschraubungen. Häufig können Bauteile so gestaltet werden, daß sie gleichzeitig eine unmittelbare Sicherung darstellen. Wenn der Befestigungsbügel für das in Abb. 256 gezeigte Instrument nicht starr, sondern durch entsprechende Dimensionierung federnd ausgebildet wird, sichert er die Verschraubung. Wenn der aus dünnem Blech hergestellte Deckel federt, genügt

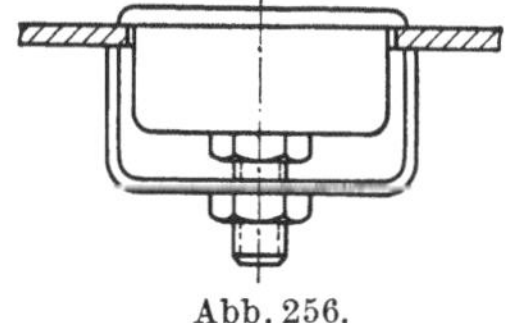

Abb. 256.

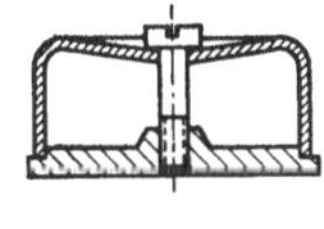

Abb. 257.

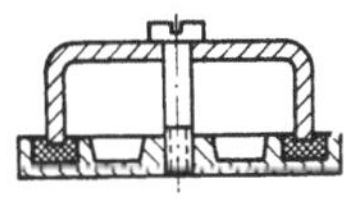

Abb. 258.

die axiale Verspannung zur Sicherung der Verschraubung in Abb. 257. Wenn eine Dichtung vorhanden ist, wird der gleiche Effekt trotz eines starren Deckels erreicht (Abb. 258).

Eine Kontaktschraube, die ohne zusätzliche Sicherung einstellbar sein soll, wobei die Schraube in einen vorgespannten federnden Bügel eingeschraubt wird und sich selbst sichert, ist nach Abb. 259 gut gelöst. (Gewinde an den mit a bezeichneten Stellen.)

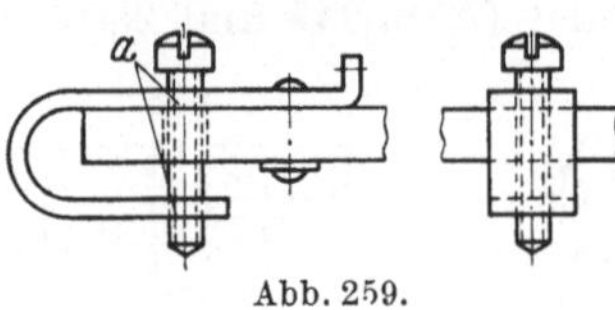

Abb. 259.

Durch Schlitzen eines Bauteiles und einer unter Vorspannung eingeschraubten Schraube wird häufig eine genügende Sicherung erreicht, so daß ein besonderes Sicherungselement nicht mehr notwendig ist (Abb. 260).

Im Gegensatz zur Abb. 260, wo die Sicherung durch axiale Verspannung erreicht wird, kann ein ähnlicher Effekt auch durch Schlitzen in radialer Richtung durch radiales Verspannen erreicht werden (Abb. 261).

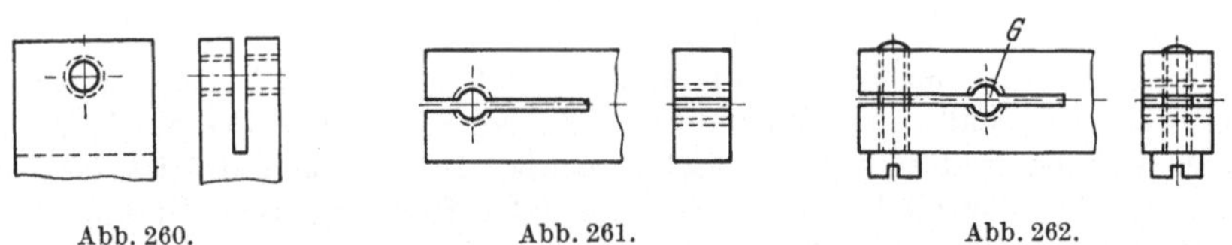

Abb. 260.   Abb. 261.   Abb. 262.

Die Sicherung der im Gewinde G sitzenden Schraube wird noch wirkungsvoller, wenn eine zusätzliche Sicherungsschraube verwendet wird, die sich im Beispiel nach Abb. 262 sogar selbst sichert.

Einen Sonderfall einer Schraubensicherung stellt Abb. 263 dar. Zur Übersetzungsänderung soll das Maß a des Zahnsegmentes veränderlich sein. Durch die eigenartige Gestaltung des Hebels wird dies erreicht. Durch Betätigung der Schraube S wird der Achsabstand verändert. Da der Hebel als federnder Bügel ausgebildet ist, sichert sich die

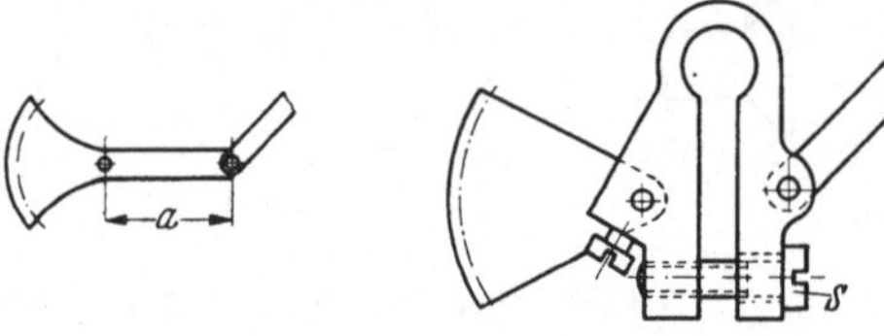

Abb. 263.

Schraube S durch die axiale Verspannung selbst.

6. Sicherung der Schraube gegen Verlieren. Mitunter sind Schrauben oder Schraubelemente gegen Verlieren zu sichern. Dazu eignen sich Halsschrauben, die erst durch eines der beiden zu verbindenden Bauteile, beispielsweise den Deckel, geschraubt werden und dann erst auf das eigentliche Muttergewinde im zweiten Bauteil treffen. Zu beachten ist dabei, daß $a > b$ (Abb. 264).

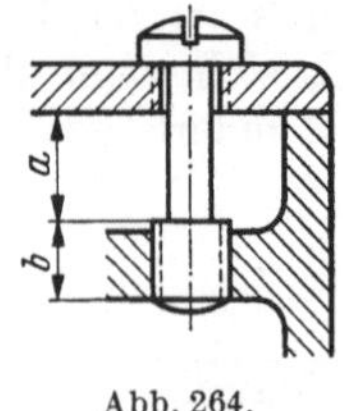 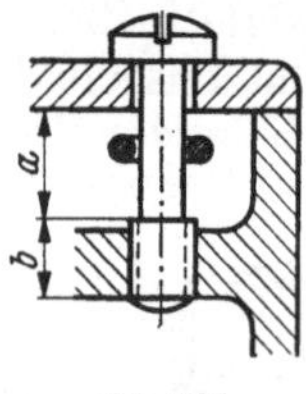 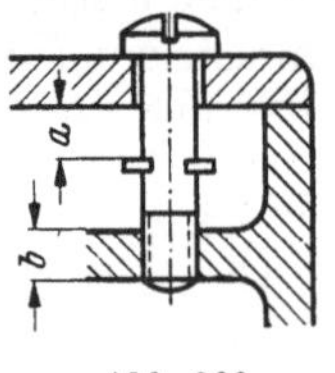 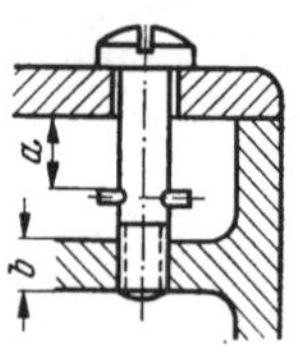

Abb. 264.   Abb. 265.   Abb. 266.   Abb. 267.

Die Halsschraube kann auch durch ein besonderes Sicherungselement, wie Sprengring, Splintscheibe od. dgl. gesichert werden. An Stelle einer Halsschraube kann auch eine normale Schraube unter Verwendung der gleichen Sicherungselemente verwendet werden, wenn man an geeigneter Stelle einen Einstich für diese Elemente vorsieht. Ein Stellstift muß mit Festsitz eingedrückt oder an beiden Enden umgebogen werden, um ihn selbst gegen Verlieren zu sichern (Abb. 265 bis 267). Bei diesen letzten drei Beispielen kann das Gewinde im Deckel entfallen.

Eine Schraube, deren Gewindeschaftende geschlitzt und gespreizt ist oder deren Schaftende durch eine Senkung einen Rand erhält, den man umdrücken kann, zeigt Abb. 268. In Abb. 269 ist eine Sonderschraube mit Rille und einem Zylinderstift im Bauteil, wobei die Schraube keine Bewegung in axialer Richtung zuläßt, dargestellt. Eine ähnliche, aber billigere Lösung stellt die nach Abb. 270 gestaltete Sonderschraube mit Innengewinde, die durch ein aufgeweitetes Gewindeschaftende gegen Verlieren gesichert ist, dar.

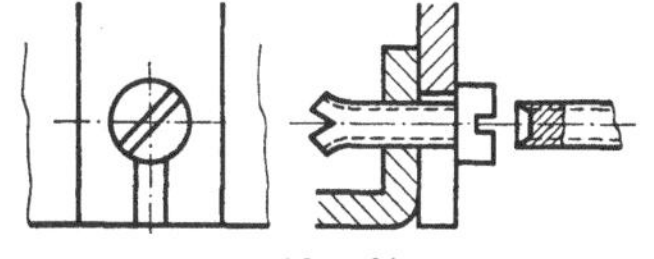

Abb. 268.

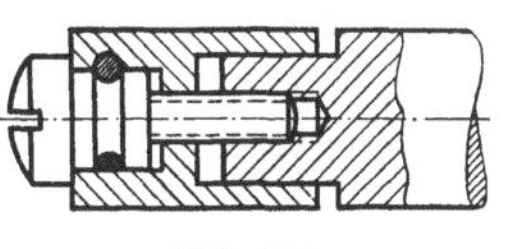

Abb. 269.

Eine lose eingerollte Mutter als unverlierbares Schraubelement nach Abb. 271 ist ähnlich wie die Schraube nach Abb. 270 anwendbar.

Den Sonderfall der Sicherung einer Überwurfmutter gegen Verlieren durch Anbringen einer Rändelung auf dem Bauteil, nach dem Aufschieben der Mutter, ist in Abb. 272 dargestellt.

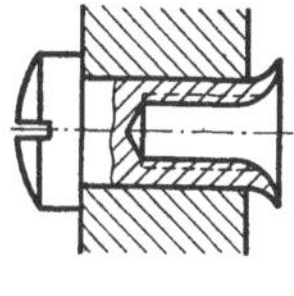

Abb. 270.

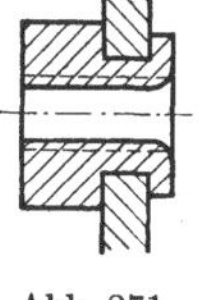

Abb. 271.

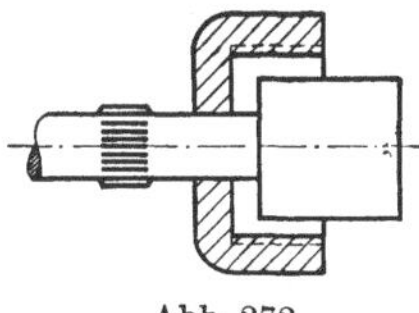

Abb. 272.

7. Plombenschrauben. Für Verschraubungen, die gegen unbefugtes Lösen gesichert werden sollen (Plombenschrauben), verwendet man häufig Senkschrauben. Die Senkung im Bauteil wird tiefer ausgesenkt und mit Lack ausgegossen. Eine innigere Verbindung des Lackes mit dem Senkkopf erzielt man, wenn man an Stelle der üblichen kegeligen Senkung eine Flachsenkung vorsieht (Abb. 273 und 274).

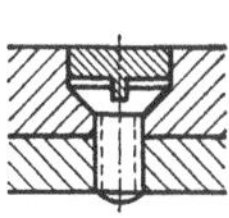

Abb. 273.

Abb. 274.

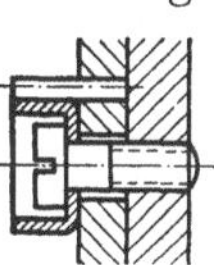

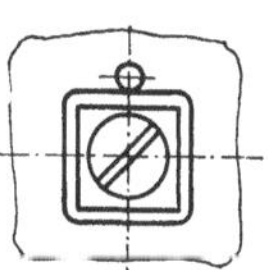

Abb. 275.

Für Zylinderschrauben verwendet man besondere Plombenkapseln, die unter dem Schraubenkopf liegen und gegen Verdrehen gesichert sein müssen, sofern sie nicht drehsicher im Bauteil eingenietet oder eingerollt sind (Abb. 275 und 276).

Eine viel verwendete, durch Ausdrehen des Kopfes als Plombenschraube gestaltete Schlitzschraube stellt keine vollwertige Sicherung dar, da die Schraube mit einem besonderen Werkzeug noch zu lösen ist (Abb. 277).

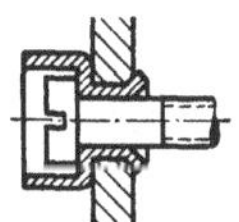

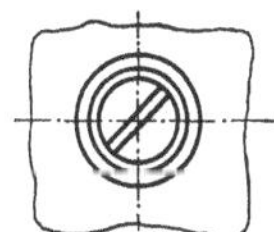

Abb. 276.

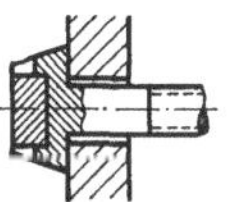

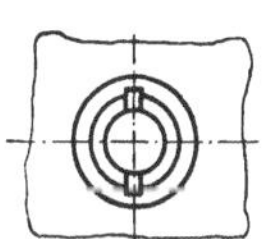

Abb. 277.

Bei der Sicherung mit Plombendraht und Plombe wird der Draht durch das Schraubenende oder durch den Kopf von Kreuzlochschrauben gezogen (Abb. 278 und 279).

Diese vielverwendete Sicherung hat den großen Nachteil, daß der Plombendraht leicht reißt. Eine bessere, mit dem Bauteil verbundene Plombenkapsel, die zur Aufnahme einer mit Firmenzeichen versehenen Blechscheibe, die durch Einspreizen befestigt wird, dient, zeigt Abb. 280.

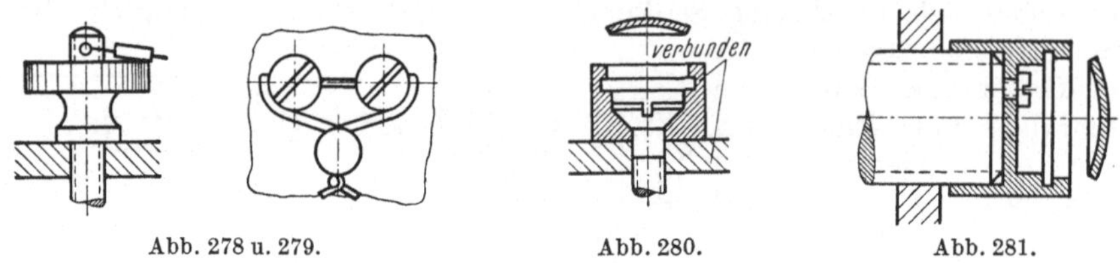

Abb. 278 u. 279.   Abb. 280.   Abb. 281.

Ähnlich ist eine Sicherung, die auf einem Schraubenbolzen durch Aufschrauben auf das Bolzengewinde befestigt und durch eine exzentrisch sitzende Schraube gesichert wird, die ihrerseits wieder durch eine besondere Scheibe gesichert wird (Abb. 281).

B. Nietverbindungen.

I. Gestaltung der Nietverbindung.

a) Allgemeines.

Aus dem Bedürfnis, ein Verbindungselement zu schaffen, das verschiedene Nachteile der Schraube nicht aufweist, entstand der Niet. Der Niet kommt aus dem Stahlbau, wo häufig Schrauben verwendet wurden, obwohl die Verbindung nie mehr gelöst zu werden brauchte. Die Feinwerktechnik hat die Nietung in weitem Umfang übernommen und für ihre besonderen Anforderungen weitestgehend ausgebaut. Während im Stahlbau die Warmnietung überwiegt, wird in der Feinwerktechnik der Niet meist ohne vorherige Behandlung im Nietloch gestaucht. Nur in einigen Sonderfällen wird auch in der Feinwerktechnik die Warmnietung angewendet.

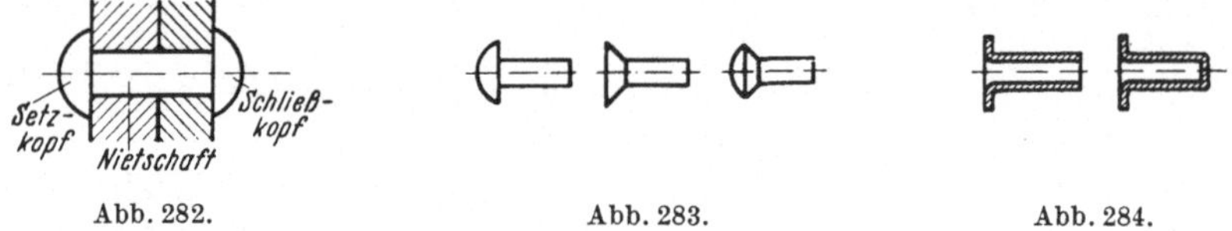

Abb. 282.   Abb. 283.   Abb. 284.

Der Niet, bei dem man unterscheidet zwischen Setzkopf, Nietschaft und Schließkopf, hat im Laufe der Zeit mannigfaltige Formen angenommen (Abb. 282).

Zu den Vollnieten, zu denen der Halbrundniet, der Senkniet und der Linsensenkniet gehören, kommen noch eine Reihe Abarten dieser Grundformen (Abb. 283).

Eine besondere Gruppe sind die Rohr- und Hohlniete, von denen zwei in Abb. 284 dargestellt sind.

Die Nietung selbst, d. h. die Bildung des Schließkopfes und das Stauchen des Nietschaftes, erfolgt von Hand oder maschinell. Die Nietung stellt demnach eine form- und kraftschlüssige Verbindung dar. Beim Stauchen des Nietschaftes und dem anschließenden Bilden des Schließkopfes werden die miteinander zu verbindenden Teile zusammengepreßt und Reibung zwischen ihnen erzeugt. Der Nietschaft verdickt sich beim Stauchen und füllt die Nietbohrung aus. Der Widerstand der Nietbohrung zwingt ihn dann, einen Schließkopf zu bilden. Die zwischen dem Niet und der Bohrung entstehende Kraft nennt man Lochleibung.

Bei den Rohr- und Hohlnieten treffen diese Überlegungen nicht ganz zu. Rohr- und Hohlniete finden nur bei geringen Festigkeitsansprüchen Anwendung und werden vorwiegend für nichtmetallische Werkstoffe verwendet.

Im Gegensatz zum Vollniet handelt es sich beim Rohrniet um ein Rohr, das einseitig ringförmig aufgedornt wird und damit einen Setzkopf bildet (Abb. 285). Ein derartiger Niet reicht selbstverständlich in seinen Festigkeitseigenschaften an die eines Vollnietes bei weitem nicht heran. Von Lochleibung kann dabei nicht die Rede sein, da eine Aufweitung des rohrförmigen Schaftes nicht stattfindet.

Man unterscheidet mittelbare Nietung, bei der ein besonderer Niet für die Verbindung zweier oder mehrerer Teile verwendet wird (Abb. 286), und unmittelbare Nietung, bei der ein Bauteil (z. B. eine Säule) zum Nieten geeignet gestaltet wird (Abb. 287). In der Feinwerktechnik überwiegt die unmittelbare Nietung.

Der Vorteil des Nietes als billiges Verbindungselement gegenüber der Schraube wird hauptsächlich durch die Schwierigkeiten bei der Bildung des Schließkopfes beeinträchtigt. Die Gestaltung des Nietzapfens ist von der Art der Nietung abhängig. Die Nietung erfolgt durch Schlag oder Druck, wobei die Nietarbeit maschinell oder von Hand ausgeführt wird.

Der Halbrundkopf entsteht durch Schlagen unter Zuhilfenahme eines Kopfmachers. Es ist Sache des Konstrukteurs, dafür zu sorgen, daß der Niet für diese Arbeit zugänglich ist. Bei einer sorgfältig ausgeführten Nietung von Hand wird

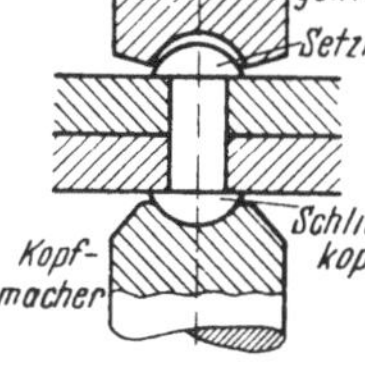

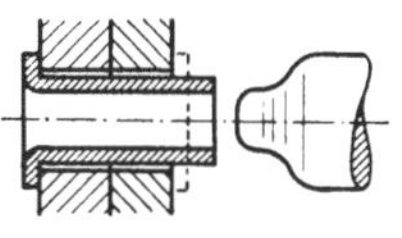 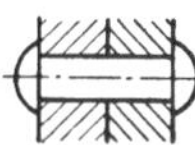

Abb. 285.   Abb. 286 u. 287.   Abb. 288.

das Gewicht des Hammers der Nietstärke entsprechend ausgewählt. An weiteren Werkzeugen sind Nietenzieher, Kopfmacher und ein möglichst schweres Gegengewicht (Setzeisen) nötig (Abb. 288).

Das Gegengewicht oder der Gegenhalter soll so ausgebildet sein, daß ein Rand trägt, weil der Niet dann gerade steht und weniger leicht zum Kippen neigt. Der Niet soll mit wenigen Schlägen gestaucht und dann der Schließkopf mit dem Kopfmacher fertig geschlagen werden. Bei der maschinellen Nietung können kleinere Niete bis etwa 2 mm Nietschaftdurchmesser durch einen einzigen Druck von Hand gequetscht werden. Für Niete mit größeren Abmessungen werden Nietpressen verwendet, wobei aber das Nieten nicht mehr durch einen einzigen Druck, sondern durch mehrmaliges Stauchen erfolgt.

Für die Güte einer Nietverbindung ist das Stauchen des Nietschaftes in das Nietloch und das Bilden des Schließkopfes maßgebend. Es hängt sehr von der Geschicklichkeit des Ausführenden ab, ob das Nietloch ausgefüllt und damit die notwendige Lochleibung erzielt wird.

Ein beim Stauchen verbogener Nietschaft erfüllt seinen Zweck nur unvollständig, auch wenn geschickterweise ein gut aussehender Schließkopf gebildet wurde (Abb. 289).

Durch Anwendung des Nietenziehers müssen Bleche, die nicht plan aufeinanderliegen, fest zusammengezogen werden, da beim Nieten keine Gewähr dafür gegeben ist, daß die Bleche plan aufeinanderliegen (Abb. 290).

Bei ungeschickter Verwendung des Kopfmachers wird der Schließkopf in das Bauteil geschlagen, was eine erhebliche Festigkeitsminderung nach sich zieht (Abb. 291).

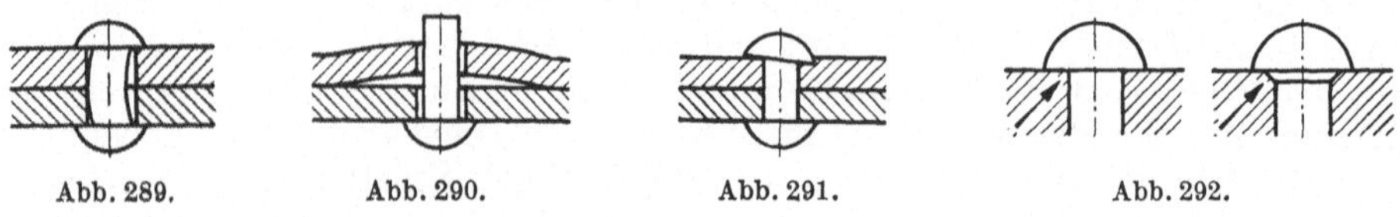

Abb. 289.   Abb. 290.   Abb. 291.   Abb. 292.

An dem, dem Schließkopf zugewandten Nietlochrand entstehen die größten Spannungen. Durch sorgfältiges Entgraten der Bohrung kann die Güte der Nietung verbessert werden (Abb. 292).

b) Mittelbare Vernietung.

1. Nietabmessungen. Nietlänge und Nietstärke sind bei der Vielgestaltigkeit der Nietverbindungen sehr von der Vernietungsart, dem Werkstoff und der Form des Schließkopfes abhängig, so daß sich eine genaue Formel dafür nicht angeben läßt. Nachfolgende Formeln ergeben deshalb nur Richtwerte. Bei Massenfertigung ermittelt man die genaue Nietlänge am zweckmäßigsten durch Versuche (Abb. 293).

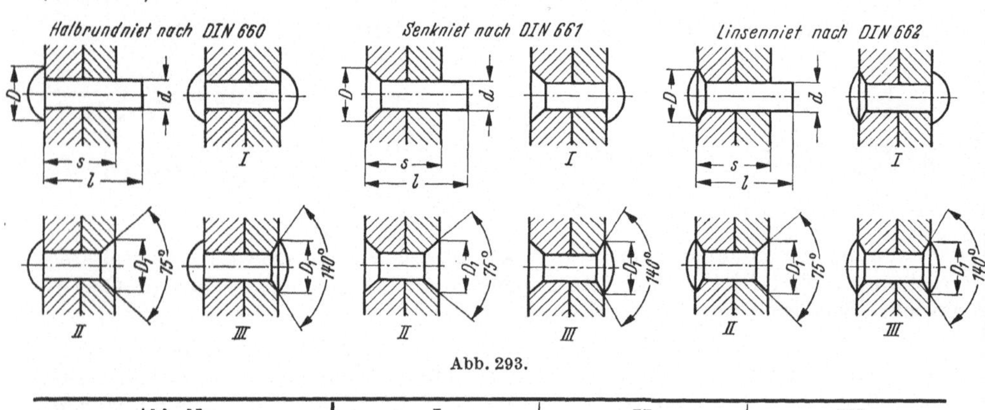

Abb. 293.

Abb. Nr.:	I	II	III
Form des Schließkopfes	Halbrund-	Senk- Schließkopf	Linsen-
Schaftlänge l	$l = 1{,}2\,s + d$	$l = 1{,}3\,s$	$l = 1{,}2\,s + d$
Schließkopf-$\varnothing$ D_1	Schließkopf-$\varnothing$ bzw. Senk-$\varnothing$ $D_1 = D$		

Obigen Formeln sind nachfolgende Lochdurchmesser zugrunde gelegt.

Nietlochdurchmesser:

Niet-$\varnothing$ d	1	2	3	4	5	6	7	8	9
Nietloch-$\varnothing$	1,1	2,2	3,2	4,3	5,3	6,4	7,4	8,4	9,5

Erschwerend kommt hinzu, daß man nicht wie im Maschinenbau mit einem bestimmten Verhältnis von Nietlänge zu Nietschaftdurchmesser rechnen kann, da in der Feinwerktechnik vielfach nur geringe Festigkeitsanforderungen gestellt werden und deshalb große Nietlängen bei geringer Nietschaftsstärke vorkommen.

2. Gestaltung des Nietes und der Bauteile. Die Senknietung ist in den meisten Fällen schwieriger auszuführen und vielfach auch teurer als die Nietung mit überstehendem Kopf. Sie wird deshalb auch nur ausgeführt, wenn das unbedingt nötig, der Nietkopf also nicht vorstehen darf. Die Form des Setzkopfes hat auf die Gestaltung der Senknietung keinen Einfluß. Für eine Nietverbindung, bei der auf keiner Seite ein Nietkopf vorstehen darf, wird der Senkniet verwendet (Abb. 294). Die Anwendung der Flachsenkung ist selten. Soll der Schließkopf als Halbrundkopf ausgebildet werden, muß Platz für den Kopfmacher vorgesehen werden (Abb. 295). Dünne Bleche werden durchgesetzt. Das Durchsetzen geschieht meist vorher, mitunter aber auch erst bei der Nietung. Man verwendet meist Niete mit einem Setzkopf, der einen größeren Versenkkonus hat als die üblichen Niete. Auch Kombinationen von gesenkten und durchgezogenen Blechen sind üblich. Vernietungen nach Abb. 296 bis 303 werden nur ausgeführt, wenn auf der Seite des Schließkopfes nichts vorstehen darf.

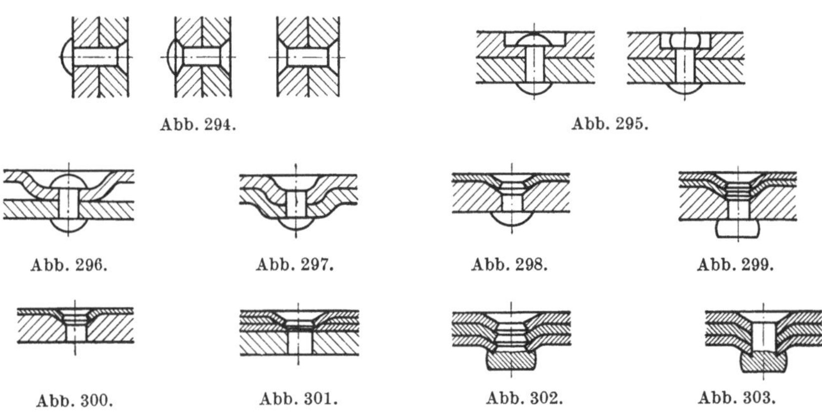

Abb. 294. Abb. 295.

Abb. 296. Abb. 297. Abb. 298. Abb. 299.

Abb. 300. Abb. 301. Abb. 302. Abb. 303.

Die Nietung ist je nach der Art der Fertigung verschieden. In Abb. 302 sind die Bleche durchgezogen und dann genietet, in Abb. 303 sind die Bleche durchgezogen, aufgebohrt und dann genietet.

Auch um ein gutes Aussehen zu erzielen, werden Bleche verschiedenartig durchgezogen. Abb. 304 zeigt ein dünnes Blech und ein dickes Blech, Abb. 305 ein dünnes Blech und Holz oder Isolierstoff, die miteinander vernietet sind.

Für die Vernietung von weichen Werkstoffen (Leder u. dgl.) werden Niete mit kleiner Kopfhöhe und größerem

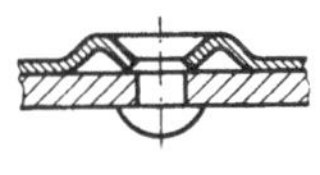 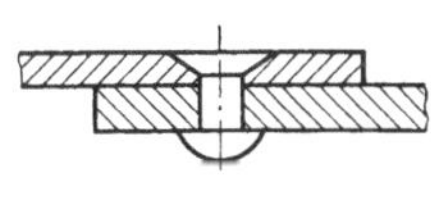

Abb. 304. Abb. 305. Abb. 306.

Kopfdurchmesser verwendet (Riemenniete) (Abb. 306).

Sehr gut eignen sich Rohrniete oder rohrnietähnlich gestaltete Niete für versenkte Nietung (Abb. 307 und 308).

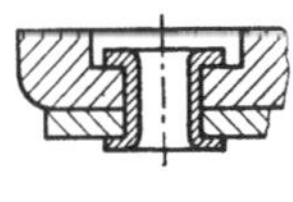 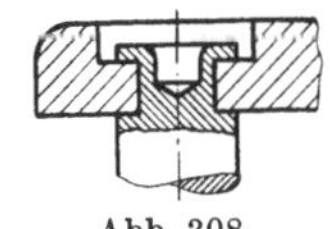 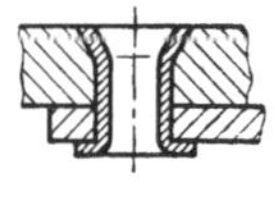

Abb. 307. Abb. 308. Abb. 309.

Abb. 309 zeigt, daß eine konische Senkung für Nietverbindungen mit geringer Beanspruchung ein leichtes Nieten ermöglicht.

Bei Vernietungen, bei denen auf gutes Aussehen Wert gelegt wird, kann der Linsensenkkopf sowohl als Setzkopf wie als Schließkopf Anwendung finden (Abb. 310 und 311).

Für eine Vernietung, die dicht sein soll, ist ein großer Setzkopf und eine geeignete Formgebung des Setzkopfes zweckmäßig. Der Flankenwinkel der Einsenkung wird um etwa 5° größer gewählt als der des Setzkopfes. Abb. 312 zeigt Niet und Bohrung.

Eine Nietung, bei der eine besondere Nietscheibe zur Aufnahme des Setzkopfes oder des Schließkopfes, wenn das Bauteil selbst nicht zur Nietung geeignet ist (z. B. Leder), verwendet wird, ist in Abb. 313 dargestellt.

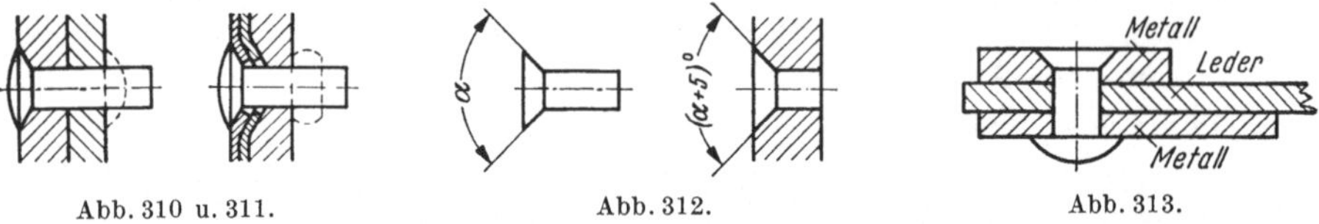

Abb. 310 u. 311.   Abb. 312.   Abb. 313.

Eine einfache Nietung, für die sich alle Nietformen eignen, ergibt der tonnenförmige Flachkopf wegen des geringeren Aufwandes für die Bildung dieses Schließkopfes. Die zusätzliche Nietlänge für die Bildung des Flachkopfes ohne Berücksichtigung der Klemmlänge beträgt:

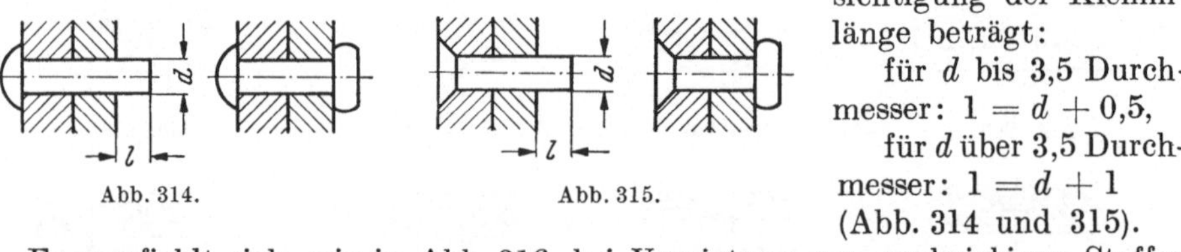

Abb. 314.   Abb. 315.

für d bis 3,5 Durchmesser: $1 = d + 0,5$,
für d über 3,5 Durchmesser: $1 = d + 1$
(Abb. 314 und 315).

Es empfiehlt sich, wie in Abb. 316, bei Vernietung von nachgiebigen Stoffen (Fiber, Leder, Hartpapier u. dgl.), der besseren Vernietung wegen, Scheiben unterzulegen.

Abb. 317 zeigt eine isolierende Nietverbindung. In diesem Fall müssen Scheiben untergelegt werden, da die Nietkopfauflage wegen des größeren Nietloches zu klein wäre.

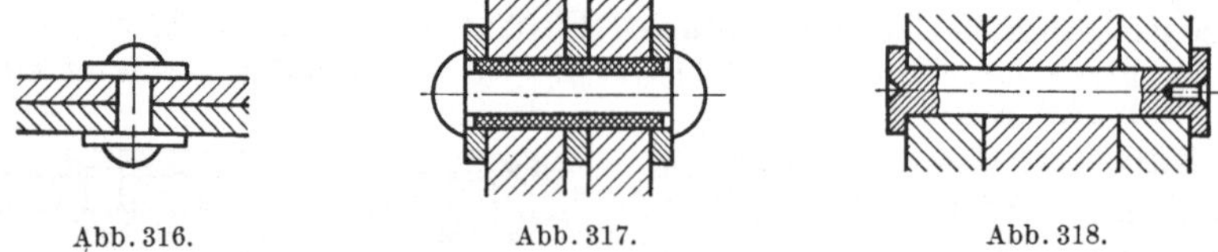

Abb. 316.   Abb. 317.   Abb. 318.

In der Feinwerktechnik kommen häufig Nietlängen vor, die in keinem Verhältnis stehen zur Nietzapfenlänge. Da solche Niete nicht handelsüblich sind, werden sie aus Rundmaterial hergestellt, und, wie in Abb. 318 gezeigt, zum Nieten geeignet gestaltet.

3. Sonderfälle. Einer der interessantesten Sonderfälle von mittelbaren Nietverbindungen ist die Vernietung mittels Sprengniet. Der Sprengniet ermöglicht Nietverbindungen an nur einseitig zugänglichen Stellen und an geschlossenen Profilen auch dann, wenn nur eine beschränkte Zugänglichkeit vorhanden ist (Abb. 319 und 320).

Der Niet hat in seinem Schaft eine Sprengladung, die nach dem Einsetzen des Nietes durch Erwärmen des Setzkopfes mit einem Lötkolben zur Entzündung

gebracht wird. Gegenüber den Zugnieten, die auch von einer Seite aus angewendet werden können, hat er den Vorteil, daß der volle Nietquerschnitt ausgenutzt werden kann. Die Dauerzugfestig-
keit ist nur unwesentlich geringer als bei einer normalen Nietver-
bindung.

Abb. 321 zeigt ein Beispiel, das die Verbindung zweier empfindlicher Bauteile (Glas) oder eines empfind-

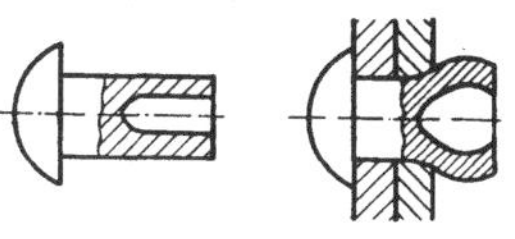

Abb. 319.

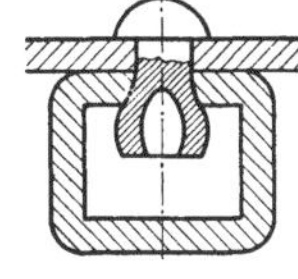

Abb. 320.

lichen und eines unempfindlichen Bauteiles (Glas und Metall bei Brillen) zeigt, eine Verbindung, die nur noch dem Aussehen nach in das Gebiet der Nietverbindungen gehört. Dabei werden zwei nietähnliche Teile, von denen der eine einen hohlen Nietschaft hat, inein-
andergesteckt und der hohle Niet-
zapfen mit Kitt oder Lot ausgefüllt. Das letztere wird vor dem Zusam-
menstecken erwärmt. Zweck dieser Verbindung ist, eine Beschädigung

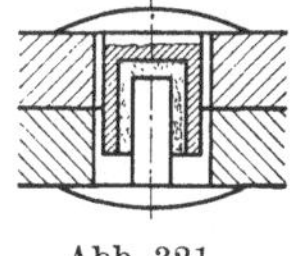

Abb. 321.

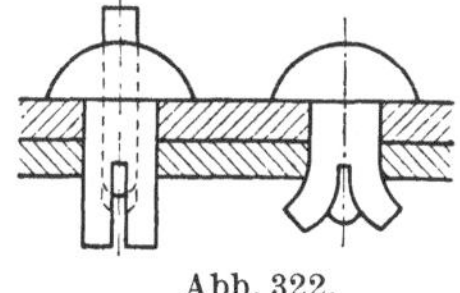

Abb. 322.

der zu verbindenden Teile durch die Nietarbeit zu vermeiden.

Ähnlich dem Sprengniet zeigt auch Abb. 322 einen Spezialniet, der den Vor-
teil hat, daß er bei der Nietarbeit nur von einer Seite zugänglich zu sein braucht. Nach dem Einführen des Nietes in das Nietloch wird ein aus dem Nietkopf hervor-
stehender Stift mit dem Hammer eingeschlagen und auf diese Weise der ge-
schlitzte Nietschaft auseinandergetrieben.

c) Unmittelbare Vernietung.

1. Gestaltung des Nietes und der Bauteile. Der Zapfen des normenmäßigen Nietes wird leicht kegelig, der gedrehte Nietzapfen bei unmittelbarer Nietung der einfacheren Fertigung wegen meist zylindrisch ausgeführt (Abb. 323).

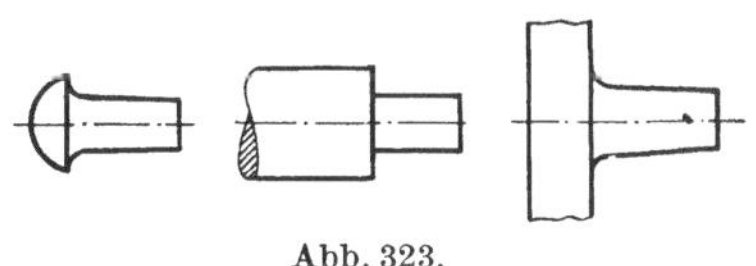

Abb. 323.

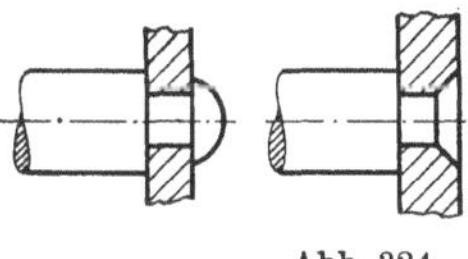

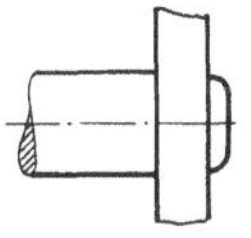

Abb. 324.

Für die Bildung des Schließkopfes gelten dieselben Voraussetzungen wie bei der mittelbaren Nietung (Abb. 324).

Auch die Nietung selbst und die verwendeten Werkzeuge gleichen denen der mittelbaren Nietung (Abb. 325).

Bei Zapfennietung ist ein Verhältnis $d/D = \sim {}^2/_3$ anzustreben. Zur Erzielung einer guten Nietung ist, wenn die Konstruktion das erlaubt, die Passung $h\,11/D\,11$ für d/d_1 zugrunde zu

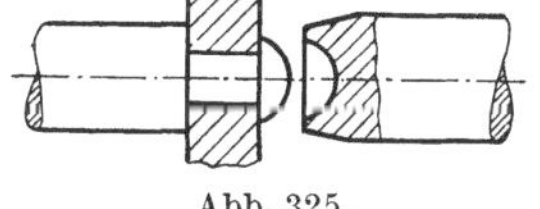

Abb. 325.

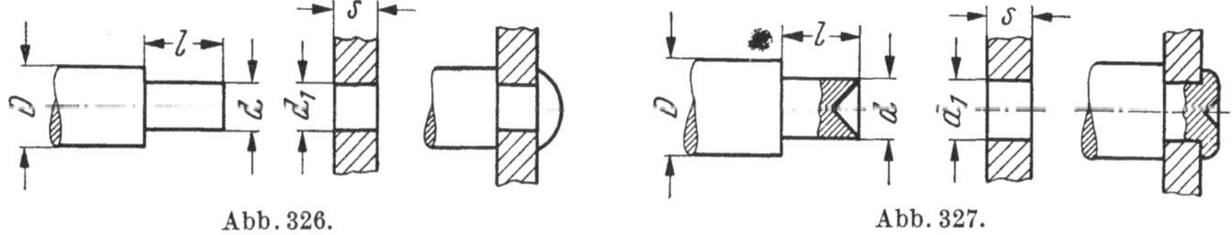

Abb. 326.

Abb. 327.

legen. Für die Nietzapfenlänge l kann man ungefähr annehmen:

$$l = s + d$$

(s = Klemmlänge) (Abb. 326).

Um die Nietarbeit zu erleichtern, werden bei größeren Durchmessern die Nietzapfen angesenkt (90° Senkung).

$$l = s + 1,0 \ldots 1,5.$$

Der Schließkopf wird dann flach (Abb. 327).

Bei noch größerem Durchmesser erhält der Nietzapfen eine Flachsenkung:

$$d - d_2 = 0,5,$$
$$l_1 = 1,0 \ldots 1,2.$$

Diese Nietung wird auch als Senknietung ausgeführt. In beiden Fällen ergibt
sich ein überstehender, flacher Kopf (Abb. 328).

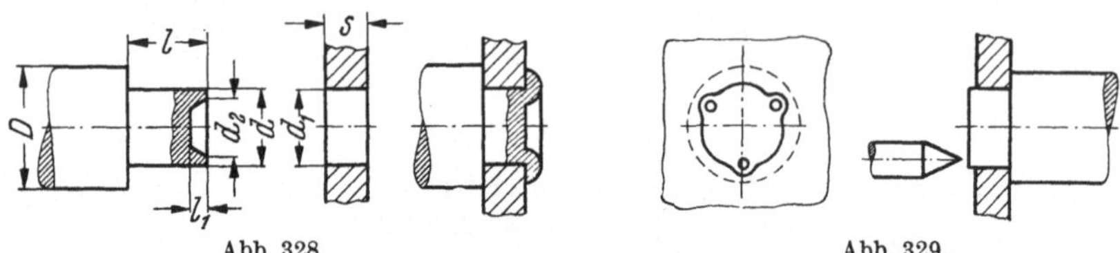

Abb. 328.   Abb. 329.

Bei den meist geringen Festigkeitsanforderungen oder bei der Verbindung
metallischer Nietzapfen mit nichtmetallischen Stoffen, wie Hartpapier u. dgl.,
werden die vielseitigsten Nietverbindungen angewendet, die einerseits eine nur
geringe Nietarbeit erfordern und andererseits die empfindlichen Bauteile schonen.
Mit körner- oder meißelartigen Werkzeugen werden in einem oder mehreren Arbeitsgängen die meist nur wenig vorstehenden Nietzapfen nicht allseitig, sondern
an mehreren Stellen des Umfanges verformt, im Gegensatz zu den obigen Beispielen, wo ein überstehender Rand allseitig umgenietet wird (Abb. 329 bis 331).

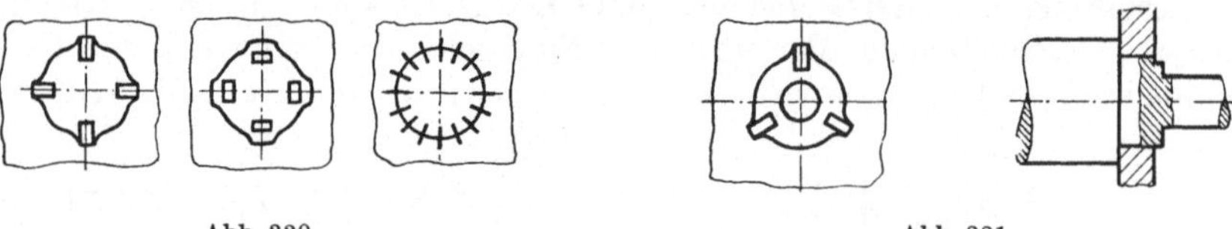

Abb. 330.   Abb. 331.

Ein geeignet gestalteter Nietzapfen ergibt eine gut aussehende Wulstnietung
(Abb. 332):

$$l = s + 1 \ldots 1,5 \ (\text{mm}).$$

Die Senkung darf nicht bis zum Nietrand gehen, da sich sonst beim Nieten
Risse bilden. Ein, als Rohr ausgebildeter Nietzapfen ermöglicht bei größeren
Durchmessern ein leichteres Nieten durch Umrollen eines überstehenden Randes
(Abb. 333).

$$l = s + 1 \ldots 1,5 \ (\text{mm}),$$
$$d_1 = d - 1 \ldots 2 \ \ (\text{mm}).$$

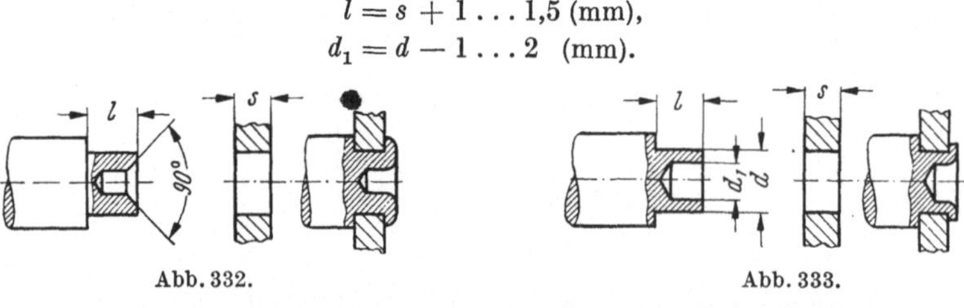

Abb. 332.   Abb. 333.

Wie in Abb. 334 dargestellt, muß bei empfindlichen Bauteilen eine Scheibe
unter den Schließkopf gelegt werden. Bei geringen Durchmesserunterschieden

(Abb. 335) muß eine Scheibe untergelegt werden, um die spezifische Flächenpressung zu verringern. Bei empfindlichen Bauteilen muß unter Umständen über und unter dem Bauteil eine Scheibe untergelegt werden.

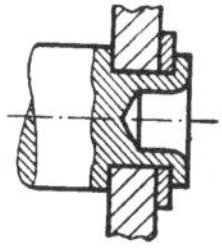 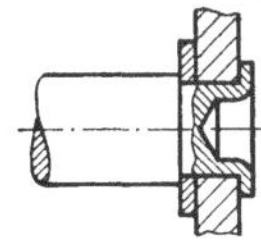 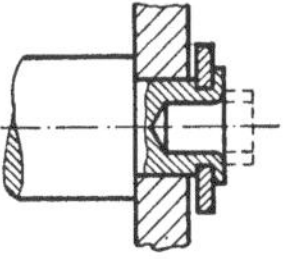 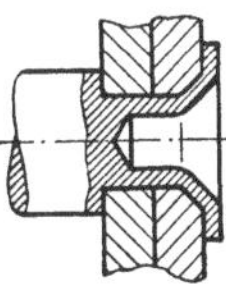

Abb. 334 u. 335.   Abb. 336 u. 337.

Ein bei entsprechender Bemessung und unter Zuhilfenahme einer Scheibe lose oder drehbar aufgenietetes Bauteil zeigt Abb. 336.

Die Bohrung im Nietzapfen muß besonders bei Vernietungen, bei denen das eine Bauteil angesenkt ist, genügend tief ausgeführt sein (Abb. 337).

In Abb. 338 ist das auf der Drehbank ausgeführte Umrollen eines überstehenden Randes, das eine gut aussehende Wulstnietung ergibt, gezeigt. Meist wird diese Arbeit mit einem Zweirollenwerkzeug ausgeführt.

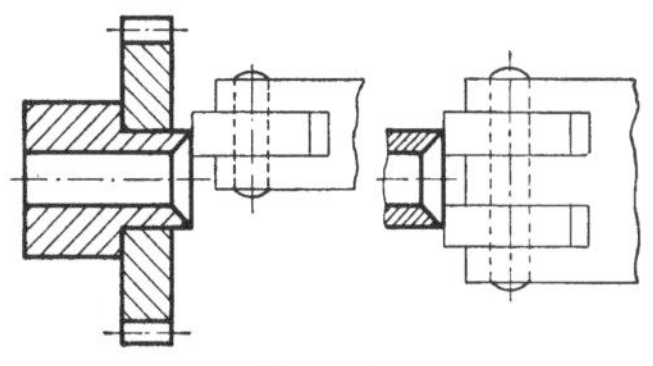 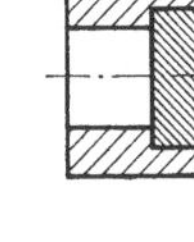 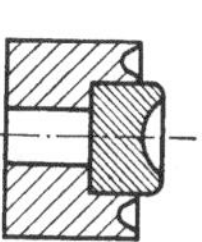

Abb. 338.   Abb. 339 u. 340.

Die Nietung wird dem Verwendungszweck angepaßt. Ein durch Einrollen eines überstehenden Randes befestigter Lagerstein und eine ähnliche Befestigung, bei der der Nietrand nur an den Seiten angedrückt wird, um den Stein bei Verwendung derselben Fassung leichter auswechseln zu können, zeigen die Abb. 339 und 340. Oft wird die Nietung erleichtert durch Verwendung konischer Unterlegscheiben, besonders dann, wenn der überstehende Nietrand lang oder das Bauteil beim Nieten zusammengedrückt wird. (Blechpakete bei Transformatoren) (Abb. 341).

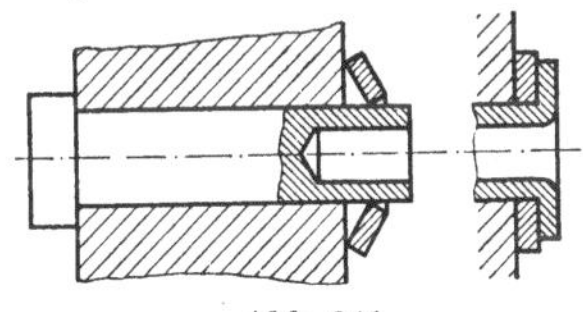 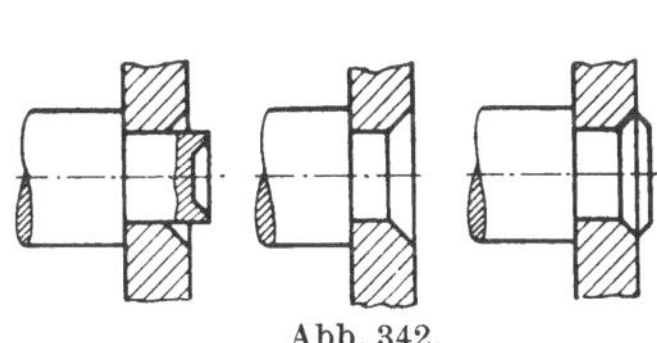

Abb. 341.   Abb. 342.

Bei Senknietung wird meist 90° Senkung im Bauteil vorgesehen. Ein zu kurzer Nietzapfen erschwert die Nietung und führt zur Beschädigung des Bauteiles. Ein

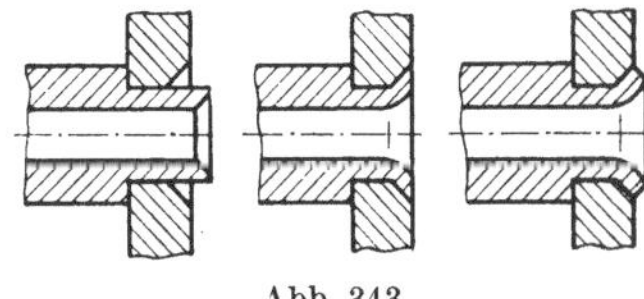 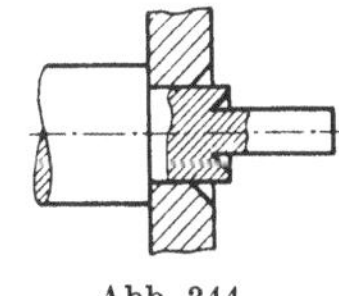 

Abb. 343.   Abb. 344.   Abb. 345.

reichlich bemessener Nietzapfen ergibt einen überstehenden Schließkopf. Die gleichen Voraussetzungen gelten bei Nietzapfen mit durchgehender oder lediglich zur Erleichterung der Nietarbeit vorgesehener Bohrung (Abb. 342 und 343).

Häufig wird außer dem Nietzapfen noch ein freier Zapfen benötigt. Der Durchmesser des Nietzapfens ergibt sich aus dem Durchmesser des freien Zapfens und dem für die Nietung benötigten zusätzlichen Nietrand (Abb. 344 und 345).

Die Verbindung einer Ankerscheibe mit der Ankerachse bei Elektrizitätszählern zeigt Abb. 346.

Die Flanschscheibe ist mit festem Sitz auf die Achse gezogen. Das Vernieten geschieht durch Umbördeln des überstehenden Randes. Zur Erleichterung der Nietung verwendet man eine kegelig vorgebogene Scheibe, die erst beim Nieten wieder plan gedrückt wird.

Ein besonders ausgebildeter Rand ist für eine gute Auflage der Ankerscheibe vorgesehen.

Ein Zwischending zwischen einer Vernietung und Verstiftung stellt die Verbindung zweier Bleche dar, bei welchen durch unvollständiges Ausstoßen eines Bolzens aus dem einen Blech dieser in die Bohrung eines anderen Bleches eindringt und sich dort festkrallt. Bei Verbindung von dicken und dünnen Blechen kann der Nietzapfen umgenietet werden (in einem der nächsten Beispiele gezeigt) (Abb. 347).

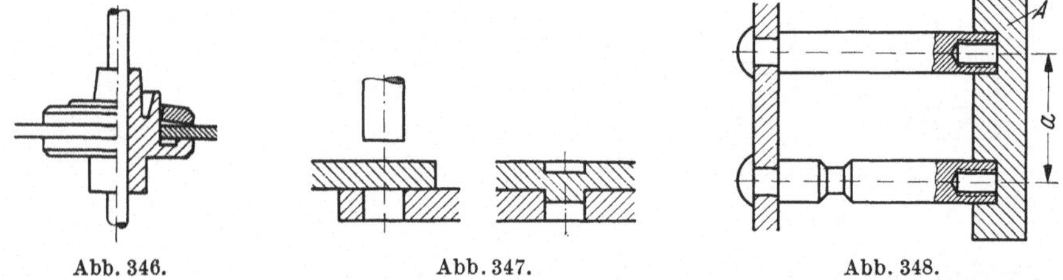

Abb. 346.   Abb. 347.   Abb. 348.

Bei unmittelbarer Nietung, beispielsweise Nietung von langen zylindrischen Bauteilen (Säulen), besteht die Gefahr, daß durch die Nietarbeit die Bauteile etwas verformt werden und der gewünschte Abstand der Säulenenden (Maß a) nicht mehr stimmt. In solchen Fällen verwendet man Nietlehren oder man bildet die Säulen so aus (z. B. durch Einstich), daß sie nach der Nietung ausgerichtet werden können (Abb. 348).

Außer runden werden häufig bei unmittelbarer Verbindung auch prismatische Nietzapfen verwendet, besonders für die Verbindung billiger Blechteile. Die prismatische Form des Nietzapfens ergibt oft zugleich die Drehsicherung, wie dies in einem einfachen Beispiel zweier senkrecht aufeinanderstehender Bleche gezeigt ist (Abb. 349).

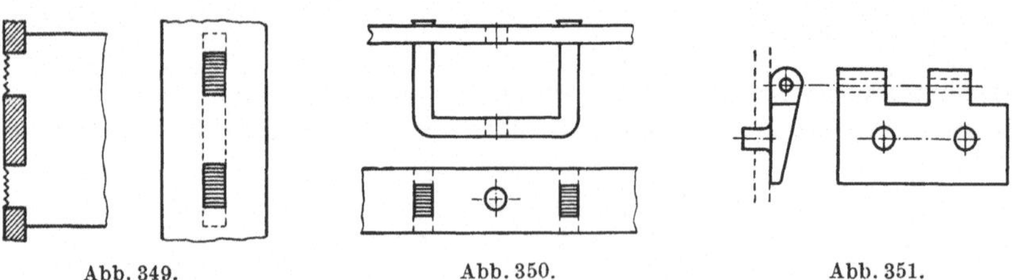

Abb. 349.   Abb. 350.   Abb. 351.

Die einfachste und billigste Form eines Lagerbügels mit prismatischem Nietzapfen, ähnlich dem vorhergehenden Beispiel befestigt, zeigt Abb. 350.

Abb. 351 stellt ein Scharnier dar mit angepreßten Nietzapfen (bei Kaltschlagteilen oder bei Teilen aus Preßguß) als typisches Beispiel der Gestaltung eines Bauteiles für eine unmittelbare Vernietung.

Ähnliche Möglichkeiten bieten Teile aus Kunststoffen, bei denen die Nietzapfen durch Wärme verformt werden. Auch im Kaltspritzverfahren hergestellte Bauteile (Kondensatorbecher mit angespritzten Nietzapfen zum späteren Annieten eines Halteblechs, wie in Abb. 352) ergeben meist die Möglichkeit der unmittelbaren Vernietung.

Abb. 353 zeigt einen Sonderfall einer unmittelbaren Vernietung, die Befestigung einer Feder mit runden, aus dem Bauteil

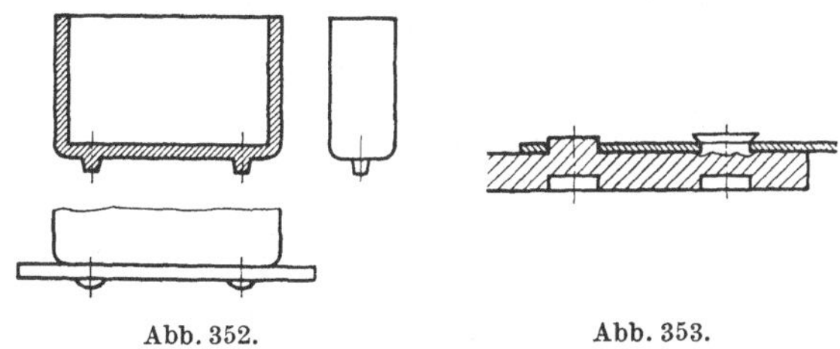

Abb. 352.   Abb. 353.

selbst durchgeschlagenen Nietzapfen (lediglich für die Befestigung dünner, mit relativ dicken Bauteilen, aus denen die Nietzapfen geschlagen werden, geeignet).

2. Sonderfälle. Verbindungen, die auf der Grenze zwischen Vernietung, Verstiftung und Verpressung liegen, stellen die nachfolgenden Beispiele dar. Es handelt sich dabei meist um unmittelbare Verbindungen, weil das eigentliche Verbindungselement (Blechstreifen, Rohr oder Rohrprofil) fast immer auch ein Bauteil ist.

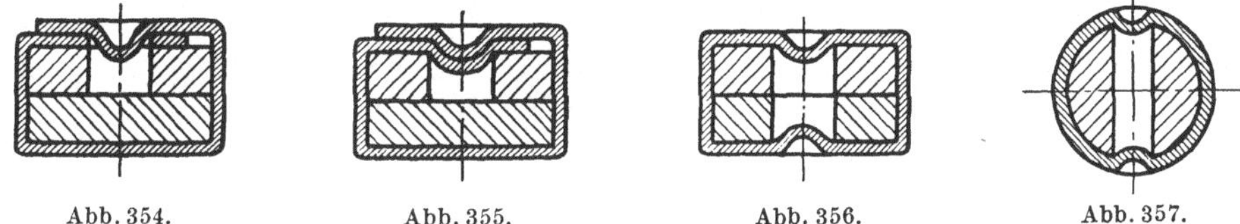

Abb. 354.   Abb. 355.   Abb. 356.   Abb. 357.

Die Verbindung geschieht durch eine Werkstoffverschiebung. In Abb. 354 ist nur ein Ende des aus einem Blechstreifen erstellten Bauteiles in ein dafür vorgesehenes Loch in Form einer Warze eingedrückt, wobei das eine Blechende durchbohrt ist. In Abb. 355 sind beide Blechenden in die Bohrung des einen Bauteiles eingedrückt, ohne daß eines der Enden eine Bohrung erhält.

Abb. 356 zeigt dieselbe Verbindung mit einem geschlossenen Rohrprofil.

In Abb. 357 ist in ähnlicher Form ein rohrartiges Bauteil auf einem Rundstab befestigt.

3. Drehsicherung von Vernietungen. Nietverbindungen müssen mitunter gegen Verdrehen gesichert werden. Eine unbedingte Drehsicherung erreicht man durch einseitig abgeflachte Nietzapfen, wie in Abb. 358.

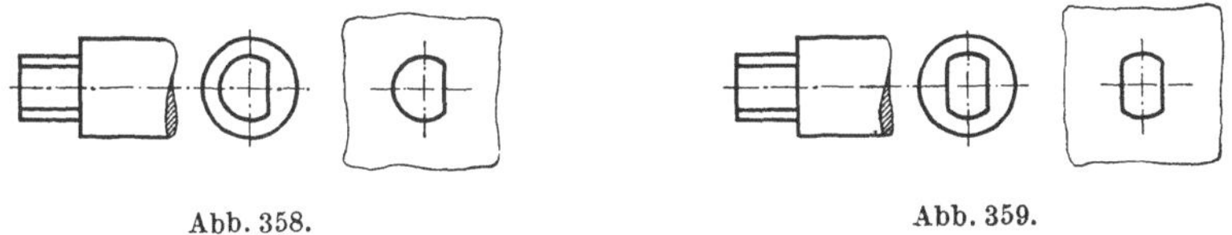

Abb. 358.   Abb. 359.

Die Wirkung kann durch zwei- oder mehrseitig abgeflachte Nietzapfen noch erhöht werden (Abb. 359). Nachteilig ist bei diesen Drehsicherungen, daß sie verhältnismäßig kostspielig sind.

Billiger ist eine Drehsicherung durch Kerben im Nietloch auf der Seite des Schließkopfes (Abb. 360). Diese Drehsicherung ist auch bei Senknietung möglich, wobei die Kerben in die konische Senkung eingeschlagen werden.

Abb. 361 zeigt eine Drehsicherung durch Flächenschlagsenkung im Nietloch. Ähnlich wie in Abb. 360 werden auf der Seite des Schließkopfes mit einem entsprechend gestalteten Werkzeug Flächen in den Rand des Nietloches geschlagen.

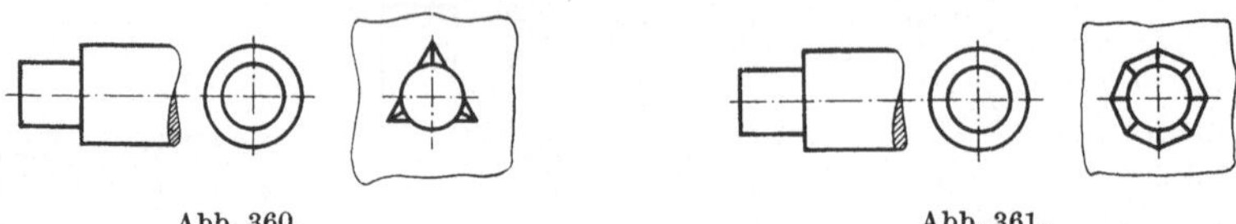

Abb. 360.   Abb. 361.

Eine bedingte Drehsicherung durch Stirnrändel am Bund, wie in Abb. 362, ist für Abstandsäulen, Buchsen u. dgl. nur dann geeignet, wenn die Einhaltung genauer Längen nicht erforderlich ist.

Abb. 362.   Abb. 363.

Ein auf dem Umfang des Bundes aufgedrücktes Rändel ergibt durch den am Bund überstehenden Grat eine für geringe Ansprüche genügende Drehsicherung und wird bei der Verbindung von metallischen Säulen mit Hartpapier u. dgl. gerne verwendet (Abb. 363).

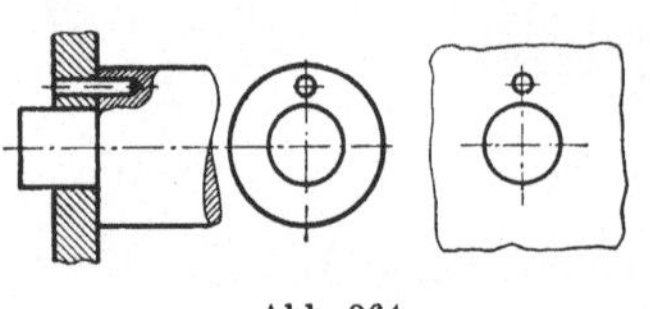

Abb. 364.

Die Drehsicherung durch Verstiften (Abb. 364) kann erst bei der Montage durch Abbohren des Stiftloches erstellt werden. Die Sicherung ist zwar gut, wird aber, weil umständlich und teuer, selten angewendet.

d) Hohlnietverbindungen.

1. Verbindungsarten. Bei mittelbaren und unmittelbaren Nietverbindungen, an deren Festigkeit keine allzu großen Forderungen gestellt werden, bei Verbindungen empfindlicher Teile, oder Teilen aus nachgiebigen Werkstoffen, verwendet man vielfach Rohrniete oder Hohlniete. In Abb. 365 sind einige solcher Niete dargestellt (s. auch DIN 7339 und 7340).

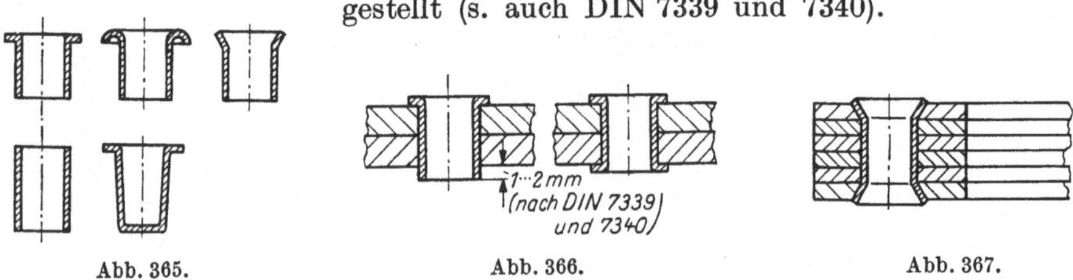

Abb. 365.   Abb. 366.   Abb. 367.

Die Vernietung geschieht meistens durch Umbördeln eines überstehenden Randes, wie in Abb. 366, oder durch Aufweiten der Enden eines einfachen glatten Rohres, bei Vernietungen, an die nur geringe Ansprüche gestellt werden. Die äußeren Teile sind dabei wie in Abb. 367 gezeigt zu gestalten.

Durch Stauchen in Achsrichtung erhalten dünnwandige Rohre (Buchsen u. dgl.) einen Nietansatz und werden auf diese Weise befestigt. Der Stauchrand kann vor dem Einsetzen in das Nietloch oder, wenn der Rand zuerst umgebördelt wurde, auch nachher gebildet werden (Abb. 368).

Eine unmittelbare Vernietung entsteht durch Ziehen des Rohrnietes aus dem zu befestigenden Teil selbst. Abb. 369 zeigt eine aus Blech erstellte Lötfahne, bei der der Rohrniet aus dem Blechteil selbst gezogen wurde.

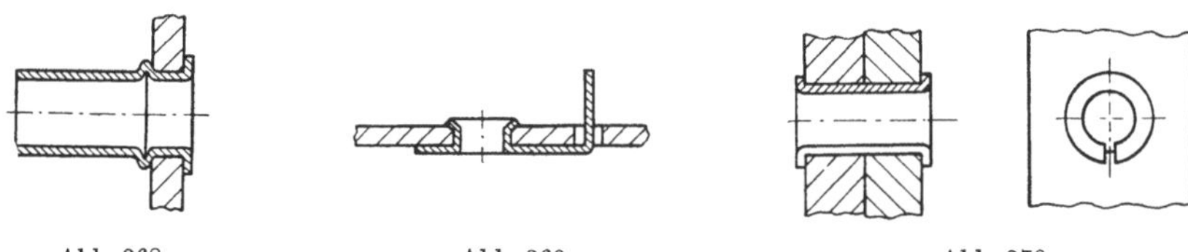

Abb. 368.   Abb. 369.   Abb. 370.

Für geringe Ansprüche können aus gerolltem Blech hergestellte Rohrniete verwendet werden, die billiger sind als gezogene Niete (Abb. 370).

Aus Schönheitsgründen oder um Staubdichtheit zu erreichen, werden vielfach geschlossene Hohlniete in den verschiedensten Formen verwendet (Abb. 371).

2. Vernietungsbeispiele. Der Schließkopf kann sowohl flach als abgerundet ausgeführt werden. Der besseren Auflage wegen oder aus Schönheitsgründen verwendet man Rohrniete mit abgerundetem Setzkopf (Abb. 372).

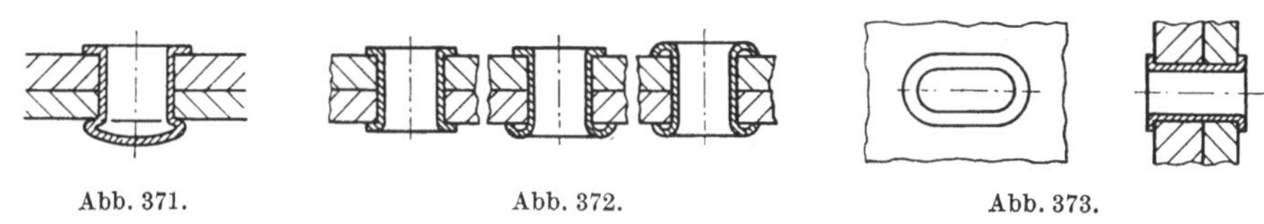

Abb. 371.   Abb. 372.   Abb. 373.

In seltenen Fällen werden auch Rohrniete mit ovalem Querschnitt verwendet, z. B. bei der Verbindung von Teilen mit Langlöchern (Abb. 373).

Wie in Abb. 374 gezeigt, muß bei nachgiebigen Stoffen auf der einen oder auf beiden Seiten eine Scheibe untergelegt werden.

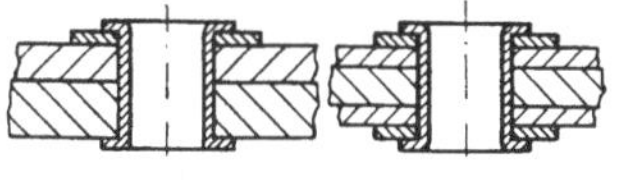

Abb. 374.

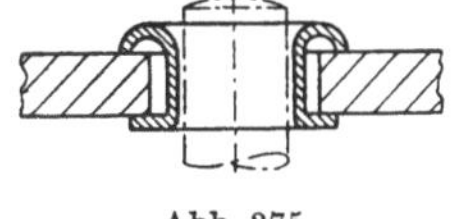

Abb. 375.

Ein beweglich eingenieteter Rohrniet bei Abdeckplatten an Apparaten u. dgl. als Toleranzausgleich, wenn Fertigungstoleranzen ausgeglichen und ein gutes Aussehen erzielt werden sollen, ist in Abb. 375 dargestellt. In Abb. 376 ist eines der vielen Beispiele

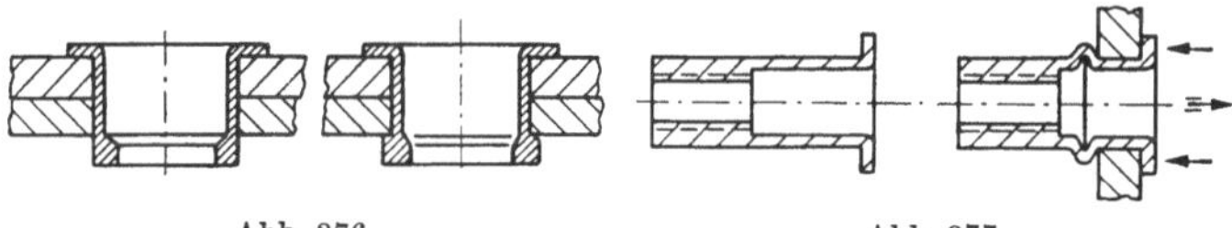

Abb. 376.   Abb. 377.

von Rohrnietverbindungen, die nur von einer Seite zugänglich sind und ein durch Durchstoßen oder Durchziehen eines Dorns aufgeweitetes Nietrohrende aufweisen, gezeigt. Auch durch Einschrauben eines Werkzeuges und Ziehen in Achsrichtung entsteht eine Wulst. Dabei muß ein weiteres Werkzeug als Gegenlage auf den Setzkopf drücken (Abb. 377). Auch diese Nietung braucht nur von einer Seite zugänglich zu sein.

Einen beweglich eingenieteten Rohrniet mit geschlitztem Rohr, um die Nietung zu erleichtern und große Unterschiede zwischen Bohrungsdurchmesser und Nietrohr überbrücken zu können, zeigt Abb. 378.

Buchsen aus Kunststoff können in einer rohrnietartigen Weise befestigt werden, wenn es sich um einen Werkstoff handelt, der ein Umdrücken des überstehenden

Randes durch Erwärmen gestattet (Abb. 379). Eckige oder mit Kerben versehene Nietlöcher ergeben eine Drehsicherung, die aber nicht zur Übertragung großer Kräfte geeignet ist, da sich nur auf der Seite des Schließkopfes der Rohrniet leicht in die Kerben eindrückt (Abb. 380).

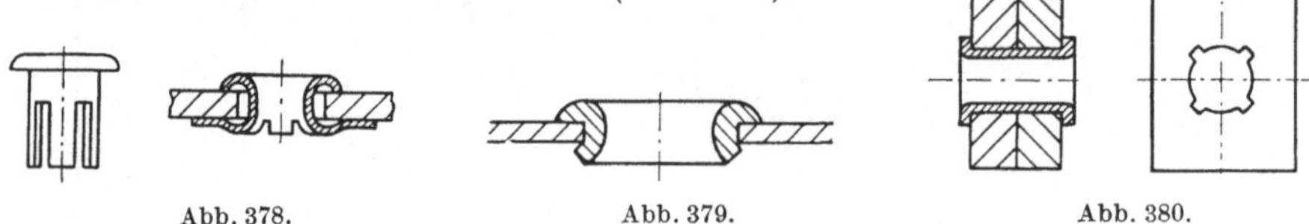

Abb. 378. Abb. 379. Abb. 380.

Eine Lötöse mittels unmittelbar durchgezogenem Rohrniet als typisches Beispiel für eine unmittelbare Rohrnietverbindung zeigt Abb. 381, und Abb. 382 eine Verbindung sehr dünner Bleche mittels durchgezogenem Rohrniet, ohne vorherige Lochung der Bleche.

Eine aus Rohr oder gerolltem Blech hergestellte Steckerbuchse mit Kontaktfeder zur unmittelbaren Nietung geeignet gestaltet, zeigt Abb. 383. Eine vor dem Nieten angebrachte Wulst dient als Bund, ein überstehender Rand wird umgerollt.

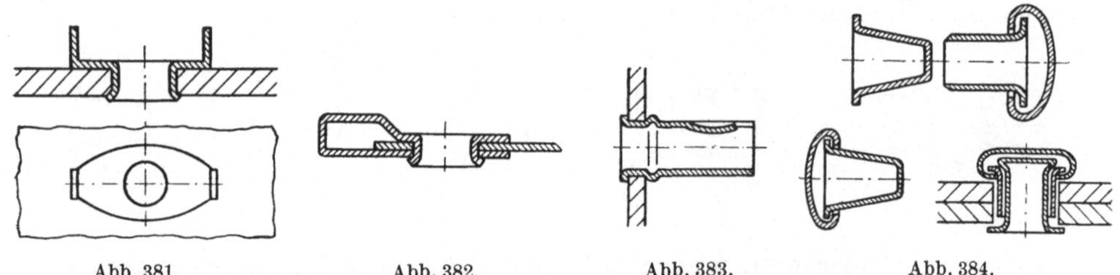

Abb. 381. Abb. 382. Abb. 383. Abb. 384.

Geschlossene Hohlniete nach DIN 7331 mit offenem oder geschlossenem Setzstück und zweiteiligem Schließstück nach Abb. 384 werden aus Schönheitsgründen verwendet, auch dann, wenn die Nietung dicht sein soll oder das Nietloch aus anderen Gründen unerwünscht ist.

Bei nachgiebigen Werkstoffen wird zweckmäßigerweise eine Scheibe untergelegt, um die Nietarbeit zu erleichtern, den Werkstoff der zu verbindenden Bauteile nicht unnötig zu beanspruchen und der Verbindung selbst eine größere Festigkeit zu geben (Abb. 385).

Abb. 386 zeigt als Besonderheit die Vernietung von Trafoblechen. Zur Erleichterung der Nietarbeit

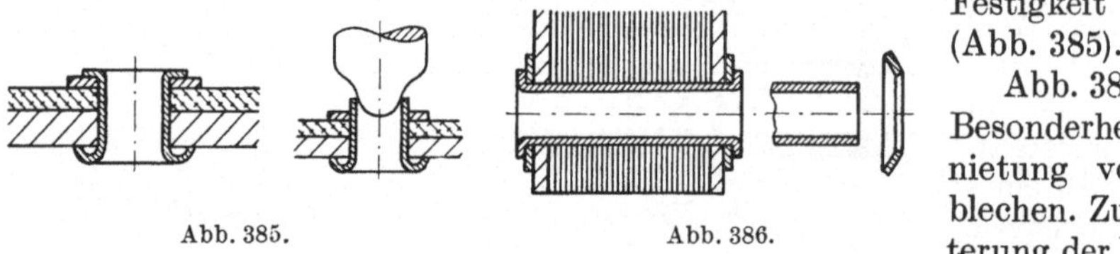

Abb. 385. Abb. 386.

wird eine kegelig vorgebogene Scheibe verwendet, die bei der Nietarbeit plan gedrückt wird.

Abb. 387 zeigt ein zur Schaffung eines Nietrandes dünner gedrehtes Rohr und Abb. 388 als Gegenstück ein dünnwandiges Rohr mit einer Sicke als Gegenlage für das anzunietende Teil. Das Sicken geschieht vor dem Einrollen.

Der Nietrand eines Rohres kann auch durch Abschrägen zum Nieten geeigneter gestaltet werden (Abb. 389).

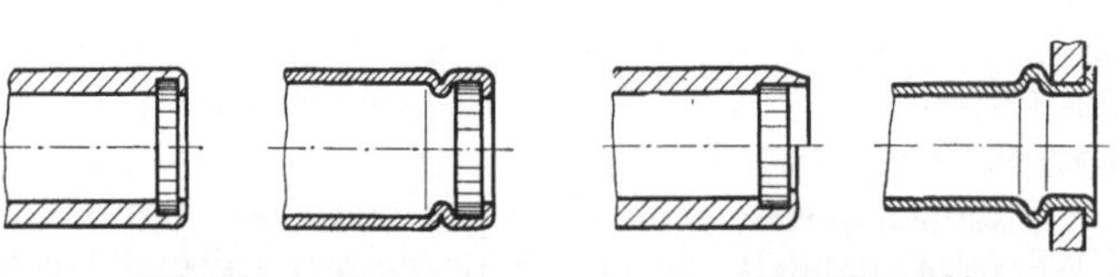

Abb. 387 u. 388. Abb. 389 u. 390.

Ein dünnwandiges Rohr, das in ein Bauteil eingenietet ist, mit einer nach außen gedrückten Sicke oder sonstwie durch Stauchen erzeugter Gegenlage, zeigt Abb. 390, Abb. 391 das Einbördeln bei spröden Materialien, z. B. Spritzguß mit rotierendem Werkzeug und einem 2 bis 3 mm überstehenden Bördelrand. (Bördelrand nur 5 bis 10° umlegen.) Wenn es sich bei dem einzunietenden Teil nicht um ein aus Rohr hergestelltes, sondern um ein gezogenes Teil

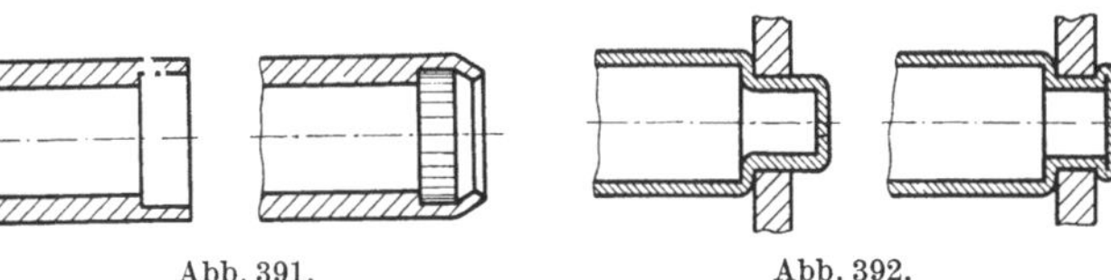

Abb. 391.　　　　　　　　　　Abb. 392.

handelt, kann man eine Verbindung nach Art der geschlossenen Hohlniete herstellen (Abb. 392 vor und nach dem Nieten).

Eine weitere rohrnietähnliche Verbindung entsteht, wenn der durch Ziehen hergestellte verjüngte Rohransatz vor der Nietung abgestochen und der überstehende Nietrand umgerollt wird (Abb. 393 und 394).

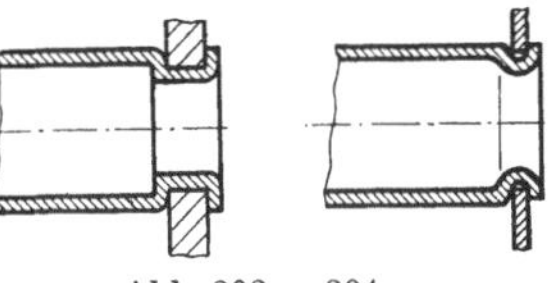
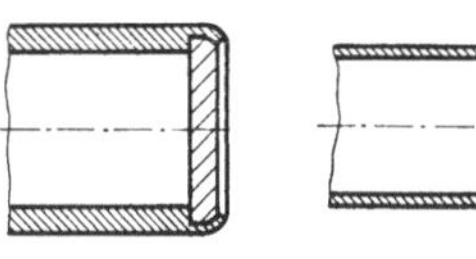

Abb. 393 u. 394.　　　　　　　　Abb. 395 u. 396.

Abb. 395 zeigt ein dickwandiges und Abb. 396 ein dünnwandiges Rohr als Linsenfassung. Um Beschädigungen zu vermeiden und das Einrollen zu erleichtern, muß im ersten Fall der Nietrand sehr dünn gedreht werden. Das zweite Beispiel zeigt eine billigere Möglichkeit. Noch schonender behandelt werden die einzunietenden Gläser oder Linsen bei der Linsenfassung mit einem besonderen Ring, der eine gut aussehende Nietung mit Wulst ermöglicht. Der nach hinten überstehende, dünnwandige Nietrand kann leichter umgerollt werden (Abb. 397).

Abb. 398 und 399 sind zwei Beispiele für die Befestigung des Bodens

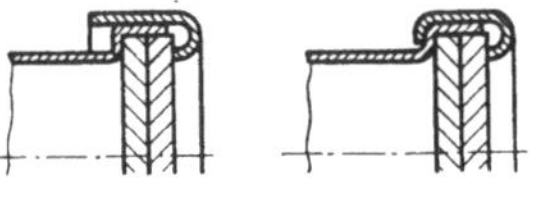
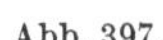
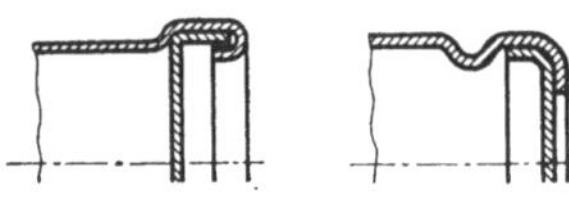

Abb. 397.　　　　　　　　　　Abb. 398 u. 399.

in runden Blechgehäusen, wobei durch Aufweiten in dem einen und durch Sicken im andern Falle eine Auflage für den einzurollenden Boden geschaffen wurde (Verschlußdeckel zum Eindrücken und Einwalzen siehe auch unter DIN 442 und 443).

e) Elektrothermisches Verbindungsverfahren.

(Aus Feinmechanik und Präzision 47 — 1939.)

Ein neuartiges Verfahren zur Verbindung von Keramikteilen mit Metallteilen stellt das elektrothermische Verfahren dar. Die sonst üblichen Verbindungsverfahren, wie Schrauben, Nieten und Kitten, haben Nachteile. Bei der Verschraubung genügt wegen der geringen Elastizität des keramischen Materials die erzielte Axialverspannung meist nicht, um eine dauernde Sicherheit gegen selbsttätiges Lösen zu gewährleisten. Gegen das Nieten spricht die geringe Stoßfestigkeit des keramischen Materials. Kitten wird wegen der Treibwirkung oder dem Schwinden der meisten Kitte und den langen Abbindezeiten ungern angewendet.

Das elektrothermische Verbindungsverfahren ist etwa mit dem Warmnieten zu vergleichen. Die Teile, bei einer unmittelbaren Verbindung das Bauteil und bei einer mittelbaren Verbindung das metallische Verbindungselement, werden elektrisch erhitzt und unter geringem Druck dem keramischen Bauteil angepaßt.

Zu dieser formschlüssigen Verbindung tritt beim Erkalten noch eine kraftschlüssige in axialer Richtung (Schrumpfen). Es eignet sich Stahl, Messing, Kupfer, Aluminium.

Abb. 400 zeigt die Verbindung mittels eines aus beliebigem Querschnitt geformten Voll- oder Hohlzapfens oder bei mittelbarer Verbindung durch Voll- oder

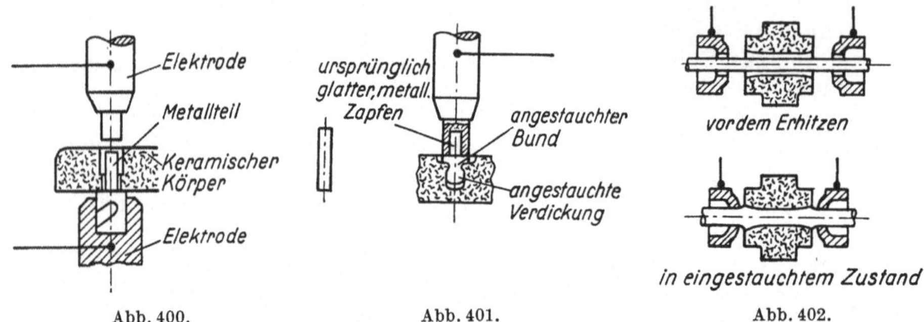

Abb. 400.   Abb. 401.   Abb. 402.

Hohlniet. Auch zur unmittelbaren Vernietung von Metallteilen mit keramischen Teilen (Abb. 401) wurde das Verfahren ausgebildet. Das Keramikteil erhält ein Sackloch, das metallische Teil wird nach der Erwärmung in dieses Sackloch gestaucht.

Abb. 402 zeigt die Befestigung von stabförmigen Metallteilen in scheibenförmigen Körpern. Das Einhalten von Passungen im keramischen Körper ist nicht erforderlich. Bei geeigneter Gestaltung können auch Verdrehungskräfte aufgenommen werden.

(Erhitzungszeit etwa 0,1 s. Spannung 1 bis 5 V. Stromstärke entsprechend dem Werkstoff und dem Querschnitt.)

C. Verlappungen.

Verlappungen stellen die billigsten Verbindungen in der Feinwerktechnik, besonders in der Spielwarenindustrie, dar, für die Verbindung dünner, meist fertig lackierter Bleche. In der Feinwerktechnik, besonders für in Massen hergestellte dünnwandige Teile, die eine andere Verbindung nicht vertragen, zum Verschrauben erst verstärkt werden müßten oder beim Schweißen durchbrennen würden. Sehr viel angewendet in der Fernmeldetechnik zum Verbinden dünner Blechteile untereinander oder dünnwandiger Blechteile mit Isolierplatten (Abb. 403).

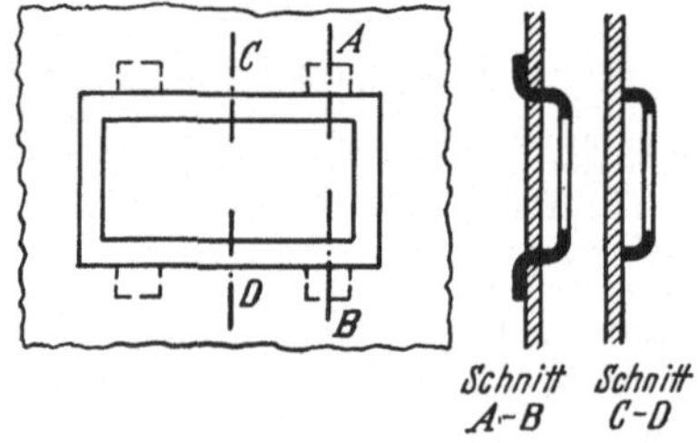

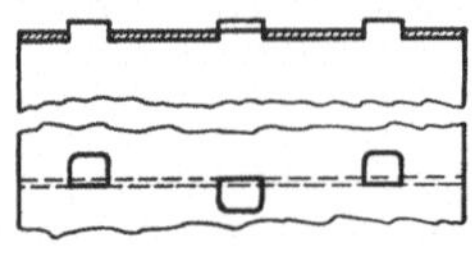

Abb. 403.   Abb. 404.

Geeignete Werkstoffe sind: Weicher Stahl, Messing, Kupfer, Aluminium.

Bei der Gestaltung der Teile ist auf die Walzrichtung der Bleche zu achten. Die Biegekante soll immer senkrecht zur Walzrichtung sein, weil die Festigkeit des Materials in dieser Richtung größer und die Bruchgefahr damit geringer ist.

In Abb. 404 ist ein Schilderrahmen als typisches Beispiel einer Verlappung gezeigt, in Abb. 405 die Verbindung eines Rundstabes mit einem Blechstreifen durch Verlappung, wobei, wenn nötig, noch eine besondere Drehsicherung durch Körnerschlag oder Lack vorgesehen werden muß.

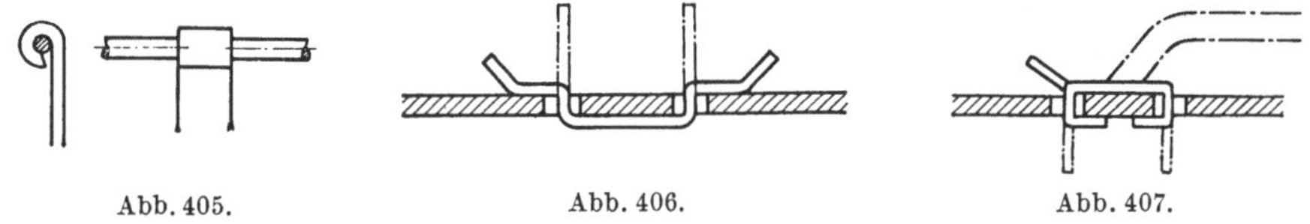

Abb. 405. Abb. 406. Abb. 407.

Ein Blechstreifen als Lötanschluß auf einer isolierten Platte, wobei das Bauteil, das zunächst U-förmig vorgebogen ist, durch Verlappen gehalten wird, ist in Abb. 406 dargestellt. Ein ähnliches Beispiel, einen Schalterkontakt für einen mehrstelligen Schalter, zeigt Abb. 407.

Der besseren Gestaltung des Werkzeuges wegen wird der Ausschnitt nicht immer der Lappenabmessung entsprechend gemacht, sondern häufig rund ausgeführt. Bei dünnen Blechen wählt man im allgemeinen den Lochdurchmesser gleich der Lappenbreite (Abb. 408). Eine Besonderheit ist die Verbindung zweier Bänder (Kistenbänder) durch Verlappung (Abb. 409).

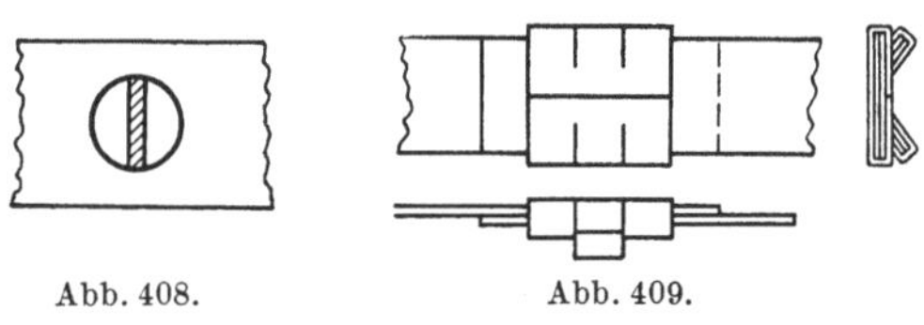

Abb. 408. Abb. 409.

Es handelt sich in diesem Falle um eine mittelbare Verlappung, bei der eine Bandage um die Kistenbänder gelegt wird, die nachträglich mit einem Werkzeug zusammen mit den Kistenbändern eingerissen und etwas hochgebogen wird.

D. Einspreizungen.

Wie in Abb. 410 dargestellt, können winkelig oder rund gebogene Blechstreifen oder runde, kugelig gebogene Scheiben durch Druck in axialer Richtung in entsprechend gestaltete Bauteile durch Einspreizen befestigt werden.

Abb. 411 zeigt das Einspreizen einer Scheibe als axiale Begrenzung. (Durchmesser $d_1 < d$ als Gegenlage beim Einspreizen.) Wenn $d_1 = d$, muß

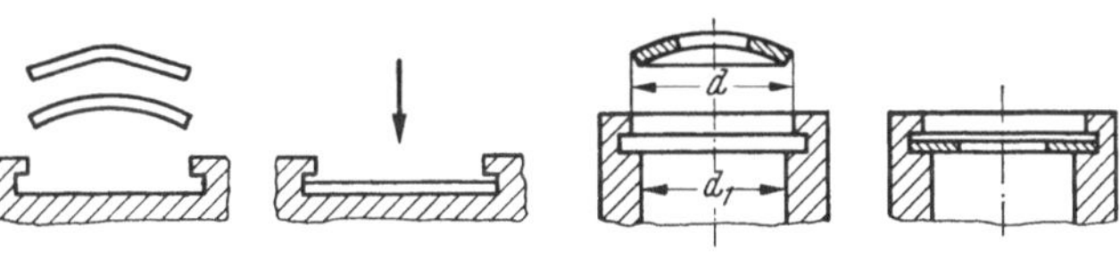

Abb. 410. Abb. 411.

eine besondere Gegenlage (Dorn oder Rohr) verwendet werden, um das Einspreizen zu ermöglichen (siehe auch DIN 470).

Ein typisches Beispiel für das Einspreizen sind auch Gummipfropfen zur elastischen Befestigung oder Lagerung von Bauteilen (Abb. 412). Durch entsprechende Gestaltung (Abb. 413) kann das Einspreizen erleichtert werden (meist verwendet man hierzu trichterähnliche Werkzeuge).

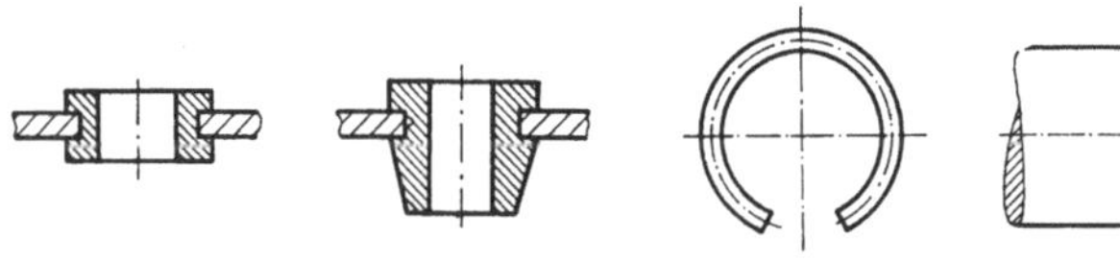

Abb. 412 u. 413. Abb. 414.

Einen Sprengring zur Befestigung, Sicherung oder zur axialen Begrenzung von Bauteilen zeigt Abb. 414. (Abmessungen der Ringe und Eindrehungen nach DIN 9045.)

Bei der in Abb. 415 dargestellten Befestigung von Teilen mittels Sprengring nach Ausführung a ist ein axiales Spiel nicht zu vermeiden. Bei der Ausführung b und c dagegen wird das zu befestigende Teil an die Auflage gedrückt.

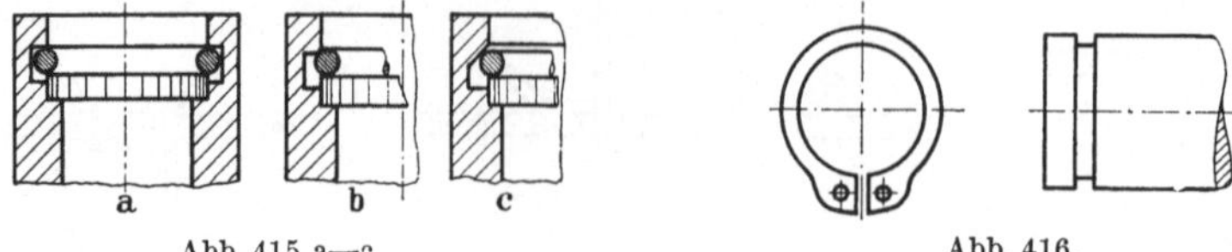

Abb. 415 a—c.   Abb. 416.

Abb. 416 zeigt einen Sg-Ring (Seeger-Ring) für Wellen, Abb. 417 einen solchen für Bohrungen zum Einspreizen besonders gestalteten Sprengring. Der Außen-Sg-Ring wird zweckmäßig nicht zur Übertragung von größeren Kräften herangezogen. Abmessung der Ringe und Einstiche nach DIN 471.

Der Innen-Sg-Ring kann in gewissen Grenzen zur Aufnahme von Axialkräften herangezogen werden. Sg-Ringe sollen so eingebaut werden, daß sie sich in ihrer Einbettung nicht drehen. Abmessungen der Ringe und Einstiche nach DIN 472.

Die Benzing-Scheibe (Bz-Scheibe nach DIN 6799), eine Scheibe mit Radialfederung aus Uhrfederbandstahl zum Einspreizen in Rillen auf Achsen und Wellen zur axialen Begrenzung u. dgl. hat sich gut bewährt. Die Abmessungen der Scheibe und des Einstiches finden sich auf DIN 6799 (Abb. 418).

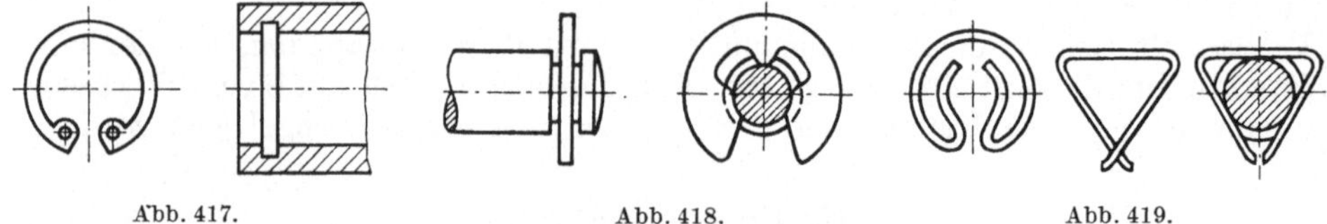

Abb. 417.   Abb. 418.   Abb. 419.

Zum Einspreizen geeignete Sprengringe sind in allen möglichen Formen, die dem jeweiligen Verwendungszweck angepaßt sind, in Verwendung. In Abb. 419 sind zwei Ausführungsformen gezeigt.

Eine in axialer Richtung aufgeschobene, durch Einspreizen befestigte Scheibe mit Radialschlitzen als axiale Begrenzung auf einem Rohr zeigt Abb. 420.

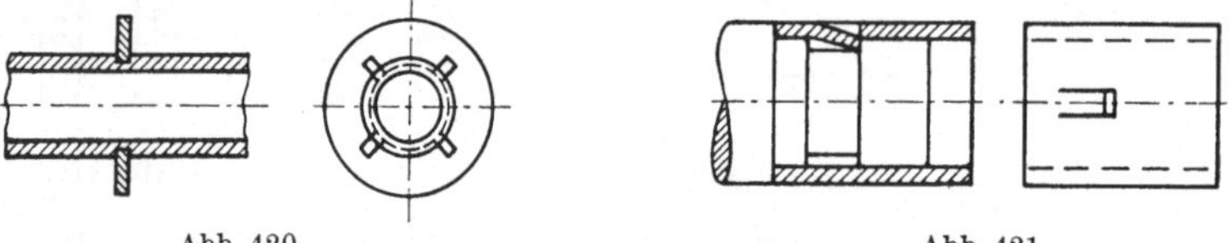

Abb. 420.   Abb. 421.

Eine nach Abb. 421 drehbar befestigte Hülse durch Einspreizen einer oder mehrerer vorher durchgerissener Lappen hat lediglich den Nachteil, daß sie nicht demontierbar ist.

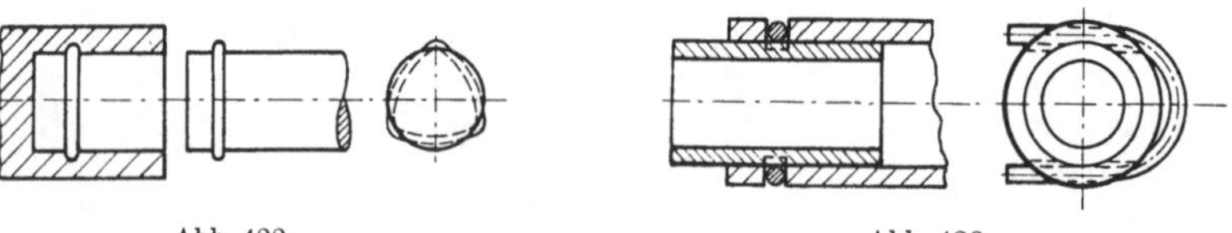

Abb. 422.   Abb. 423.

Den gleichen Nachteil hat die drehbare Befestigung eines Teiles mit Sprengring nach Abb. 422.

Im Gegensatz dazu ein U-förmig gebogener Sprengring, der leicht zu montieren und demontieren ist und für die Halterung von Teilen, die in axialer Richtung einstellbar sein müssen, gut geeignet ist (Abb. 423).

Einen Sonderfall stellt die in Abb. 424 gezeigte, durch Einspreizen befestigte Schelle für die Verlegung von Leitungen, Rohren u. dgl. dar. Das zu befestigende Bauteil muß allerdings so viel Überhub für die Schelle zulassen, daß diese in die Bohrung eingeführt werden kann.

Drähte nach Abb. 425, die zum Einspreizen geeignet gebogen sind, werden zum Verbinden, meist nur zum Heften von Bauteilen, aus Blech verwendet. Der Draht wird in Löcher oder Schlitze eingesprengt und kann durch Herausreißen wieder entfernt werden.

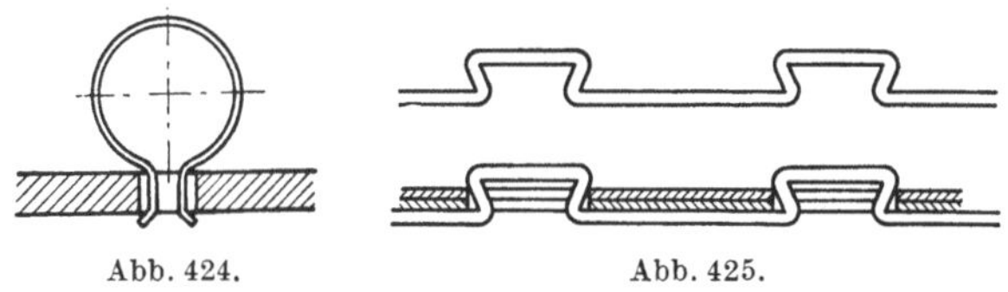

Abb. 424.   Abb. 425.

Abb. 426 zeigt eine durch Einspreizen erzielte Verbindung zweier rohrförmiger Bauteile. Ein aus dem einen Bauteil herausgerissener Lappen federt in eine Bohrung oder einen Schlitz des anderen Bauteiles ein. Als lösbare und unlösbare Verbindung verwendet, meist für dünnwandige Rohre, bei denen der Lappen gut federt und so gestaltet ist, daß eine leicht lösbare Verbindung entsteht.

Eine durch Federwirkung erzielte, unmittelbare Verbindung durch Einspreizen zeigt auch Abb. 427.

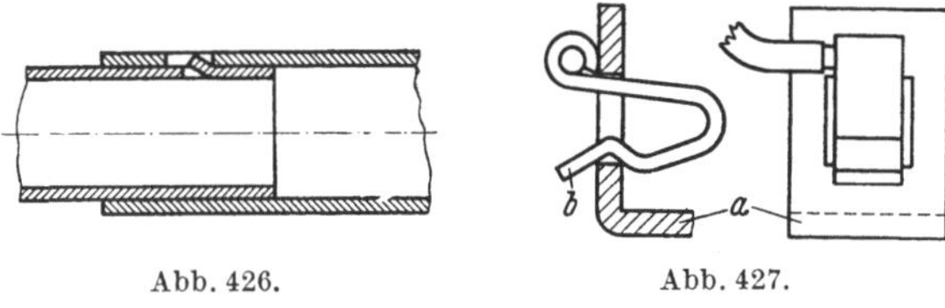

Abb. 426.   Abb. 427.

Es ist dort eine schnell lösbare Verbindung dargestellt, bei der ein elektrischer Leiter an ein Bauteil a angeschlossen wird. Der Leiter selbst ist an ein federndes Blechbiegeteil b angelötet, das in einer Aussparung des Bauteiles a eingeklemmt wird.

E. Verpressungen.

1. Verpressungen durch Preßpassung. Unter einer Verpressung durch Preßpassung versteht man eine kraftschlüssige Verbindung, bei der die mit Passung versehenen Teile unter großem Druck (Längenpreßpassung) oder durch Schrumpfen bzw. Dehnen (Querpreßpassung) zusammengefügt werden. Diese Verbindungsart erfordert einmal, daß zur Herstellung der Passung eine besondere Sorgfalt aufzuwenden ist, und zum anderen, daß zum Zusammenfügen der Teile Maschinen bzw. Vorrichtungen oder Werkzeuge vorhanden sein müssen. Dieser relativ hohe Aufwand zieht eine entsprechende Kalkulation mit sich, d. h. Preßpassungen sind meist teurer als Verpressungen durch nachträgliche Materialverformung oder Verpressungen, die keine reinen Verpressungen, sondern nur einer solchen ähnlich sind. In allen Fällen prüft der Konstrukteur, welcher Verpressung er den Vorzug gibt, wobei neben den schon erwähnten Erfordernissen nicht zuletzt die Stückzahl und die gegebenen Fertigungsmöglichkeiten den Preis beeinflussen und für die Wahl ausschlaggebend sind.

Vom Konstrukteur werden reine Preßpassungsverbindungen nur dann angewandt, wenn die an eine kraftschlüssige Verbindung zu stellenden Anforderungen von anderen Verpressungen (Verpressung die einer Preßpassung ähnlich sind oder Verpressung durch Materialverformung) nicht erfüllt werden können. Solche Anforderungen können sich ergeben aus funktionellen Gründen, z. B. genauer zentrischer Sitz und schlagfreier Lauf von Zahnrädern, Kupplungsscheiben, Lagerzapfen usw., oder aus konstruktiven Gründen, wie z. B. vorgegebene Abmessung von Welle und Nabe, die eine Verstiftung bzw. Verkeilung od. dgl. nicht ermöglichen, oder Befestigung von Laufbuchsen, Lagerbuchsen usw.

Es gibt Verpressungen durch reine Preßpassung, an die keine oder nur geringe Anforderungen hinsichtlich der Güte der Verbindung gestellt werden, und solche, die ihrer hohen Drehmomente oder sonstiger auf die Verbindung einwirkenden Kräfte wegen, eine besondere Gestaltung und Berechnung verlangen.

Voraussetzung für einen unbedingten Festsitz ist die Erfüllung der Bedingung $d > D$ (Abb. 428).

Die Güte einer solchen Verpressung ist abhängig von der Passung, der Größe der Preßfuge und dem Werkstoff der zu verbindenden Teile. Werkstoffe mit geringer Elastizität bedingen engere Toleranzbereiche.

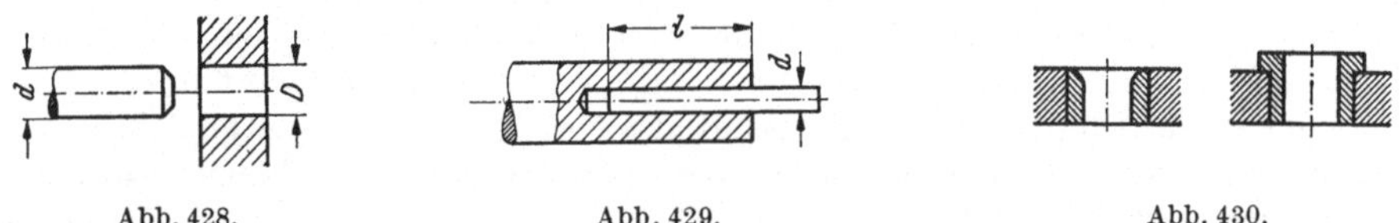

Abb. 428.   Abb. 429.   Abb. 430.

In den Abb. 429 und 430 sind zwei Beispiele gezeigt, an die geringe bzw. mittlere Anforderungen gestellt werden, in Abb. 429 ein Lagerzapfen mit sehr kleinen Durchmessern, die beim Drehen abbrechen würden oder die in Achsen aus nichtmagnetischen Werkstoffen eingesetzt werden müssen. Sie werden meist durch Verpressen gehalten. Mit Rücksicht auf eine gute Führung und guten Festsitz wählt man $1 \sim 5 \cdot d$.

Abb. 430 zeigt durch Verpressung befestigte Bohrbuchsen für Bohrlehren. (Abmessungen und Angaben nach DIN 179 und 180.) Neben den vielen Preßpassungen, die in der Feinwerktechnik vorkommen und die wegen der geringen Anforderungen, die an sie gestellt werden, rein gefühlsmäßig festgelegt werden können, gibt es doch sehr viele, bei denen wegen der höheren zu übertragenden Kräfte an Stelle des Gefühls die gemessene oder errechnete Zahl treten muß.

2. Verpressungen, die einer Preßpassung ähnlich sind. Darunter versteht man eine Verpressung, bei der die zu verbindenden Teile ähnlich einer Preßpassung zusammengefügt werden, im Gegensatz zu dieser aber, ohne eine besondere Passung, jedoch mit Übermaß.

Eine teuere Passung zur Erzielung einer guten Verpressung kann man umgehen durch Aufrauhen oder Rändeln eines der zu verbindenden Teile. Bei Teilen mit kleinen Durchmessern, die ein Rändeln nicht vertragen, genügt Aufrauhen (Abb. 431).

Abb. 431.   Abb. 432.

Auch Verpressungen mit Innenrändel kommen vor, wenn das gerändelte Bauteil aus härterem Werkstoff ist als die Achse (Abb. 432).

Bei gut ausgeführten Verpressungen durch Rändeln und Achsdurchmessern von $d = 10$ mm können Drehmomente bis $M_d = 3000$ gcm übertragen werden. Wegen der hohen Beanspruchung soll $D \geq 2 \cdot d$ sein (Abb. 433).

Das Rändel soll nach Möglichkeit nicht über die ganze Nabenlänge ausgeführt sein, da sonst die Führung verlorengeht. Dies ist besonders dann zu beachten, wenn Bauteile nach der Verpressung noch laufen sollen (Zahnräder). Dabei muß das Bauteil in Pfeilrichtung aufgedrückt werden, um unnötige Beschädigungen durch das Rändel zu vermeiden.

In Abb. 433 ist ein Bauteil gezeigt, von dem nicht verlangt wird, daß es nach dem Aufdrücken genau läuft, wenn außerdem das zu übertragende Drehmoment kein längeres Rändel bedingt, wählt man für das Rändel den Bereich der größeren Festigkeit des zu befestigenden Bauteiles.

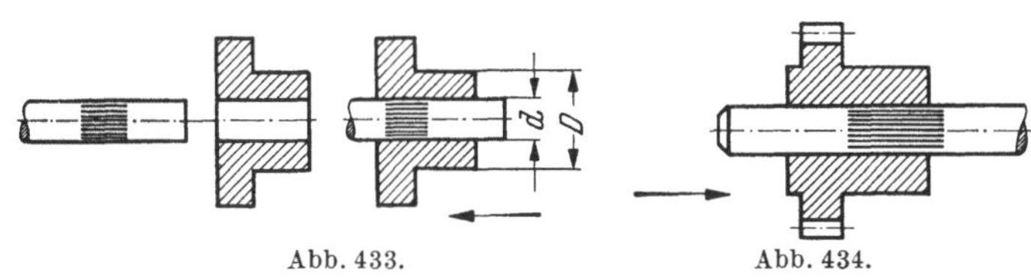

Abb. 433.　　　　Abb. 434.

Bei einem Zahnrad, Abb. 434, von dem genaues Laufen verlangt wird, verlegt man das Rändel in den Bereich des Zahnradbundes (Nabe). (In beiden Fällen beziehen sich die Pfeile, die die Aufdrückrichtung angeben, auf das Bauteil und nicht auf die Welle.)

Die Durchmesservergrößerung beim Rändeln, die nur einige Zehntel Millimeter beträgt, hängt vom Werkzeug ab. Dabei wird der Flankenwinkel des Werkzeuges um so kleiner gewählt, je härter das zu rändelnde Material ist. Die Flankenwinkel der Rändelwerkzeuge betragen für:

Messing　　90°　　　Flußstahl　　70°
Flußeisen 80°　　　Pr. Rd.-Stahl 60°.

3. Verpressungen durch nachträgliches Verformen. Im Gegensatz zur Verpressung durch unbedingten Festsitz kann bei einer Verpressung durch nachträgliches Verformen $d < D$ sein. Meist handelt es sich jedoch um eine Verpressung durch Festsitz und einer zusätzlichen nachträglichen Verformung. Lediglich aus Billigkeitsgründen wird mitunter auf die Verpressung durch Festsitz verzichtet und nur eine Verpressung mit nachträglicher Verformung angewendet.

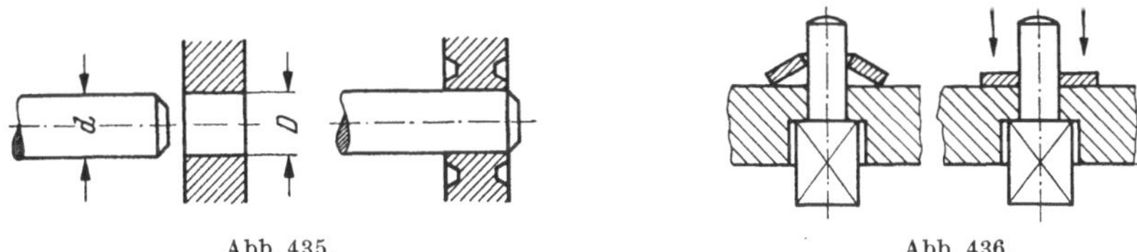

Abb. 435.　　　　　　　　　　Abb. 436.

Das Vorpressen geschieht durch Stauchen, Einrollen, Verkörnern u. dgl. (Abb. 435).
In Abb. 436 ist eine Verpressung durch Formänderung einer kegelig vorgebogenen Scheibe, die nachträglich durch Druck in Pfeilrichtung verformt wird, gezeigt, in Abb. 437 eine ballig vorgebogene Scheibe als Verschlußdeckel u. dgl.

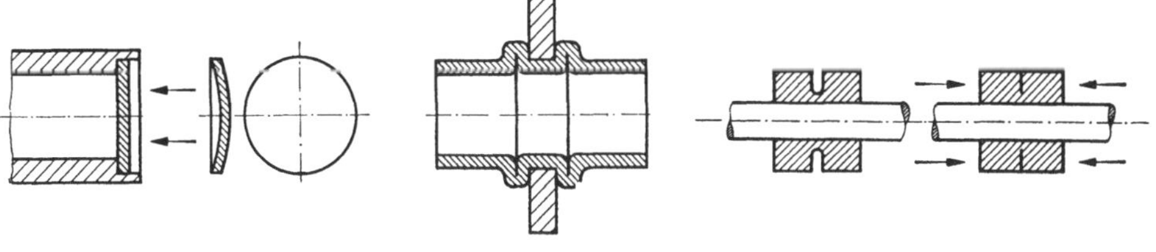

Abb. 437.　　　　　　　Abb. 438.　　　　　　　Abb. 439.

Ein durch Stauchen in Achsrichtung verformtes Rohr zur Befestigung von Scheiben, Zahnrädern u. dgl., wie in Abb. 438 dargestellt, ist möglich, wird aber selten angewendet, weil die Güte der Verbindung unterschiedlich ist und größere Drehmomente nicht übertragen werden können. Für geringe Ansprüche eignet sich die Verpressung durch Stauchen einer Buchse oder eines geeignet gestalteten Bauteiles, das mit einer oder mehreren Rillen versehen ist und in Achsrichtung gestaucht wird (Abb. 439).

Für die Befestigung von Buchsen, Zahnrädern u. dgl. kann ein Stift ohne eine besonders hochwertige Passung eingeführt und durch Stauchen in Achsrichtung ein guter Festsitz erzielt werden. Stifte aus weichen Materialien (Alu) eignen sich besonders gut (Abb. 440).

Abb. 441 zeigt die Befestigung eines Drahtes in einer Blechlasche. Die Materialverformung, in diesem Fall die Verformung der Blechlasche, geschieht nach dem Einführen des Drahtes durch eine Sicke mit einem geeignet gestalteten Werkzeug.

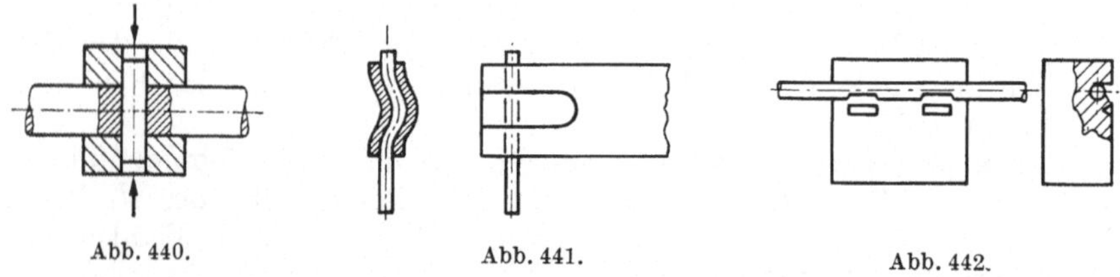

Abb. 440.   Abb. 441.   Abb. 442.

In einem ähnlichen Beispiel (Abb. 442) wird der Draht nicht in ein Loch, sondern in eine Rille eingelegt und die Rille auf die ganze Länge oder an einer oder mehreren Stellen durch Materialverformung (Meißelhiebe oder Werkzeug) befestigt.

Ebenfalls durch Materialverformung, in diesen besonderen Fällen durch Kerner befestigte Bauteile auf Achsen, zeigen die nächsten Beispiele. In Abb. 443 ist ein Blechflansch auf einer Holzachse befestigt, wobei das härtere Material in das weichere eingedrückt wird (Filmspule).

In Abb. 444 ist gezeigt, wie man gegebenenfalls das weichere Material (Rad aus Messing) in das härtere (Welle aus Stahl), indem man in diesem eine Bohrung vorsieht, eindrücken kann.

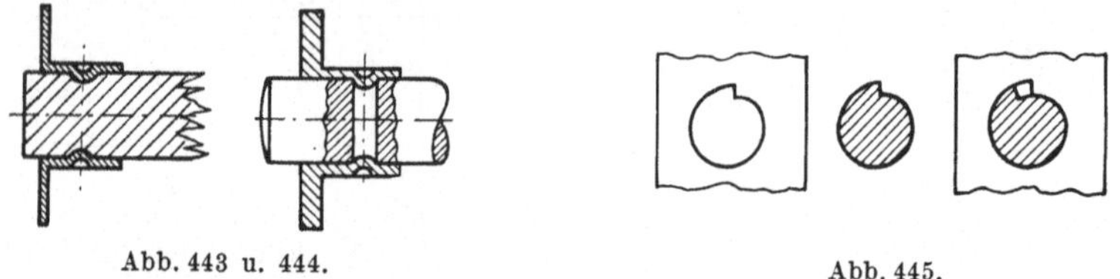

Abb. 443 u. 444.   Abb. 445.

Den Sonderfall einer Verpressung stellt Abb. 445 dar. Es handelt sich dabei um die Anwendung eines Drehkeiles. Eine besonders profilierte Achse wird in ein Bauteil mit entsprechend gestaltetem Loch mit Spiel eingeführt und durch Drehen (Verkeilen) ein guter Preßsitz erzielt (Befestigung von Kondensatorplatten).

4. Berechnung von Verpressungen durch reine Preßpassung[1]. a) Allgemeine Betrachtung der Haftkraft. Eine Preßpassungsverbindung muß zwischen den gefügten Teilen eine genügend große Haftkraft P besitzen, die es ermöglicht, das zu übertragende Drehmoment sicher weiterzuleiten bzw. die auftretende Längskraft P_L (Abb. 446) oder der Resultierenden aus beiden entgegenzuwirken. Die

---

[1] Schrifttum-Verzeichnis auf Seite 66.

Dimensionierung dieser Haftkraft P erfolgt also nach dem zu übertragenden Drehmoment bzw. den aufzunehmenden Kräften, wobei

$$PL \gtreqqless P_a L_a$$

oder

$$P \gtreqqless P_L \tag{1}$$

sein muß. Um eine Preßpassungsverbindung berechnen zu können, die eine durch Gl. (1) bestimmte Haftkraft besitzt, muß der Konstrukteur die die Haftkraft bildenden Faktoren sowie die sie beeinflussenden Umstände klar erkennen. Betrachtet man zu diesem Zweck den in Abb. 447 dargestellten Fügevorgang, so lassen sich diese Faktoren bzw. Umstände ohne weiteres erkennen.

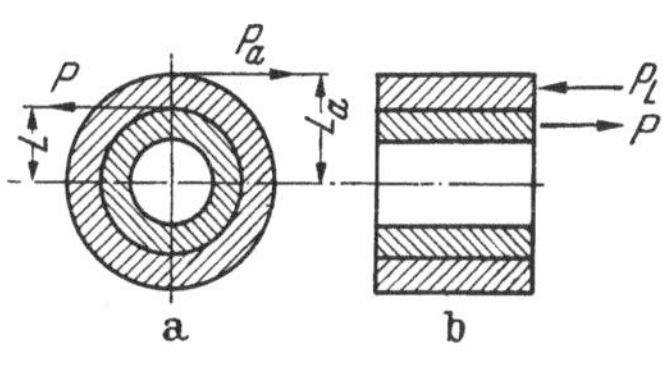

Abb. 446 a u. b.

P	Haftkraft;
P_a, P_l	angreifende Kräfte;
L	Hebelarm der Haftkraft;
L_a	Hebelarm der angreifenden Kraft.

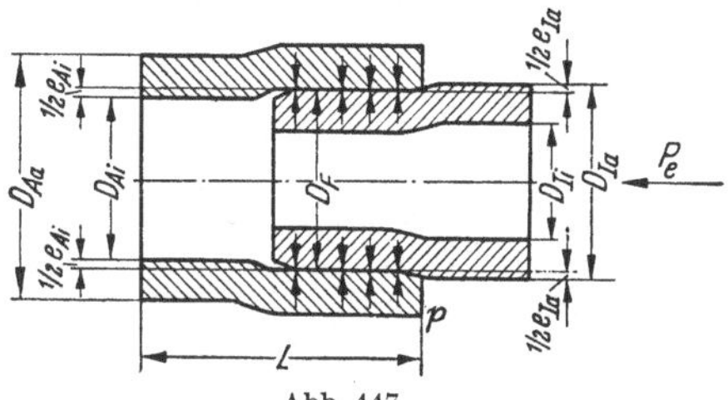

Abb. 447.

D_{Aa}	Außendurchmesser außen;
D_{Ai}	Außendurchmesser innen;
D_{Ja}	Innendurchmesser außen;
D_{Ji}	Innendurchmesser innen;
D_F	Fugendurchmesser;
e_{Ja}	Formänderung am Innenteil, außen;
e_{Ai}	Formänderung am Außenteil, innen;
p	Normalspannung;
L	Fugenlänge;
P_e	Einpreßkraft.

Während des Fügens werden unter dem Druck der Einpreßkraft P_e beide Paßteile an der Paßfläche deformiert, bis sie den Fugendurchmesser D_F erreicht haben. Es entsteht also am Außen- und Innenteil eine Formänderung von der Größe e_{Ai} und e_{Ja}. Jede Formänderung hat auch eine Spannungsänderung zur Folge, die so gerichtet ist, daß sie der Formänderung entgegenwirkt. Es entsteht also in der Preßfuge eine Normalspannung p, die für den Außen- und Innenteil gleich ist. Gelingt es nun, diese Normalspannung zu berechnen, so kann daraus die in der Preßfuge wirkende Normalkraft P_N

$$P_N = p\,\pi\,D_F\,L \quad \text{[kg]} \tag{2}$$

ermittelt werden. Diese Normalkraft ist jedoch noch nicht die Haftkraft P. Um sie zu erhalten, kann man sich vorstellen, daß die Kraftübertragung in der Preßfuge durch eine Art Haftreibung zustande kommt. Damit läßt sich die Reibungsgleichung anwenden, und man findet für die Haftkraft

$$P = v\,P_N. \quad \text{[kg]} \tag{3}$$

Dabei ist der Haftwert v nicht nur von der Oberflächenbeschaffenheit abhängig, sondern schließt auch alle für P_N gemachten Annahmen mit sich ein, da hier P_N berechnet werden muß und nicht wie bei der Reibungsgleichung gemessen werden kann. Es läßt sich deshalb der Haftbeiwert nicht durch einen einfachen Reibungsversuch ermitteln.

b) **Ableitung der Haftkraft.** Um die Normalspannung p berechnen zu können, muß man also von der sie bildenden Formänderung ausgehen. Nach FÖPPL [3] ergibt sich für die Formänderung (Abb. 447) im elastischen Gebiet der Dehnung, am Außenteil für die Vergrößerung des Innendurchmessers D_{Ai}

$$e_{Ai} = p\,\frac{(m_A + 1) + (m_A - 1)\,Q_A^2}{m_A\,E_A\,(1 - Q_A^2)}\,D_{Ai} \cdot 10^3 \quad [\mu] \tag{4}$$

5*

und für den Innenteil die Verkleinerung des Außendurchmessers D_{Ja}

$$e_{Ja} = p \, \frac{(m_J - 1) + (m_J + 1)\, Q_J^2}{m_J \, E_J \, (1 - Q_J^2)} \, D_{Ja} \cdot 10^3 \quad [\mu]. \tag{5}$$

Darin bedeuten:

p = Normalspannung,
m = Poissonsche Zahl,
E = Elastizitätsmodul,
Q = Verhältnis des Innen- zum Außendurchmesser.

Die Indizes A, a bzw. J, i bezeichnen den Außen- bzw. Innenteil.

Man erkennt aus beiden Gleichungen, daß die Formänderung zunächst proportional der Spannung p folgt und weitgehend von den Materialeigenschaften (m, E) sowie von den konstruktiven Abmessungen (Q^2, D) beeinflußt wird. Beide Formänderungen ergeben das Haftmaß Z (Abb. 448) zu

$$Z = e_{Ai} + e_{Ja} \quad [\mu]. \tag{6}$$

Das Haftmaß Z ist aber auch das um die doppelten Glättungsgrößen G_A und G_J verringerte Übermaß U (Abb. 449), also

$$Z = U - 2\,(G_J + G_A), \tag{7}$$

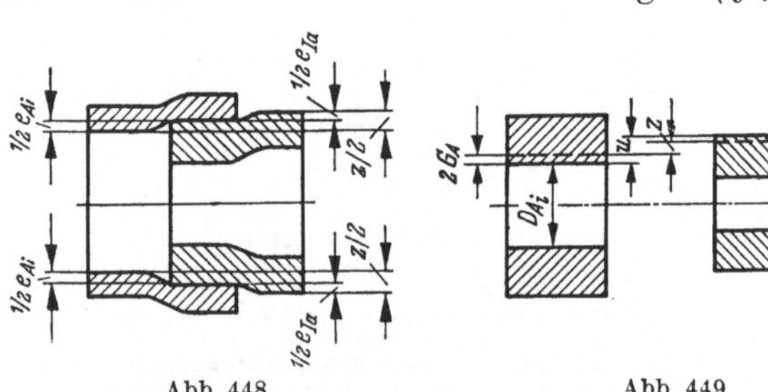

Abb. 448.   Abb. 449.

wobei die Glättungsgröße G der Abstand der mittleren Fläche von der Hüllfläche

$$G = R - R_m \tag{8}$$

ist, wie aus Abb. 450 ersichtlich.

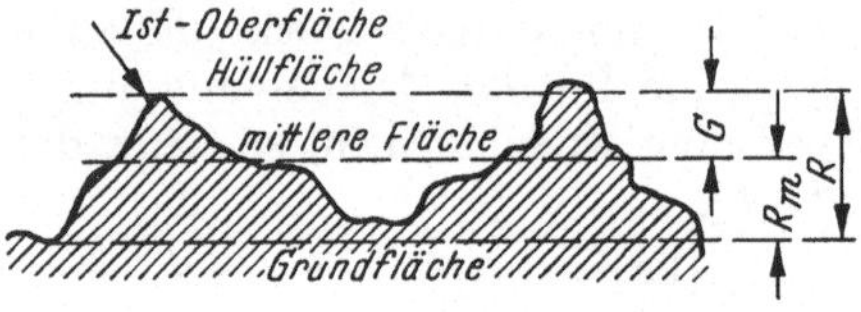

Für die weitere Betrachtung ist es übersichtlicher, wenn an Stelle der in Gl. (3) und (4) befindlichen Quotienten die Faktoren

$$K_A = \frac{(m_A + 1) + (m_A - 1)\, Q_A^2}{m_A \, E_A \, (1 - Q_A^2)}$$

und

$$K_J = \frac{(m_J - 1) + (m_J + 1)\, Q_J^2}{m_J \, E_J \, (1 - Q_J^2)}$$

Abb. 450.
G Glättungsgröße; R_m mittlere Rauhtiefe;
R Rauhtiefe.

gesetzt werden. Außerdem kann mit genügender Genauigkeit der Innendurchmesser des Außenteils gleich dem Fugendurchmesser und dieser gleich dem Außendurchmesser des Innenteils (Abb. 447), also

$$D_{Ai} = D_F = D_{Ja}$$

angenommen werden. Diese Werte in Gl. (6) eingesetzt, ergeben damit das Haftmaß Z zu

$$Z = p\,(K_A + K_J)\, D_F \cdot 10^3 \quad [\mu]. \tag{9}$$

Aus dieser Gleichung ergibt sich nun die *gesuchte Normalspannung* p

$$p = \frac{Z}{(K_A + K_J)\, D_F} \cdot 10^{-3} \, \lfloor \mathrm{kg/mm^2} \rfloor. \tag{10}$$

Man sieht, daß die Normalspannung im wesentlichen durch das Übermaß Z und die Materialeigenschaften bestimmt wird. Nachdem jetzt die Normalspannung p bekannt ist, findet man die Haftkraft P durch Zusammenziehung der Gl. (2) und (3) zu

$$P = \pi\, L\, \nu\, \frac{Z}{K_A + K_J} \cdot 10^{-3}\ [\text{kg}].\qquad(11)$$

Aus dieser Gleichung erkennt man nun sofort die die Haftkraft bildenden Faktoren, nämlich

a) das Übermaß Z;

b) die konstruktiven Abmessungen (Sitzlänge und Durchmesserverhältnisse Q enthalten in K_A und K_J);

c) Materialeigenschaften (m, E enthalten in K_A und K_J);

d) der Haftbeiwert, dieser enthält alle die Haftkraft beeinflussenden Umstände, wie Oberflächenbeschaffenheit, Einpreßgeschwindigkeit, Fügetemperatur, Schmierung beim Fügen, Betriebstemperatur.

Aus der Ableitung der Haftkraft P zeigt sich also ohne weiteres, daß dem Konstrukteur die Möglichkeit gegeben ist, das für eine *bestimmte Preßpassungsverbindung* erforderliche Haftmaß Z aus Gl. (11) zu berechnen, nachdem die Haftkraft bereits durch Gl. (1) bestimmt ist. Aus dem Haftmaß Z ergibt sich das Übermaß U durch Hinzufügen der Glättungsgrößen nach Gl. (7). Damit läßt sich nun der für diese Preßpassungsverbindung erforderliche Preßsitz so auswählen, daß sein kleinstes Übermaß U_K noch eine *genügend große Haftkraft erzeugt*, die einen einwandfreien Kraftschluß der Verbindung gewährleistet.

c) Formänderung an der „freien Passung". Bei Preßpassungsverbindungen ist es oft notwendig, daß einer der beiden Paßteile eine „freie Passung" besitzt. Darunter versteht man die Passung, welche nicht am Preßsitz beteiligt ist (Abb. 451) und zur Aufnahme von weiteren Bauteilen oder als Laufbuchse usw. dient.

In solchen Fällen müssen die sich durch Verpressung ergebenden Formänderungen an dem betreffenden Durchmesser (Abb. 452) nachgerech-

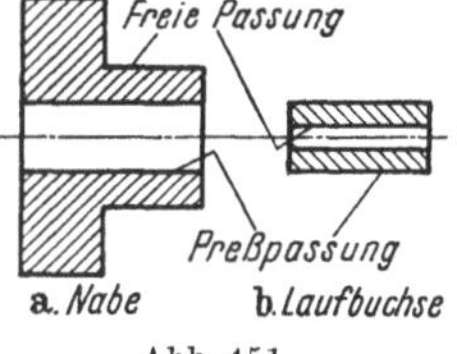

Abb. 451.

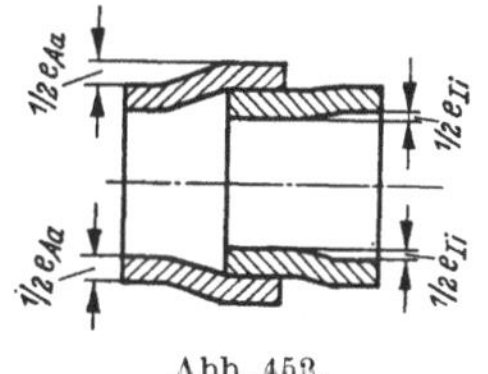

Abb. 452.

net werden, um zu wissen, ob sie sich noch innerhalb der für die „freie Passung" zulässigen Toleranzen befinden. Diese Formänderungen ergeben sich für den Außenteil als Vergrößerung des Außendurchmessers

$$e_{Aa} = p\, \frac{2\,Q_A^2}{E_A\,(1 - Q_A^2)}\, D_{Aa} \cdot 10^3\ [\mu]\qquad(12)$$

und für den Innenteil als Verkleinerung des Innendurchmessers

$$e_{Ji} = p\, \frac{2}{E_J\,(1 - Q_J^2)}\, D_{Ji} \cdot 10^3\ [\mu].\qquad(13)$$

d) Plastische Preßpassungsverbindungen. Die bis jetzt dargelegte Berechnung von Preßpassungsverbindungen bezieht sich nur auf das Gebiet der elastischen Dehnung. Aus dem in Abb. 453 dargestellten Diagramm $\sigma = f(\varepsilon)$ erkennt man, daß mit zunehmender Dehnung, also steigendem Haftmaß, im elastischen Gebiet die Normalspannung proportional steigt und bei der oberen Streckgrenze σ_{S_o}, Punkt B, ihren Höchstwert erreicht. Beim Eindringen in das Gebiet der plastischen Dehnung sinkt zunächst die Spannung auf ihren kleinsten Wert, den es bei der unteren Streckgrenze σ_{S_u}, Punkt C, erreicht, um nachher wieder bis σ_Z zu steigen, wobei jedoch erst im Punkt D der Höchstwert erreicht wird.

Für das Gebiet der plastischen Dehnung liegen bis jetzt noch keineswegs so sichere Berechnungsgrundlagen vor. WERTH [2] untersuchte für dieses Gebiet die Haftkräfte bis zu sehr großen Haftmaßen (3% des Fugendurchmessers). Als wichtigstes Ergebnis brachten diese Untersuchungen, daß man in vielen Fällen mit genügender Sicherheit in das Gebiet der plastischen Dehnung eindringen kann. Das bedeutet, daß Preßpassungsverbindungen mit großen Toleranzen (bis zur Qualität 11) gefertigt werden können und damit die Möglichkeit austauschbarer Preßsitze gegeben ist. Außerdem werden wichtige Fragen des Fügeverfahrens, wie der Einfluß der Oberflächenbeschaffenheit und Einpreßgeschwindigkeit die günstigste Gestaltung der Buchse und des Bolzenkopfes sowie die Schmiermittel beim Fügen usw. geklärt.

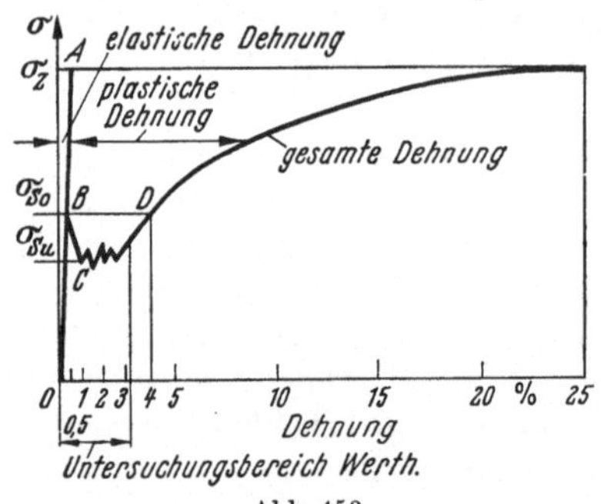

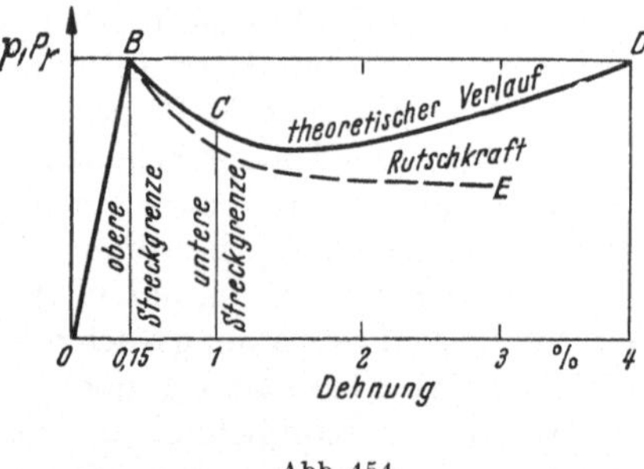

Abb. 453.   Abb. 454.

Aus Abb. 453 ist in Abb. 454 der Untersuchungsbereich WERTH vergrößert herausgezeichnet. Sie zeigt die theoretische Beziehung der Normalspannung p und der Dehnung im Vergleich mit einer von WERTH gemessenen Rutschkraftkurve. Diese müßte also einen ähnlichen Verlauf wie die theoretische Kurve haben. Daß dies nicht der Fall ist, liegt nach KIENZLE und HEISS [1] einmal an der Versuchsstreuung und zum anderen an dem zur Zeit der Untersuchungen noch nicht bekannten Zusammenhang, daß der Abfall der Rutschkraft von dem Unterschied zwischen oberer und unterer Streckgrenze abhängig ist.

Aus seinen Versuchen ermittelte WERTH an Stahlnaben und vollen Wellen für die Sitzkraft, wobei man den Widerstand gegen eine ständig wachsende Anpreßkraft versteht, die Formel

$$P_s' = V\left(1 - \frac{d}{D}\right) dL \quad [\text{kg}],$$

worin V ein Erfahrungswert ist und für Stahl St 50.11 mit

$$V = 1{,}12\,D_F + 45 \quad [\text{kg/mm}^2]$$

ermittelt wurde.

e) Hinweise für die Handhabung des Rechenvordruckes für einfache Preßpassungen nach DIN 7190. Für die Berechnung von Preßpassungen empfiehlt es sich, den unter DIN 7190 festgelegten Rechenvordruck zu benützen. Neben der übersichtlichen Anordnung des Rechenvorganges sind für die gebräuchlichsten Materialien alle erforderlichen Werkstoffkoeffizienten (E, m, α) sowie die Rauhtiefen der Oberflächen und aus vielen Versuchen *ermittelte Richtwerte für den Haftbeiwert* angegeben. Ein Diagramm zur Bestimmung der Hilfsgrößen K_A und K_J erspart die Berechnung derselben und läßt außerdem den Konstrukteur sofort die Auswirkungen von Durchmesseränderungen erkennen. Die Auffindung der zu den berechneten Übermaßen erforderlichen Preßpassungen durch Diagramme erleichtern den Berechnungsgang sehr wesentlich.

Für die wirtschaftlich oft sehr entscheidende Frage, ob eine „elastische" oder

„plastische" Preßpassung bestimmt werden soll (Rechenvordruck Zeile 11), sei hierzu ergänzend bemerkt:

Wie bereits erwähnt, sind die Berechnungsgrundlagen für das rein „elastische Gebiet der Dehnung" aufgestellt. Zeigt sich nun, daß die berechnete Paßtoleranz (Zeile 11) gleich oder größer der erwünschten Werkstücktoleranzen ist, so kann die Passung ohne weiteres ausgeführt werden, weil sie der betrieblichen Fertigung keine Schwierigkeiten bereitet. Ist die Paßtoleranz sogar um so viel größer, daß einer der beiden oder vielleicht beide Paßteile mit einer größeren Toleranz versehen werden können, so entscheidet man, welchen Anteil die Bohrungs- bzw. Wellentoleranz enthalten soll (Zeile 14, 15). Dabei sind drei Fälle betrachtet:

a) Ist die Bohrungstoleranz um einen Gütegrad größer als die Wellentoleranz, so ist

$$T_B = 0{,}6 \cdot P;$$

b) beide Teile erhalten gleiche Toleranz

$$T_B = 0{,}5 \cdot P;$$

c) die Welle erhält die größere Toleranz

$$T_B = 0{,}4 \cdot P.$$

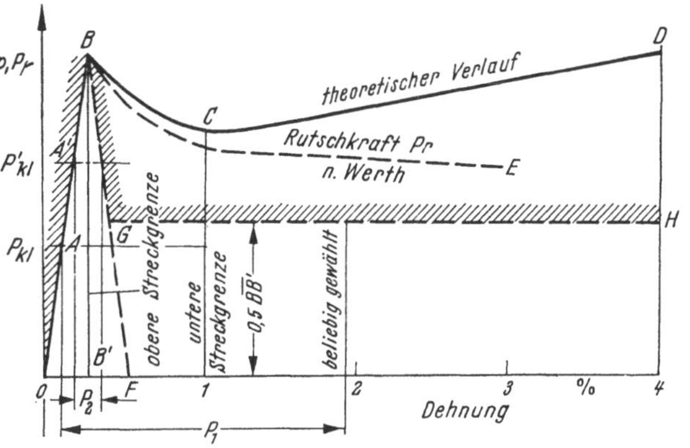

Zeigt sich aber, daß die berechnete Paßtoleranz gegenüber den Werkstücktoleranzen so klein ist, daß sie betriebliche Fertigungsschwierigkeiten bereitet, so ist sie unwirtschaftlich. Man überprüft deshalb, ob es möglich ist, in das „plastische Dehnungsgebiet" einzudringen. Ist die kleinste Pressung p_k kleiner als die halbe größte zulässige Pressung p_g (Zeile 12), also

$$p_k \leqq \tfrac{1}{2} p_g ,$$

so befindet man sich noch weit unter der Rutschkraftkurve (Punkt A) (Abb. 455), d. h. man kann also in das Gebiet der plastischen Dehnung eindringen und eine beliebige Paßtoleranz P_1 wählen. Damit kann man sich mit der Paßtoleranz wieder auf die Fertigungsmöglichkeiten einstellen, zumal bis zur Grobpassungsqualität, also $JT\,11$, gegangen werden kann. Ist nun die kleinste Pressung p_k größer als die halbe zulässige Pressung, also

$$p_k \geqq \tfrac{1}{2} p_g ,$$

so befindet man sich schon in der Nähe der Rutschkraftkurve (Punkt A'), und für die Wahl der Paßtoleranz ist größte Vorsicht geboten. Um sie genau festlegen zu können, ist die Kenntnis der Rutschkraftkurve erforderlich. Ist diese nicht bekannt, so geht man nach KIENZLE und HEISS [1] noch genügend sicher, wenn die Rutschkraftkurve durch den Linienzug B–G–H ersetzt wird. Diesen findet man, indem man zur Linie $\overline{OB}$ die zur Senkrechten $\overline{BB'}$ symmetrische Linie BF zeichnet und den Kurvenast BE durch eine Parallele GH zur Abszissenachse in der Höhe der halben Ordinate $\overline{BB'}$ ersetzt. Wird jetzt durch A' eine Waagerechte gezogen, so schneidet diese die Gerade $\overline{OB}$ und $\overline{BF}$. Der Abstand der beiden Schnittpunkte ergibt nun die gesuchte Paßtoleranz P_2.

f) Genormte Preßsitze. Werden an eine Preßpassungsverbindung geringe Ansprüche hinsichtlich der zu übertragenden oder aufzunehmenden Kräfte gestellt, so können die vom Deutschen Normenausschuß für Toleranzen und Passungen empfohlenen Preßsitze nach DIN 7157 angewandt werden. Dabei muß man sich im klaren sein, daß diese Preßsitze sich nur auf das zwischen Bohrung und Welle vorhandene Übermaß beziehen. Alle anderen, die Haftkraft beeinflussenden Faktoren sind dabei nicht erfaßt. Es ist daher ratsam, bei höheren Anforderungen die Preßsitze auszurechnen bzw. die empfohlenen nachzurechnen.

Schrifttum.

[1] KIENZLE u. HEISS: Die Berechnung einfacher Preßsitze. (Werkstattechnik und Werksleiter 32 – 1938 Heft 29).

[2] WERTH: Austauschbare Längspreßsitze. (VDI-Forschungsheft 383.)

[3] FÖPPL, A.: Vorlesungen über technische Mechanik, III. Bd., 6. Aufl. (§ 58 Elastischer Spannungszustand in einem dickwandigen Rohr).

5. Verstiftungen, Allgemeines. Stifte sind ein wichtiges Verbindungselement in der Feinwerktechnik. Ihre Anwendung beschränkt sich nicht ausschließlich auf die Verbindung zweier Teile (Abb. 456), sie werden auch als Paßstifte zur Siche-

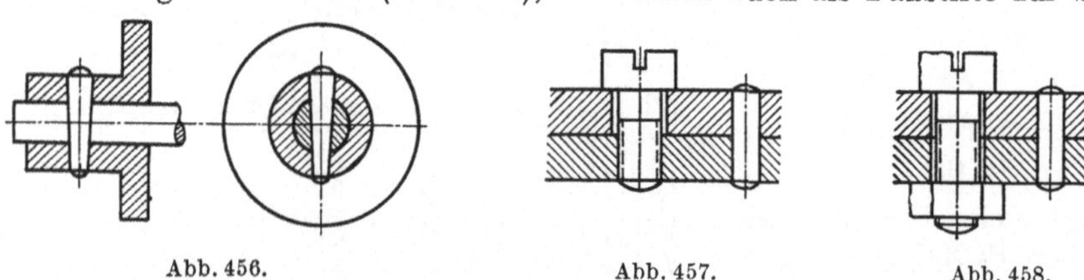

Abb. 456.   Abb. 457.   Abb. 458.

rung zweier, anderweitig verbundener Teile angewandt (Abb. 457 und 458). Auch hierbei muß der Stift häufig, besonders bei Verschraubungen, Kräfte aufnehmen, die ein Verschieben der Teile verursachen würden. Schließlich findet er noch als selbständiges Bauteil Verwendung (Abb. 459).

Als Grundformen sind der Zylinderstift und der Kegelstift zu nennen (Abb. 460).

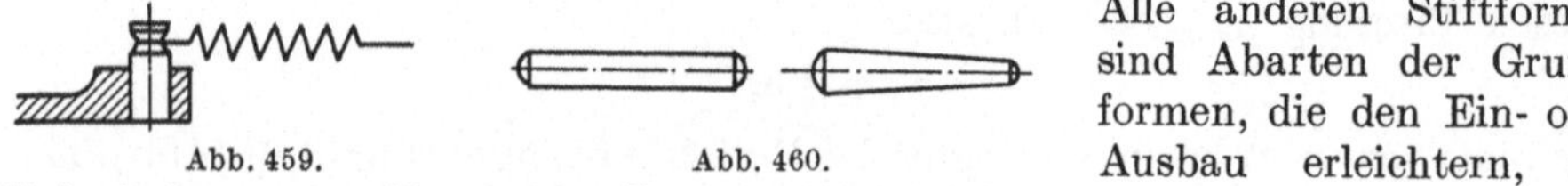

Abb. 459.   Abb. 460.

Alle anderen Stiftformen sind Abarten der Grundformen, die den Ein- oder Ausbau erleichtern, die Sicherheit gegen selbsttätiges Lösen erhöhen oder die Gestaltung der Bauteile zur Herstellung einer Verbindung erleichtern sollen.

Die unzweckmäßige oder leichtfertige Anwendung von Stiften zur Verbindung von Teilen kann in der Fertigung und beim Zusammenbau sehr unangenehme Folgen haben. Ein Stift kann ein ideales Verbindungselement sein, falsch angewendet, kann er die Funktion eines ganzen Gerätes beeinträchtigen oder zumindest die Fertigung erschweren oder verteuern. Zylinderstift und Kegelstift als Paßstift oder als Verbindungselement angewendet, erfordern das Abbohren und Aufreiben der miteinander zu verbindenden oder einander anzupassenden Teile. Dieses Abbohren ist notwendig, um die Bohrungen fluchtend zu bekommen. Es kann vor dem Zusammenbau oder nachher geschehen. Geschieht es vorher und können die Teile nicht gleich, sondern erst beim Zusammenbau endgültig verstiftet werden, so ergibt sich eine erschwerte Lagerhaltung, da ein Austausch der zusammengehörigen Teile nicht mehr möglich ist. Darüber hinaus ergeben sich Schwierigkeiten beim Zusammenbau. Ein Zahnrad mit Bund beispielsweise, das auf einer Welle verstiftet wird, kann fälschlicherweise auch in einer um 180° versetzten Stellung verstiftet werden.

Die Notwendigkeit, eine Reihe von spanabhebenden Arbeitsgängen (Abbohren, Aufreiben usw.) erst bei der Montage durchführen zu können, muß als ein großer

Nachteil von Verstiftungen angeführt werden, weil sie dem Bestreben, spanbildende Arbeitsgänge von den Montagewerkstätten fernzuhalten, im Wege steht. Nicht zuletzt ist das auch der Grund, warum Verstiftungen zu teuer sind, ein Umstand, der meist vom Konstrukteur nicht genügend berücksichtigt wird. So wichtig Verstiftungen als Verbindungselement in der Feinwerktechnik auch sind, ist es doch in allen Fällen notwendig, zu überlegen, ob die Verstiftung nicht durch ein anderes Verbindungselement ersetzt werden kann. Es gibt eine Reihe von Verbindungsmitteln, die, an Stelle einer Verstiftung angewendet, die Nachteile einer Verstiftung nicht oder nur zum Teil aufweisen und damit einer Verstiftung nicht nur ebenbürtig, sondern meist überlegen sind. Auf die Beispiele, die als Verstiftungsersatz Anwendung finden können, sei deshalb vor Anwendung einer Verstiftung besonders hingewiesen.

6. Stiftformen. Der Zylinderstift in seiner einfachsten Form mit einer Durchmessertoleranz nach Isalehre h 11 wird vorwiegend als Nietstift verwendet, als Paßstift wird die Ausführung mit Rundkuppe und einer Durchmessertoleranz m 6 bevorzugt oder der Stift mit Kegelansatz nach Isalehre h 8.

Je nach Verwendungszweck werden auch Stifte mit zwei balligen oder einem kegeligen und einem balligen Ende ausgeführt (Abb. 461).

Beim Kegelstift wird die Klemmwirkung des Keiles zur Herstellung einer gut fest sitzenden und wieder leicht zu lösenden Verbindung ausgenutzt. Zuordnung des Stiftdurchmessers zum Wellendurchmesser, ebenso wie der Stift selbst nach DIN 1.

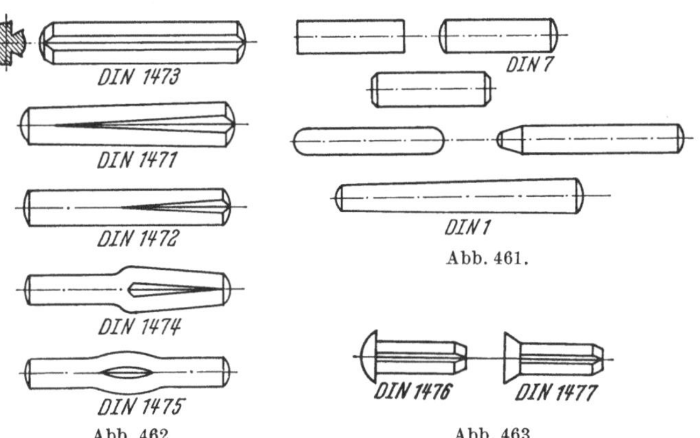

Abb. 462. Abb. 461. Abb. 463.

An Stelle glatter, kegeliger oder zylindrischer Stifte werden auch Kerbstifte verwendet. Sie haben eingewalzte Kerben, die sich auf die ganze Länge oder nur einen Teil des Stiftes erstrecken. Ihre Abmessungen sind denen nach DIN 1 und DIN 7 angeglichen. Der Vorteil der Kerbstifte besteht darin, daß die Bohrung nur gebohrt und nicht aufgerieben zu werden braucht und der Stift trotzdem gut festsitzt. Eine ähnliche Wirkung erzielt man mit Spannstiften (Näheres unter Ersatz von Verstiftungen). Die Abmessungen der Stifte und der dazugehörigen Bohrungen sind in den jeweiligen DIN-Blättern angegeben (Abb. 462).

DIN 1473: Für wechselseitige Beanspruchung und bei Guß mit nahe am Rande sitzenden Bohrlöchern.

DIN 1471: Befestigungsstift, Sicherungsstift, Paßstift.

DIN 1472: Paßstift, Drehbolzen, Lagerbolzen.

DIN 1474: Als Mitnehmerstift in Sacklöchern, Anschlagstift, Paßstift.

DIN 1475: Knebel, Scharnierstift, Gelenkbolzen.

Darüber hinaus gibt es Kerbnägel, die auch für Verstiftungen verwendet werden und ähnlich wie die Kerbstifte Kerben haben (Abb. 463).

Sie dienen zur Befestigung von Firmen- und Leistungsschildern, Skalen, Blechen u. dgl. und sind auch in Sacklöchern verwendbar.

7. Kegelstift und Zylinderstift. Die Abmessungen der Kegelstifte sind auf DIN 1 festgelegt, die der Zylinderstifte auf DIN 7. Der Kegel der Kegelstifte beträgt einheitlich 1 : 50. Maßgebend für die Bohrung des Loches ist das dünnere Stiftende, weshalb sich auch das Nennmaß d auf das dünnere Ende bezieht. Nach dem Bohren müssen die Löcher mit einer Kegelreibahle entsprechend dem Kegel des Stiftes aufgerieben werden. Durch die kegelige Form des Stiftes ergeben sich ein gutes Passen und ein fester Sitz. Ein- und Ausbau geschieht durch Einschlagen (Eindrücken) und Herausschlagen. Ein Austausch der beiden zu verbindenden Teile ist nicht mehr möglich (Abb. 464). Der Zylinderstift wird mit Preßsitz eingesetzt. Das erfordert das Einhalten genauer Abmessungen von Stift und Bohrung. Die Bohrung wird vorgebohrt und mit einer zylindrischen Reibahle aufgerieben. Die Güte einer Zylinderstiftverbindung hängt ausschließlich von der Güte der Verpressung, also von der jeweiligen Passung ab. Das mehr oder weniger kräftige Einschlagen des Stiftes ist im Gegensatz zum Kegelstift beim Zylinderstift belanglos. Es gibt Ver-

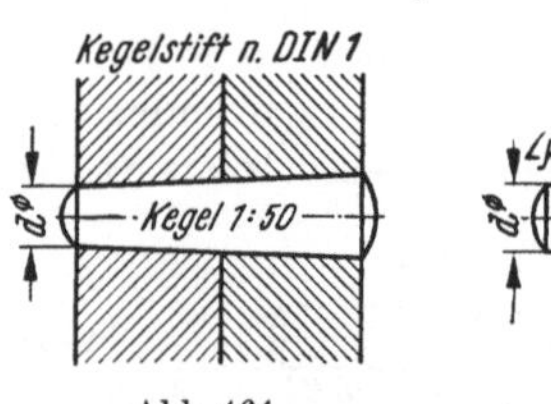

Abb. 464.

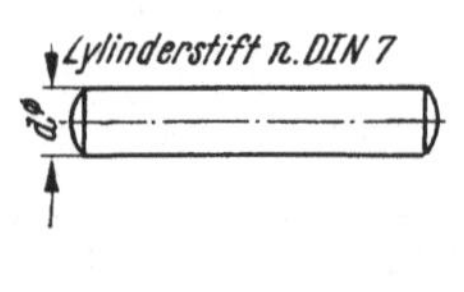

Abb. 465.

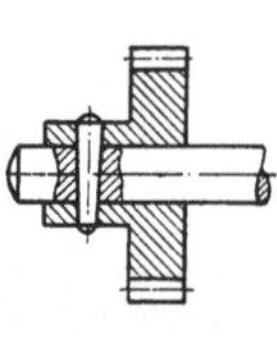

Abb. 466.

bindungen, für die sowohl Kegelstift als Zylinderstift Verwendung finden, und es gibt Verbindungen, für die nur der Kegelstift oder der Zylinderstift anwendbar ist (Abb. 465).

Für die Verbindung von Zahnrädern, Buchsen, Stellringen u. dgl. auf Wellen wird sowohl der Kegelstift wie der Zylinderstift verwendet (Abb. 466).

Die Abb. 467 und 468 zeigen zwei typische Beispiele von Kegelstiftverbindungen, nämlich die Befestigung einer Uhrfeder und die Befestigung eines durch eine Platine gesteckten prismatischen Zapfens. In beiden Fällen ist die Verwendung eines Kegelstiftes vorzuziehen, weil er zugleich die Funktion eines Keiles übernehmen muß.

Die Lagesicherung zweier, durch Ver-

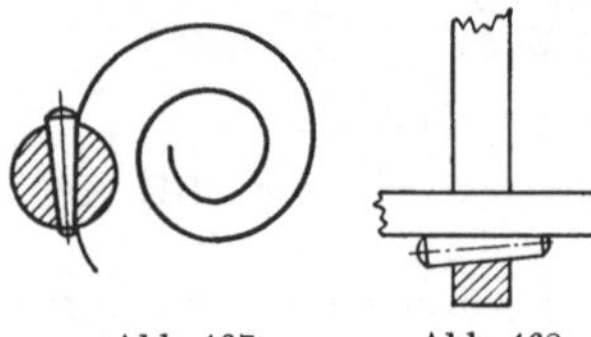

Abb. 467.   Abb. 468.

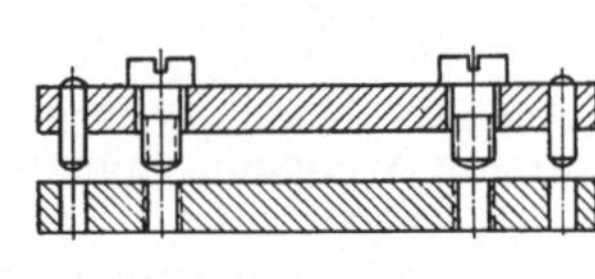

Abb. 469.

schrauben verbundener Teile mittels Zylinderstift, als typisches Beispiel für die Anwendung von Zylinderstiften, ist in Abb. 469 dargestellt.

8. Berechnung und Gestaltung von Verstiftungen. Meist haben Stifte neben der Aufgabe der Verbindung zweier Teile auch noch Kräfte zu übertragen und müssen dann auf Festigkeit berechnet werden.

Für die in Abb. 470 und 471 dargestellten Verstiftungen errechnet sich das Drehmoment zu:

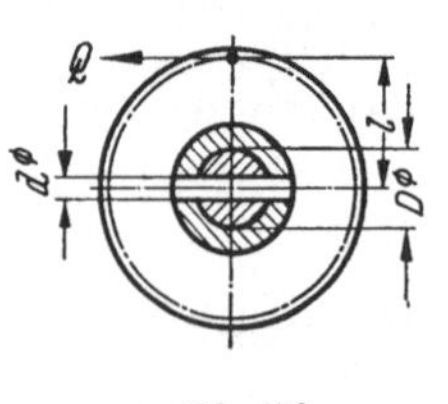

Abb. 470.

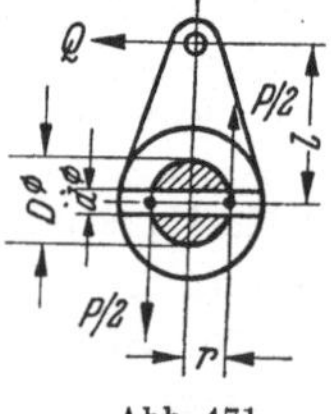

Abb. 471.

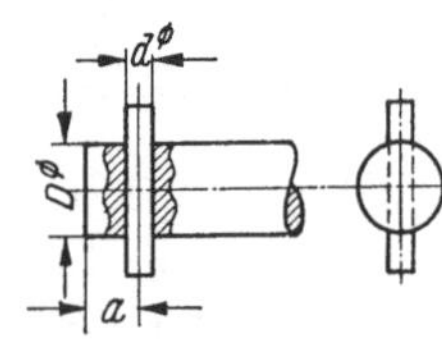

Abb. 472.

$$M_d = Q\,l.$$

Dieses Drehmoment muß der zur Verbindung dienende Stift aufnehmen. Der Stift wird von zwei, im Abstand r vom Wellenmittelpunkt wirkenden Kräften $P/2$ auf Abscheren beansprucht.

$$P = \frac{Q\,l}{r}.$$

Der erforderliche Querschnitt für den Stift errechnet sich dann zu:

$$F = \frac{P}{2 \cdot \tau_{zul}}.$$

τ_{zul} = zulässige Spannung in kg/cm².

Als Werkstoff wird für Stifte Flußstahl St. 60.11 verwendet (Zugfestigkeit = 60 bis 80 kg/mm²).

Als zulässige Spannung τ_{zul} für diesen Werkstoff kann man rechnen mit 800 kg/cm².

Um zu einem brauchbaren Verhältnis von Stift- und Wellenabmessung zu kommen, kann man etwa nach folgender Faustformel rechnen:

$$d \leqq \tfrac{1}{3} D \qquad \text{(Abb. 472).}$$

Der Abstand von der Stiftbohrung bis zum Wellenende soll betragen:

$$a \geqq 1,5\, d \qquad \text{(Abb. 472).}$$

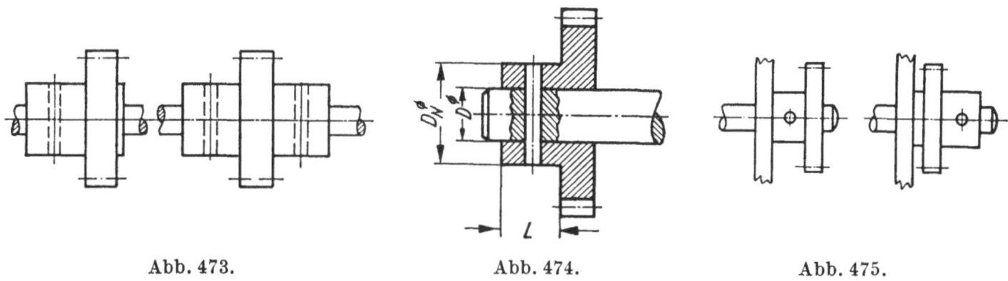

Abb. 473.　　　　　　　Abb. 474.　　　　　　　Abb. 475.

Bei größeren zu übertragenden Drehmomenten und gegebenem Wellendurchmesser sieht man zweckmäßigerweise zwei Stifte vor, um die Welle nicht unnötig zu schwächen (Abb. 473).

Unter Zugrundelegung von Naben, Buchsen, Zahnrädern u. dgl. aus Stahl können nachfolgende Richtwerte angenommen werden (Abb. 474):

D	bis 20	20 bis 50
D_N	2,5 D	2 D
L	1,5 bis 2 D	

Fliegend gelagerte Zahnräder werden zweckmäßiger nicht nach der ersten, sondern nach der zweiten in Abb. 475 dargestellten Art verstiftet.

In seltenen Fällen, meist aus Platzgründen, wird der Stift als Axialstift angebracht (Abb. 476).

Nachfolgende Richtwerte können für die Abmessungen angenommen werden:

D	bis 8	8 bis 15	15 bis 30	30 bis 120
d	$\dfrac{D}{2}$	$\dfrac{D}{2,5}$	$\dfrac{D}{3}$	$\dfrac{D}{4}$

Bei Verwendung eines Zylinderstiftes als Stellstift zur genauen Lagesicherung eines Bauteiles wird das überstehende, freie Ende nach Möglichkeit nicht länger als $a = 1,5 \cdot d$ ausgeführt (Abb. 477).

Dabei wählt man die Entfernung der beiden Stifte möglichst groß. Die im

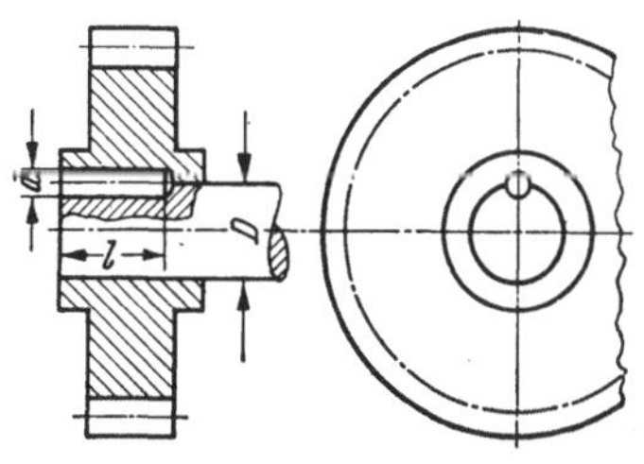
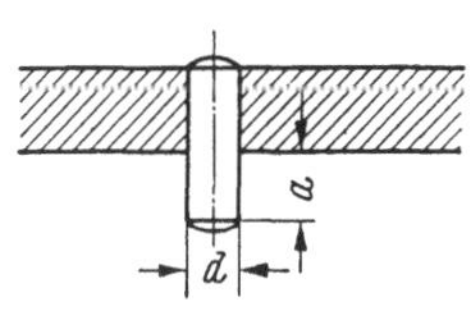
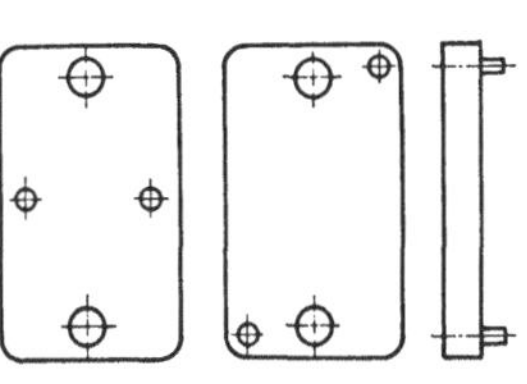

Abb. 476.　　　　　　　Abb. 477.　　　　　　　Abb. 478.

ersten Beispiel gezeigte Anordnung ist demnach ungünstiger als die Ausführung nach dem zweiten in Abb. 478 gezeigten Beispiel.

Im Vorrichtungsbau, Werkzeugbau u. dgl. werden häufig Verbindungen zum Spannen gebraucht, die immer wieder gelöst werden müssen. In solchen Fällen ist die Verwendung eines Kegelstiftes notwendig (Abb. 479).

Ein Kegelstift als Verbindungselement für zwei Blechteile, wobei die Keilwirkung des Stiftes ausgenutzt wird, um eine gute Anlage der beiden zu verbindenden Teile zu erreichen, ist in Abb. 480 als besonders typisches Beispiel für eine solche Verbindung dargestellt.

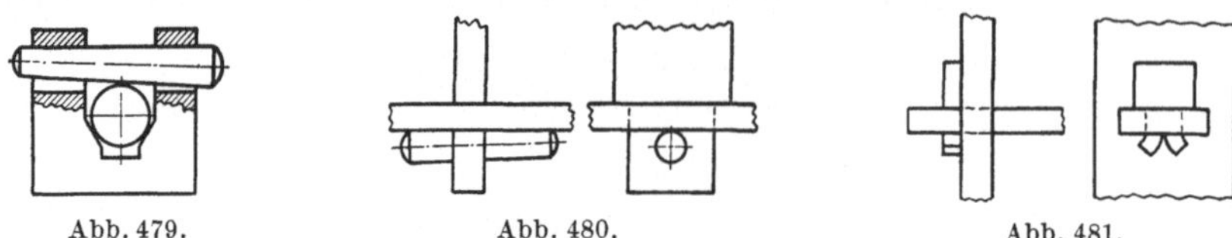

Abb. 479.   Abb. 480.   Abb. 481.

Mitunter muß der Stift prismatische Formen annehmen. Die Verbindung ähnelt der im vorhergehenden Beispiel gezeigten Verstiftung. Sie hat den Vorteil, daß die Verstiftung gegen selbsttätiges Lösen des Stiftes gesichert ist, dagegen fällt die Keilwirkung weg. Die gute Anlage der beiden Teile wird also nicht erreicht werden (Abb. 481).

Eine Verstiftung, bei der der Stift als Gelenkbolzen verwendet wird, zeigt Abb. 482.

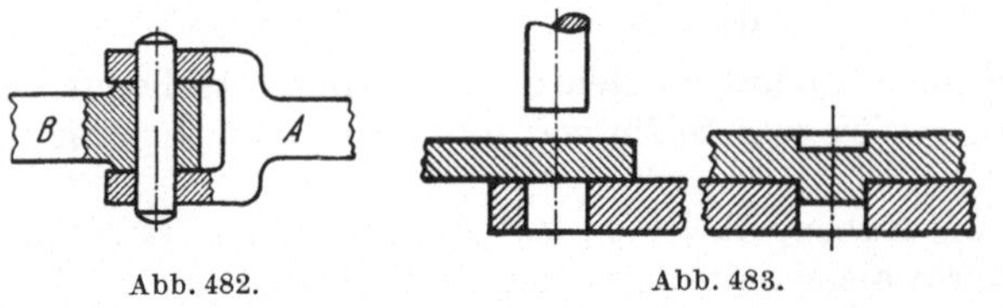

Abb. 482.   Abb. 483.

Der Festsitz kann dabei entweder in den Schenkeln des mit A bezeichneten Bauteiles oder im Bauteil B sein, wobei der Laufsitz dann in den Schenkeln des Bauteiles A vorzusehen wäre.

Ein Zwischending zwischen einer Verstiftung und Vernietung stellt die Verbindung zweier Bleche dar, bei welcher durch unvollständiges Ausstoßen eines Bolzens aus dem einen Blech dieser in die Bohrung eines anderen Bleches eindringt und sich dort festkrallt (Abb. 483). Die Güte einer solchen Verbindung hängt von der Wahl der Abmessung für Bolzen und Bohrung ab.

9. Ersatz von Verstiftungen. Eine der gebräuchlichsten Methoden, Verstiftungen zu ersetzen, ist das Rändeln der Achse und Aufdrücken des zu befestigenden Teiles (Abb. 484). (Näheres über diese Verbindungsart unter „Verpressungen".)

Ein selten angewandter Verstiftungsersatz für die Übertragung kleiner Drehmomente ist das Löten (Abb. 485).

Bei geringen Kräften genügt mitunter auch das Festlacken.

Als vollwertiger Verstiftungsersatz muß auch die

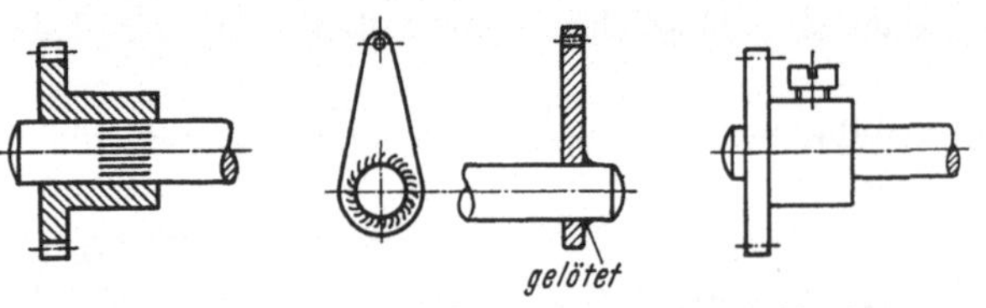

Abb. 484.   Abb. 485.   Abb. 486.

Stellschraube genannt werden. Sie hat sich gut bewährt, wenn die zu übertragenden Drehmomente nicht zu groß sind (Abb. 486). (Näheres unter „Verschraubungen auf Achsen und Wellen".)

Auch Idealscheibe, Splintscheibe und Seegerring können häufig als axiale Begrenzung und damit als Ersatz für eine Verstiftung (verstifteter Stellring od. dgl.) verwendet werden. Die handelsübliche Splintscheibe hat, wenn sie als axiale Begrenzung verwendet werden soll, gegenüber der Idealscheibe den Nachteil, daß sie besonders im Schlitz Grat aufweist und deshalb nur mit einer Scheibe zusammen verwendet werden soll (Abb. 487). Außerdem muß sie nach dem Aufschieben zusammengedrückt werden, während die Idealscheibe in radialer Richtung federt und eingespreizt werden kann.

Als Sicherung oder axiale Begrenzung für zylindrische Achsen mit kleinem Durchmesser in empfindlichen Geräten eignet sich die in Abb. 488 dargestellte, kleine konische Schraubenfeder. Die Feder haftet gut auf der Achse, sie wird mit einer Spezialzange, die die Feder aufgehend verdreht, auf die Achse aufgebracht und kann auf dieselbe Weise auch wieder abgenommen werden. Die

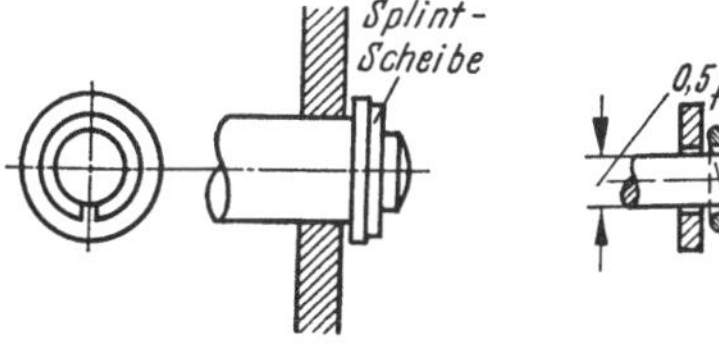

Abb. 487.

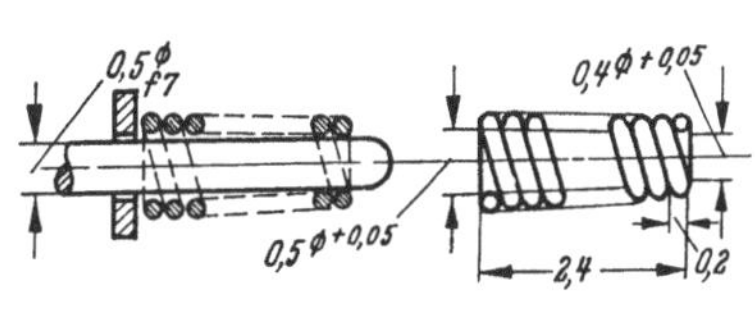

Abb. 488.

angegebenen Maße beziehen sich auf eine Achse mit 0,5 mm Achsdurchmesser.

Vor der Anwendung von Ersatzverstiftungen muß überlegt werden, ob nicht eine grundsätzlich andere Verbindungsart die Verstiftung überhaupt ersetzt. Im nachfolgenden sollen einige solcher Möglichkeiten gezeigt werden.

Eine formschlüssige Verbindungsart als Verstiftungsersatz ergibt sich aus der Verwendung von Profilachsen, wenn die aufzuschiebenden Teile Stanz- oder Preßteile sind, die Herstellung des Vierkant- oder Sechskantloches also keine Schwierigkeiten macht. Die Profilachsen (Vierkant, Sechskant und ähnlich) und deren Bearbeitung sind nicht teurer als runde Achsen (Abb. 489).

Für die Übertragung größerer Drehmomente werden im Getriebebau oft Wellen und Naben nach Abb. 491 benutzt. Sie haben gegenüber den Paßfedern (Abb. 490), Gleitfedern und Scheibenfedern den Vorteil, daß die Wellen nicht durch Nuten geschwächt werden. Diese sogenannten Keilwellenprofile sind unter DIN 5461 bis 5465 genormt (Abb. 491).

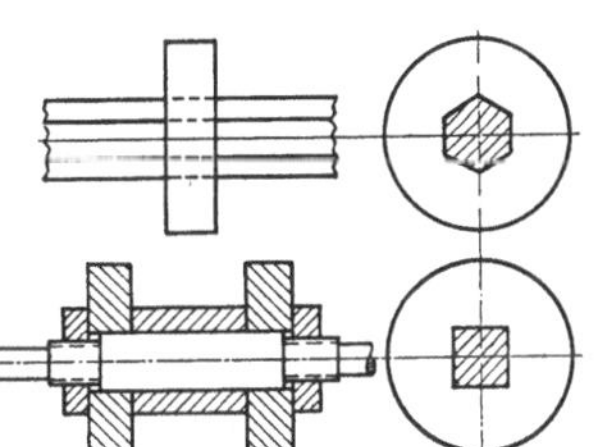
Abb. 489.

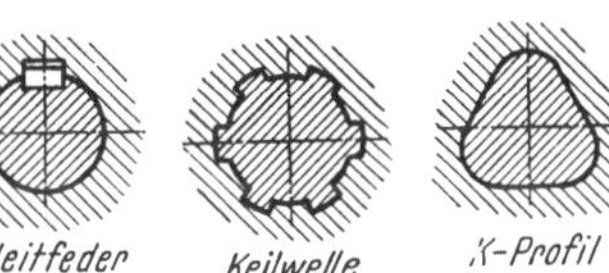

Abb. 490—492.

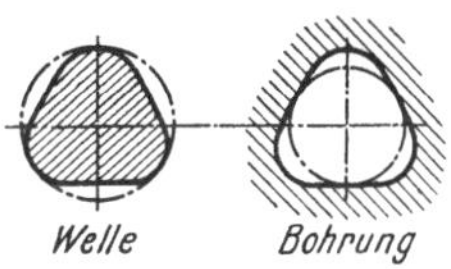

Abb. 493.

Festigkeitsmäßig noch günstiger als diese Keilwellen sind die K-Profile. In Abb. 492 und 493 ist das Profil von Welle und Bohrung dargestellt. Das Profil hat die Form eines Dreiecks mit abgerundeten Ecken. Es wird bei Welle und Bohrung geschliffen. Das K-Profil kann auch als Profilkegel ausgeführt werden. Ein besonderer Vorteil ergibt sich für die Befestigung von Rädern, die auf der Welle verschoben, aber formschlüssig mit ihr verbunden sein müssen. Wenn diese Verbindungsart zwar vorzugsweise in den Maschinenbau gehört, soll sie doch der Vollständigkeit halber, und mit Rücksicht darauf, daß sie sich gut bewährt hat, erwähnt sein (Abb. 494 bis 496).

Das Aufreiben der Stiftbohrungen kann vermieden werden bei Spannstiften, deren Außendurchmesser etwas größer ist als die Bohrung. Die Federung des aus Bandfederstahl gewalzten Spannstiftes ergibt einen guten Sitz. Die Verbindung wird leicht und werkstoffsparend. Abmessungen nach DIN 1481 (Abb. 497).

Auch gezogene Blechnäpfchen können als brauchbarer, mittelbarer Stellstiftersatz verwendet werden. Der Stellstiftersatz wird in das eine Bauteil eingedrückt und in eine entsprechende kleinere Bohrung des darunterliegenden Bauteiles durchgezogen. Der Vorteil gegenüber einer der üblichen Stellstiftverbindungen

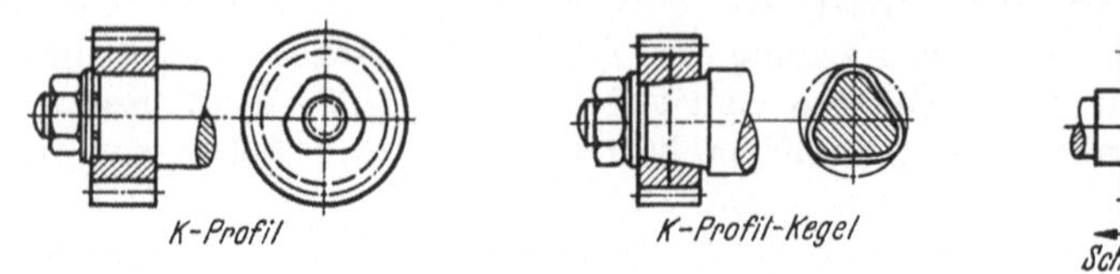

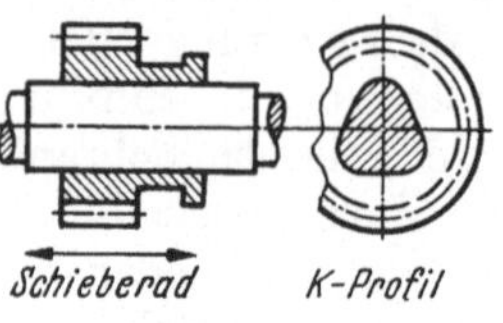

Abb. 494.
Abb. 495.
Abb. 496.

besteht darin, daß die Löcher in beide Bauteile, deren Lage zueinander gesichert werden soll, vorher gebohrt werden können. Im ersten Fall ist dargestellt, wie die Verbindung aussieht, wenn beide Löcher genau übereinanderliegen, wie das auch der Fall sein sollte oder zumindest angestrebt werden soll. Im zweiten Beispiel ist gezeigt, wie die Verbindung aussieht, wenn eine Verschiebung zwischen den beiden Bauteilen zum Zwecke der Einstellung der beiden Teile zueinander notwendig wird oder sich durch Fabrikationsungenauigkeiten ergibt. Das Ziehen des

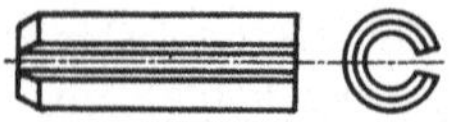

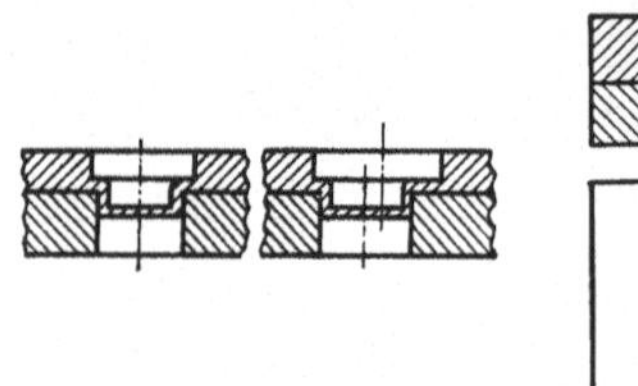

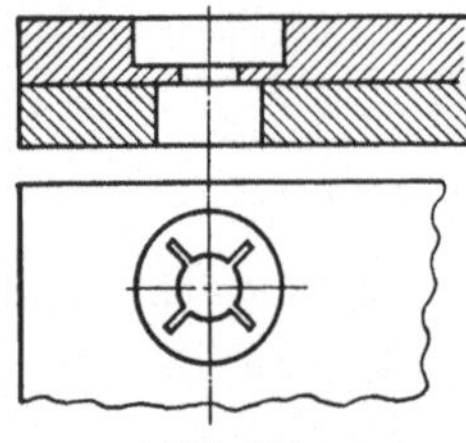

Abb. 497.
Abb. 498. 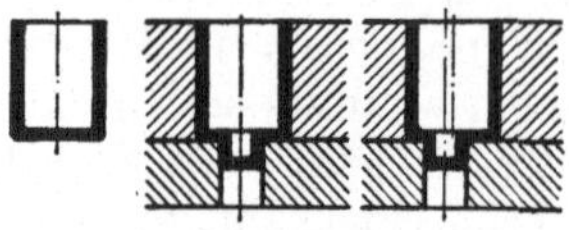
Abb. 499. 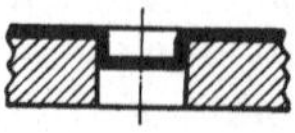

zweiten kleineren Topfes geschieht mit einem zangenartigen Werkzeug, welches das untere Loch als Aufnahme benutzt und von oben auf den Boden des Topfes drückt (Abb. 498).

Diese Art eines Verstiftungsersatzes kann auch als unmittelbarer Stellstiftersatz ausgebildet werden, wenn man eines der beiden Bauteile dazu heranzieht. In Abb. 499 wird gezeigt, wie ein Bauteil, in diesem Fall ein dünneres Blech, gegen das untere Bauteil in seiner Lage zu diesem gesichert wird.

Dickere Bauteile können durch Flachsenken geeignet gestaltet werden (Abb. 500).

Wenn nötig, kann das Durchziehen erleichtert werden, wenn man das eine Bauteil so gestaltet, wie das in Abb. 501 dargestellt ist.

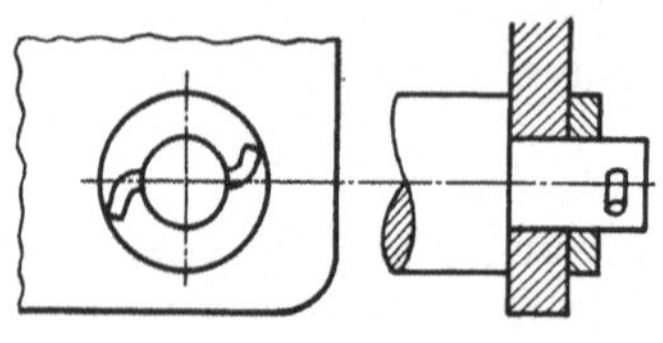

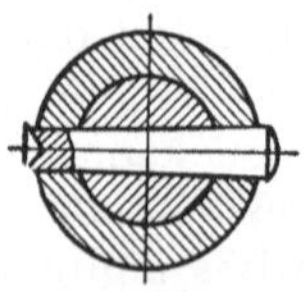

Abb. 500.
Abb. 501.

10. Sicherung von Verstiftungen. An Stelle eines Stiftes wird für untergeordnete Zwecke Draht verwendet. Durch Umlegen der beiden Drahtenden wird die Verstiftung gesichert (Abb. 502).

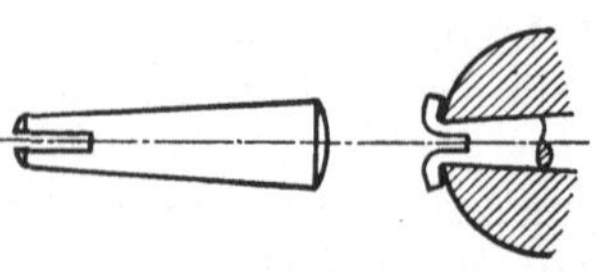

Abb. 502.
Abb. 503.
Abb. 504.

Abb. 503 zeigt die Sicherung einer Kegelstiftverbindung durch Körner- oder Meißelschlag, eine Sicherungsart, die nur selten angewendet werden kann. Überdies besteht die Gefahr, daß die Verstiftung bei der Sicherung gelöst wird. Man verwendet deshalb zweckmäßiger einen Kegelstift mit Schlitz. Die Sicherung, erfolgt durch Umlegen der beiden Lappen (Abb. 504).

Für Verstiftungen, die wieder gelöst werden müssen und gegen Verdrehen oder selbsttätiges Lösen gesichert sein müssen, verwendet man häufig Splinte. Sie sind leicht zu montieren und zu demontieren, dürfen aber nur einmal verwendet werden (Abb. 505).

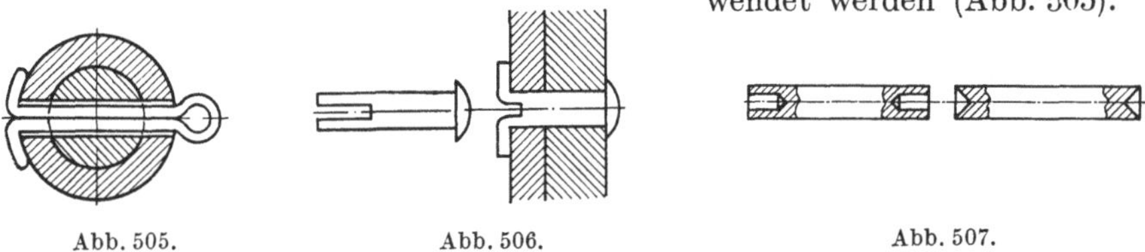

Abb. 505.   Abb. 506.   Abb. 507.

Auch ein nietähnlicher Stift mit geschlitztem Schaft, der nach Art des Splintes verwendet wird, eine bessere Passung zuläßt und auch besser aussieht, wird verwendet (Abb. 506).

Die in DIN 7341 festgelegten Nietstifte sind zylindrische Stifte mit Bohrung oder kegeliger Senkung (Abb. 507), deren Enden nach der Montage aufgeweitet oder leicht umgenietet werden und damit die Verstiftung sichern (Abb. 508).

Die Sicherung einer Verstiftung durch Körnerschlag in den Stift, wobei die Stiftabmessung so gewählt werden muß, daß er etwas über das Bauteil hinausragt, zeigt Abb. 509.

Ähnlich ist die Sicherung einer Verstiftung durch Körnerschlag in das Bauteil, wobei der Stift etwas zurückstehen muß (Abb. 510).

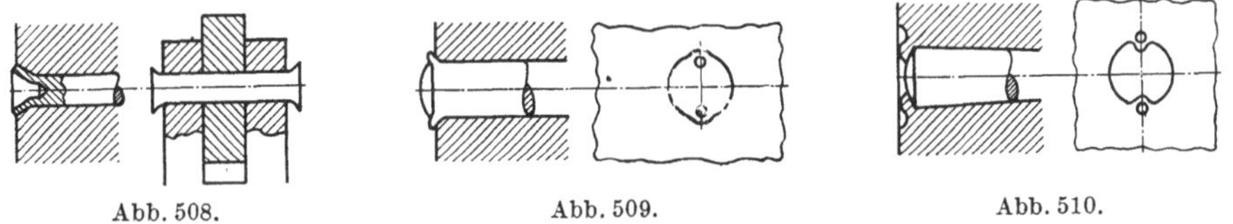

Abb. 508.   Abb. 509.   Abb. 510.

Es gibt auch besonders gestaltete Kegelstifte mit Gewinde als Sicherung gegen Lösen, wobei aber die Verschraubung ihrerseits besonders gesichert werden muß (Abb. 511).

Einen Sonderfall stellt die Sicherung einer Kegelstiftverbindung mittels zusätzlichem Sprengring, der den Kegelstift gegen Lösen und Herausfallen sichert, dar (Abb. 512).

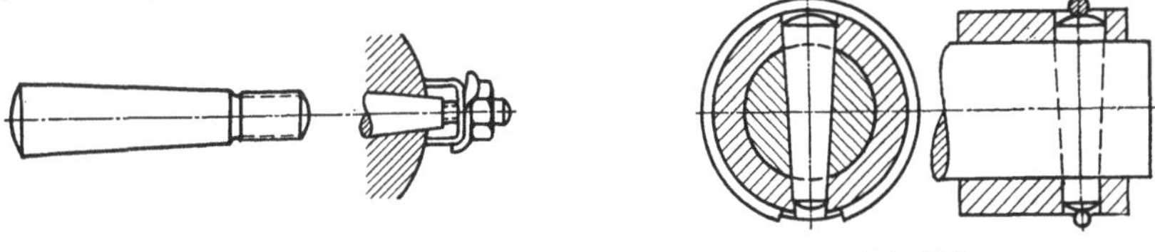

Abb. 511.   Abb. 512.

Ähnlich ist die Sicherung gegen Lösen durch einen, zu einer Art Sprengring ausgebildeten Stift (Vereinigung von Sprengring und Stift), wie in Abb. 513 dargestellt. Es handelt sich dabei um die Sicherung eines Bauteiles, das, mit einem Muttergewinde versehen, auf einem anderen Bauteil mit Bolzengewinde und einem oder mehreren Löchern verstellt werden kann.

Abb. 514 zeigt die Sicherung einer Verstiftung durch eine besondere topfartige Scheibe und eine Feder. Die Sicherung ist gut geeignet für Verstiftungen, die oft gelöst werden müssen, da ein Festsitz zwischen Stift und Welle nicht nötig ist, weil der Stift gleichzeitig gegen Herausfallen gesichert ist.

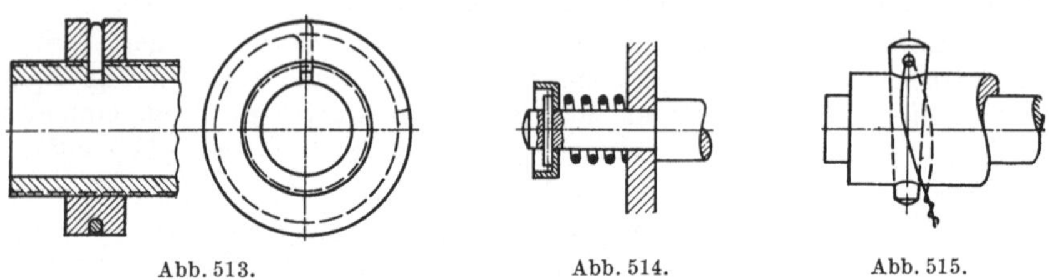

Abb. 513. Abb. 514. Abb. 515.

Eine Sicherung, die verhältnismäßig selten angewendet wird, ist die Sicherung eines Kegelstiftes mittels Draht. Der Kegelstift erhält zu diesem Zweck ein Loch. Die Sicherung selbst geschieht nach Abb. 515.

F. Blechsteppen.

Blechsteppen ist eine Verbindungsart für dünne Bleche. Die Verbindung geschieht durch U-förmig gebogene Klammern aus Stahldraht. Diese Klammern werden ohne vorherige Lochung der zu verbindenden Bleche in der Blechsteppmaschine durch die Bleche gestoßen und die Drahtenden umgelegt. Verwendet werden Drähte mit hoher Festigkeit und einem rechteckigen Querschnitt von $1 \times 1,2$ mm bis $1,4 \times 1,7$ mm (Abb. 516).

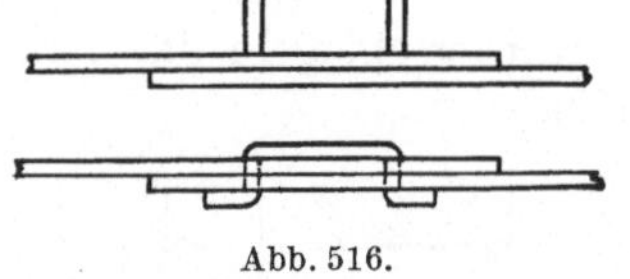

Abb. 516. Abb. 517.

Bei geeigneten Blechen kann, des besseren Aussehens wegen, das Blech so weit durchgedrückt werden, daß der Klammerrücken nicht mehr vorsteht (Einziehsteppung) (Abb. 517).

Gesteppt werden können Bleche bis zu einer Gesamtstärke der zu verbindenden Bleche von etwa 2 mm. Bleche aus weichen Metallen, Aluminium u. dgl. können bis zu einer Gesamtblechstärke von etwa 5 mm gesteppt werden. Auch die Verbindung von Blech und Holz ist möglich.

Die Abb. 518 und 519 zeigen eine einfache Blechverbindung und eine solche mit Falzrand.

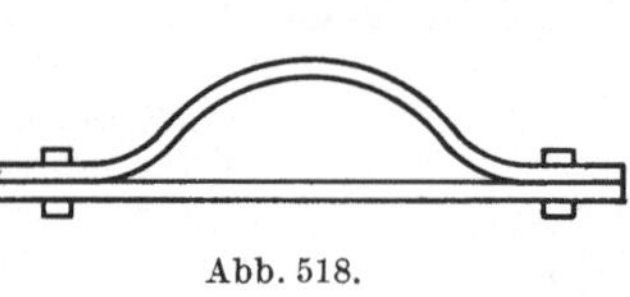

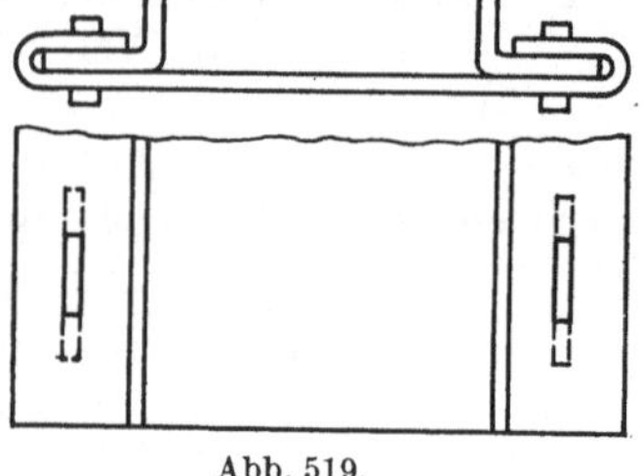

Abb. 518. Abb. 519.

Je nach der Richtung, in der die Steppnaht verläuft, unterscheidet man zwischen Längssteppen (Abb. 520) und Quersteppen (Abb. 521).

Das Blechsteppen hat sich besonders im Leichtmetallbau gut eingeführt, und ist dort, wo es zweckmäßig angewendet werden kann, wirtschaftlicher als Nieten.

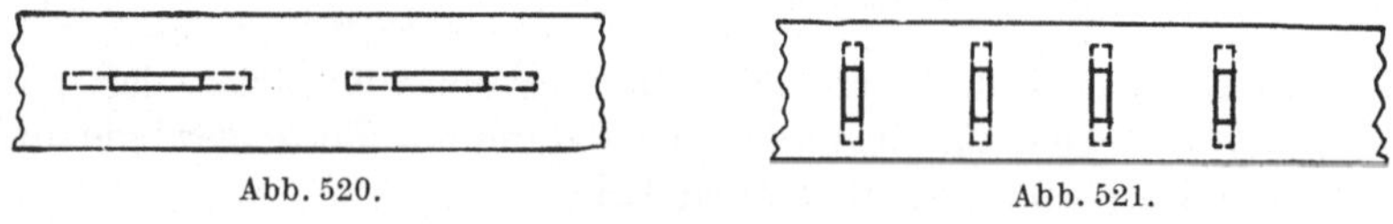

Abb. 520. Abb. 521.

G. Falzverbindungen.

Falzen dient zur Verbindung von Blechteilen oder zur Verstärkung von Blechrändern. Die notwendigen Vorarbeiten, das sogenannte „Vorrichten" der Bleche, geschieht auf verschiedene Weise je nach Form der Blechkante.

Bei geraden Blechkanten spricht man von „Abkanten", bei runden Blechteilen werden die Blechkanten „umgebördelt" und nach dem Abkanten bzw. Umbördeln „umgeschlagen": a) Abkanten, b) Umschlagen, c) einfacher Falz.

Das Abkanten und Umschlagen geschieht von Hand mit Umschlageisen und Holzhammer oder auf der Abkantmaschine (Abb. 522).

Der doppelte Umschlag wird auf die gleiche Weise hergestellt (Abb. 523).

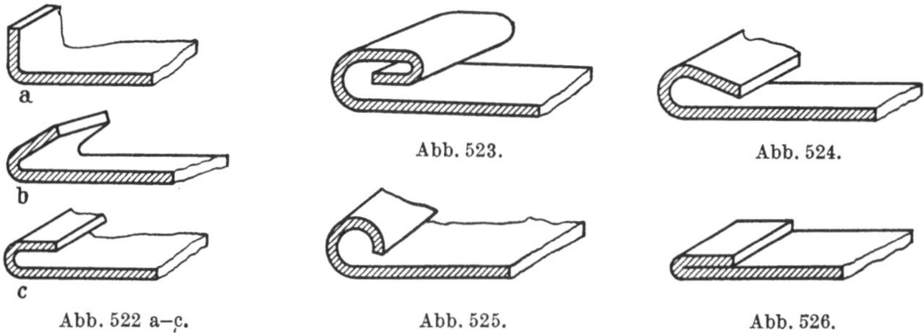

Abb. 523.   Abb. 524.

Abb. 522 a–c.   Abb. 525.   Abb. 526.

Der Hohlumschlag wird gerundet vorgeholt und dann nur so weit umgelegt, bis die Kante das Blech wieder berührt (Abb. 524).

Der runde Hohlumschlag ist selten, weil er in der Herstellung zu teuer ist (Abb. 525).

Auch ein gänzliches Umschlagen wird selten ausgeführt, weil viele Materialien dabei reißen (Abb. 526).

Beim Vorzeichnen der Bleche kann man als Zugabe rechnen: für einen einfachen Falz die dreifache Falzbreite, für einen doppelten Falz die fünffache Falzbreite.

Die Verbindung selbst entsteht durch das Ineinanderhängen der beiden vorgearbeiteten gefalzten Teile (Abb. 527).

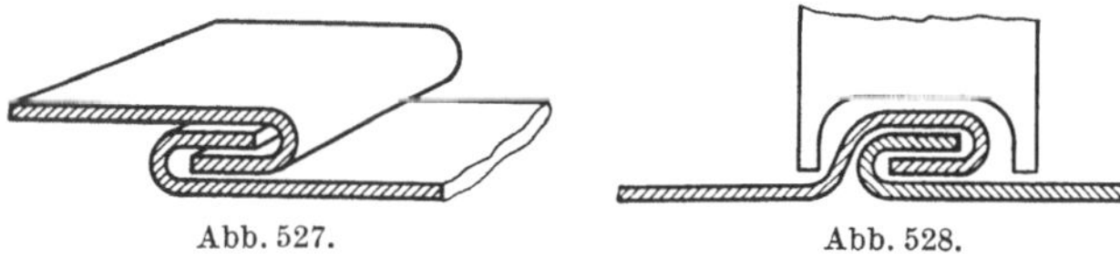

Abb. 527.   Abb. 528.

Die nötige Sicherheit und Festigkeit erhält die Falzverbindung (im Beispiel einfacher, liegender Falz) durch das sogenannte „Durchsetzen" mit dem Falzmeißel oder der Sickenmaschine (Zudrückmaschine) (Abb. 528).

Ein einfacher Bodenfalz entsteht durch das Umschlagen des Teiles *1* und das anschließende Umschlagen des Falzes zu einem stehenden Falz, wie in Abb. 529 dargestellt.

Ein doppelter Falz entsteht, wenn die beiden zu verbindenden Teile vorgerichtet, zusammengeschoben und der Teil *1* über den Teil *2* herumgeholt und zusammengedrückt werden (Abb. 530).

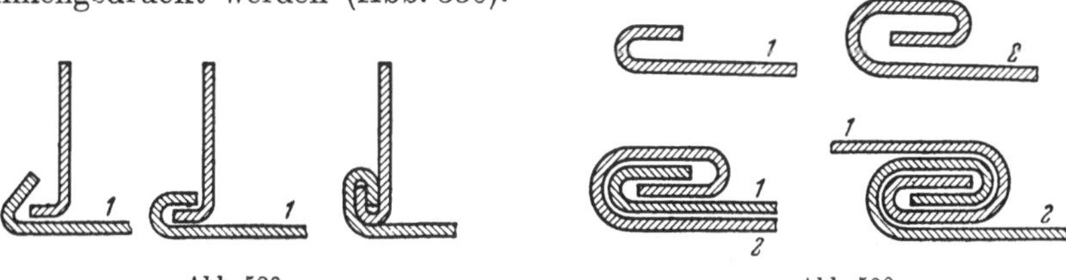

Abb. 529.   Abb. 530.

Abb. 531 zeigt eine Falzverbindung mittels besonderem Falzstreifen.

Abb. 531. Abb. 532 u. 533.

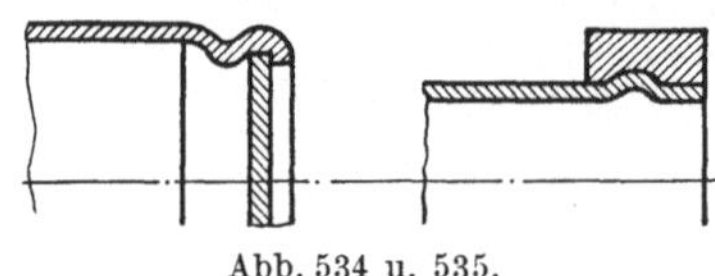

Abb. 534 u. 535.

Eine dem Falzen verwandte Verbindungsart ist das Sicken. Derartige Verbindungen werden vorwiegend auf der Sickenmaschine mit Sickenrollen hergestellt, insbesondere für runde Teile, Rohre untereinander oder rohrähnliche Teile mit Drehteilen. (Verwandt mit Einrollen — Einbördeln) (Abb. 532 bis 535.)

H. Klemmverbindungen.

Klemmverbindungen sind meist lösbare, aber auch unlösbare Verbindungen von Bauteilen, wobei die Lage der Bauteile zueinander oder die Güte der Verbindung lediglich durch eine mehr oder weniger große Reibung gewährleistet wird.

Die Reibung wird entweder durch ein besonderes Verbindungselement, z. B. Schraube oder Keil, erzielt, oder die Bauteile werden so gestaltet, daß ein besonderes Verbindungselement nicht nötig ist. (Klemmverbindungen, bei denen eine Schraube verwendet wird, sind unter Schraubverbindungen behandelt.)

Für die Güte jeder Klemmverbindung ist der durch das jeweilige Verbindungselement erzielte Kraftfluß und die zwischen den verbundenen Teilen entstehende Reibungskraft maßgebend (Abb. 536).

Abb. 536. Abb. 537. Abb. 538.

Nur durch Vermehren der Flächenzahl in Richtung des Kraftflusses kann eine Vergrößerung der Reibungskraft erzielt werden. In Abb. 537 also die verdreifachte Reibungskraft gegenüber Abb. 536, trotz gleichbleibendem Druck erreicht worden. Von dieser Möglichkeit wird Gebrauch gemacht bei Lamellenklemmen, Steckerleisten, Kupplungen u. dgl.

Eine Vergrößerung der Berührungsfläche (Reibungsfläche) und gleichbleibendem Druck bringt nur eine Verringerung des spezifischen Flächendruckes und keine Vergrößerung der Reibungskraft (Abb. 538).

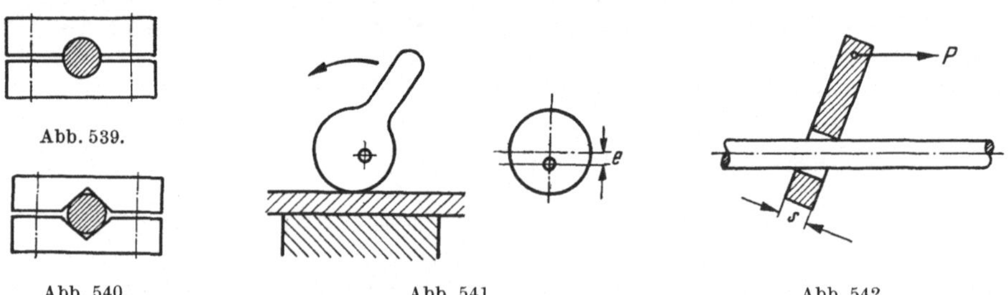

Abb. 539.

Abb. 540. Abb. 541. Abb. 542.

Für die Gestaltung von Klemmverbindungen in bezug auf die Reibungskraft ist es deshalb, wie in Abb. 539 und 540 gezeigt, gleichgültig, wie die Teile gestaltet werden. Es besteht lediglich die Gefahr, daß in dem in Abb. 540 gezeigten Beispiel durch die größere spezifische Flächenpressung das eine oder andere Teil leichter deformiert wird als in Abb. 539, ein Umstand, der in manchen Fällen erwünscht sein kann.

Der Keil als Klemmelement findet meist in Verbindung mit Schrauben Verwendung (siehe auch „Die Schraube bei Klemmverbindungen"). Dagegen ist der Exzenter (der in seiner Abwicklung wieder mit dem Keil vergleichbar ist) häufiger zu finden. Maßgebend für die Klemmwirkung ist die Exzentrizität e (Abb. 541).

Eine Klemmverbindung, bei der kein besonderes Verbindungselement verwendet wird, wird durch das sogenannte „Ecken" erzielt (Abb. 542).

Der Effekt des „Eckens" tritt auf bei schlecht geführten Teilen. Die Güte dieser Klemmverbindung hängt ab von der Kraft P, der Dicke s des einen Bauteiles und dem Verhältnis von Bohrung und Zapfendurchmesser.

Beispiele für die Anwendung des Eckens zeigen die Abb. 543 und 544, bei denen eine Stange in axialer Richtung beliebig verstellt und in ihrer Lage gesichert werden soll. Unterschiedlich ist dabei lediglich die Anordnung der die Reibkraft erzeugenden Feder.

Ein gutes Beispiel, bei dem das „Ecken" als lösbare Verbindung zweier Bau-

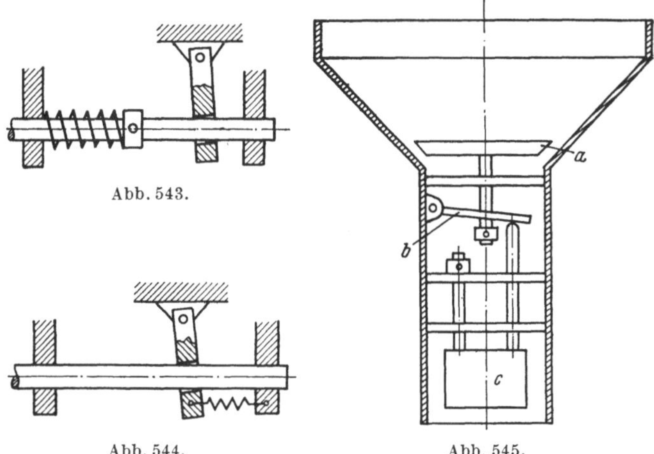

Abb. 543.

Abb. 544.

Abb. 545.

teile geschickt zur Anwendung gebracht wurde, ist ein Trichter, der sich selbst schließt, wenn ein Behälter gefüllt ist. Das Ventil a wird durch das Bauteil b in seiner Lage gehalten und die Verbindung lediglich durch das Ventilgewicht aufrechterhalten. Wenn der Schwimmer c durch die Flüssigkeit angehoben wird, wird die Verbindung gelöst, das Ventil fällt herab und schließt den Trichter (Abb. 545).

J. Renkverbindung.

Kennzeichnend für eine Renkverbindung (Bajonettverbindung) ist das Ineinanderschieben und anschließende Verdrehen der Bauteile, wobei es sich meistens um Verbindungen handelt, die schnell lösbar und ebenso schnell wieder herstellbar sein müssen.

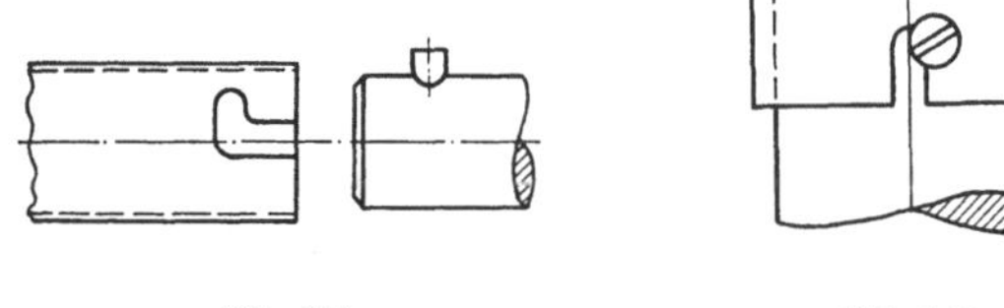

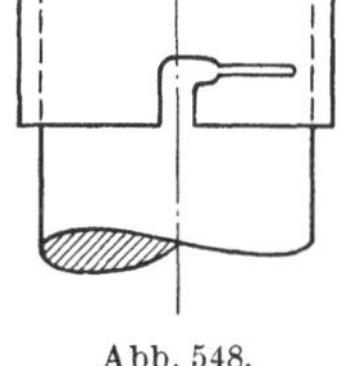

Abb. 546.

Abb. 547.

Abb. 548.

Das Prinzip zeigt die Abb. 546. Die praktische Ausführung ist recht unterschiedlich und vielgestaltig. Der Stift, der in den rechtwinkligen Schlitzen des Rohres eingreift, wird auch als Schraube oder Lappen ausgebildet. Vor allem, um die Renkverbindung gegen selbsttätiges Lösen zu sichern, werden hauptsächlich Schrauben verwendet, worunter allerdings die schnelle Verwendbarkeit leidet, weil erst die Schrauben gelöst werden müssen (Abb. 547).

Wenn keine besonderen Beanspruchungen vorliegen, gestaltet man Renkverbindungen so, daß ein Bauteil federnd ausgebildet und auf diese Weise eine Sicherung der Verbindung erzielt wird (Abb. 548).

Eine gute Sicherung, die einer selbsttätigen Rastwirkung (Riegelwirkung) gleichkommt, wird durch besondere Gestaltung des Schlitzes und einer zusätzlichen Feder erzielt und dann gerne angewendet, wenn aus anderen Gründen (Kontakte bei Glühlampen) ohnedies eine Feder nötig ist (Abb. 549).

Am häufigsten jedoch wird der Schlitz so gestaltet, daß eine Keilwirkung zustande kommt, wobei die Renkverbindung wieder der Schraubverbindung ähnlich wird. Die Sicherung hängt wie bei der Schraubverbindung vom Steigungswinkel ab. Ein kleiner Steigungswinkel, der eine größere Sicherheit bietet,

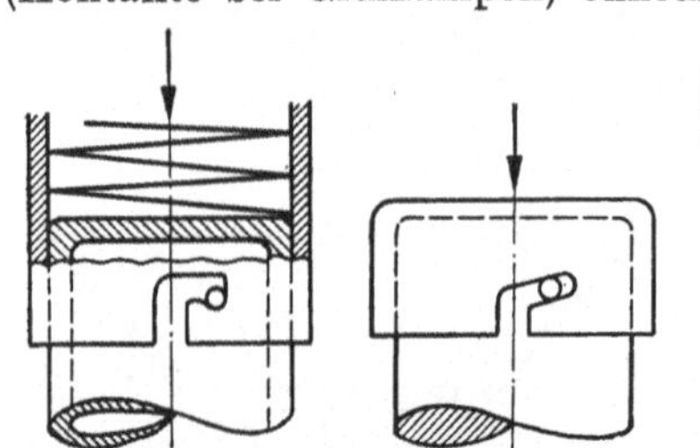
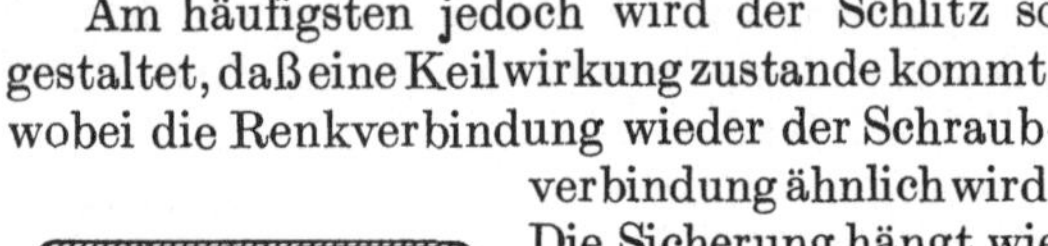

Abb. 549.   Abb. 550.   Abb. 551.

tet, bedingt einen größeren Drehungswinkel bei der Renkverbindung (Abb. 550).

Gerade von dieser Art einer Renkverbindung, die eigentlich eine Zwischenlösung zwischen Schraub- und Renkverbindung darstellt, wird viel Gebrauch gemacht. Je nach Anzahl und Anordnung der Stifte sind diese Verbindungen mit ein- oder mehrgängigem Gewinde vergleichbar.

Die Gestaltung der Verbindung wird mitunter wesentlich beeinflußt von der Art der Fertigung. In Abb. 551 wird das eine Bauteil (Mutterteil) mit Gewinde versehen (z. B. aus Blech gedrückt), das andere Bauteil kann aus Gründen der Fertigung (Pressen, Gießen) kein Gewinde bekommen und erhält deshalb zwei wulstartige Erhebungen. Sofern diese sich auf derselben Höhe befinden, bedingt das für das Mutterteil ein zweigängiges Gewinde. Mehrgängige Gewinde haben wegen des größeren Steigungswinkels den Nachteil der geringen Sicherheit gegen selbsttätiges Lösen.

Eine ähnliche Anordnung, bei der beide Teile ohne Gewinde und nur mit wulstartigen Erhebungen versehen sind, zeigt Abb. 552 (Dosenverschluß).

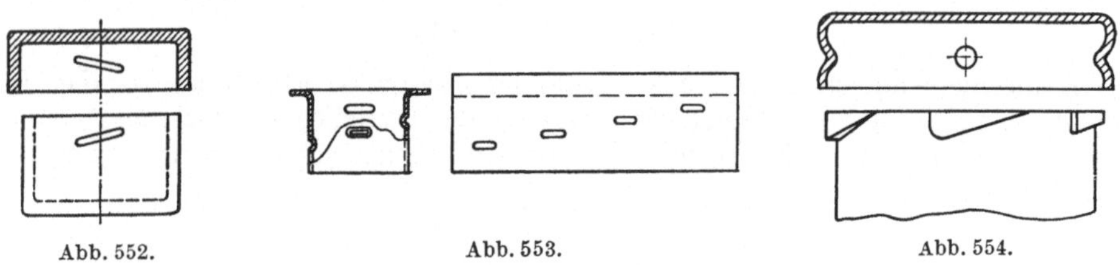

Abb. 552.   Abb. 553.   Abb. 554.

Ein Beispiel, bei dem die Renkverbindung wieder deutlich zum Gewindeersatz wird, zeigt die Abb. 553 (Ansicht mit Abwicklung) einer Lampenfassung für eine Taschenlampe. In diesem Falle sind vier Sicken gleichmäßig auf den Umfang verteilt.

Eine andere Ausführungsform zeigt Abb. 554 (Blechdeckel und gepreßter oder gegossener Topf). Es handelt sich dabei um eine Renkverbindung, die mit einem viergängigen Gewinde vergleichbar ist. Um den Topf leicht entformbar zu gestalten, wird das Gewinde durch vier Keile dargestellt. Das Muttergewinde (Deckel) wird in diesem Beispiel durch vier aus dem Blech gedrückte Warzen ersetzt.

K. Einbettungen.

Einbetten ist eine formschlüssige, nicht lösbare Verbindung, die dann entsteht, wenn ein Bauteil von einem zunächst flüssigen oder teigigen Stoff, der dann erhärtet, teilweise umschlossen wird und mit dem Bauteil einen guten Formschluß bildet. Meist stellt dieser Stoff selbst ein Bauteil dar, z. B. Kunstharzpreßteile, in die metallische Bauteile eingebettet werden. Man spricht in diesem Falle von einer unmittelbaren Einbettung.

Wenn man den Begriff des Einbettens sehr weit spannt, kann man auch das Einkitten und Einkleben dazuzählen und dann von einer mittelbaren Einbettung sprechen. (Strenggenommen darf man aber nur Verbindungen dazuzählen, die nicht nur geklebt, sondern darüber hinaus auch so gestaltet sind, daß ein Formschluß erreicht wird.)

Bei unmittelbaren Einbettungen handelt es sich meist um Verbindungen von metallischen Bauteilen mit Kunststoff oder mit Guß, vorwiegend Leichtmetallspritzguß.

Bei der Gestaltung derartiger Verbindungen sind eine Reihe von Gesichtspunkten zu beachten, wenn die Verbindung sicher gestaltet werden soll. Zunächst muß das einzubettende Bauteil so gestaltet sein, daß ein Formschluß möglich ist und dieser Formschluß auch eine Gewähr gegen Beanspruchungen, die an das Bauteil gestellt werden, bietet. Ferner muß auf die mitunter recht erheblichen Drücke und Temperaturen, denen das einzubettende Bauteil im Kunstharz und Guß ausgesetzt ist, Rücksicht genommen werden. Nicht zuletzt sei bei der Gestaltung der Bauteile auf den Einfluß des Schwindens hingewiesen und daran erinnert, daß die Teile so gestaltet sein müssen, daß eine Halterung in der Form während des Einbettens möglich ist.

Drehteile, die in Kunststoff eingebettet werden, müssen eine Lagesicherung erhalten, um den an sie gestellten äußeren Beanspruchungen zu genügen. Eine Einbettung, wie in Abb. 555 unter a dargestellt, ist zwar möglich, die Verbindung aber nicht gesichert. Die unter b dargestellte Verbindung, bei der das Drehteil mit einer Rille versehen ist, stellt nur eine Sicherung bei axialer Beanspruchung dar. Gegen axiale und drehende Beanspruchung gesichert ist die Verbindung nur, wenn sie, wie beispielsweise unter c dargestellt, gestaltet ist.

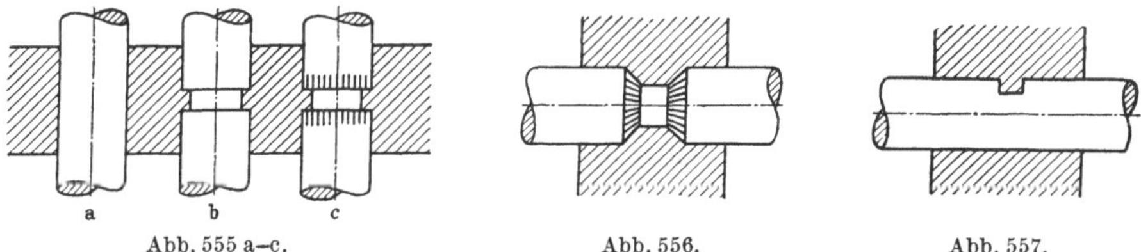

Abb. 555 a—c.   Abb. 556.   Abb. 557.

Bei tiefen Einstichen ist zu beachten, daß ein V-förmiger Einstich ein besseres Eindringen der Preßmasse ermöglicht als ein U-förmiger Einstich (Abb. 556).

Eine ausreichende Sicherung gegen beide Beanspruchungen erreicht man auch, wenn man, wie in Abb. 557 dargestellt, das Drehteil mit einem eingefrästen Schlitz versieht. Rillen, Rändel oder Kordel werden meist bevorzugt, weil sie nicht in einem besonderen Arbeitsgang und einer besonderen Einspannung hergestellt werden müssen.

In allen Fällen besteht die Gefahr, sofern die eingedrehte Rille oder der eingefräste Schlitz zu tief ist, daß bei dem meist unkontrollierbaren Druckverlauf in der Preßform das eingebettete Teil verbogen wird (Abb. 558).

Um das Bauteil durch Rille oder Schlitz nicht unnötig schwächen zu müssen, wird deshalb häufig als Ausgangsmaterial für Drehteile Profilmaterial (Vierkant oder Sechskant) verwendet (Abb. 559).

Besondere Vorsicht ist angebracht bei Bauteilen, die nur auf einer Seite aus dem Kunststoff herausragen und deshalb nur auf einer Seite in der Preßform gehalten werden können (Abb. 560 und 561).

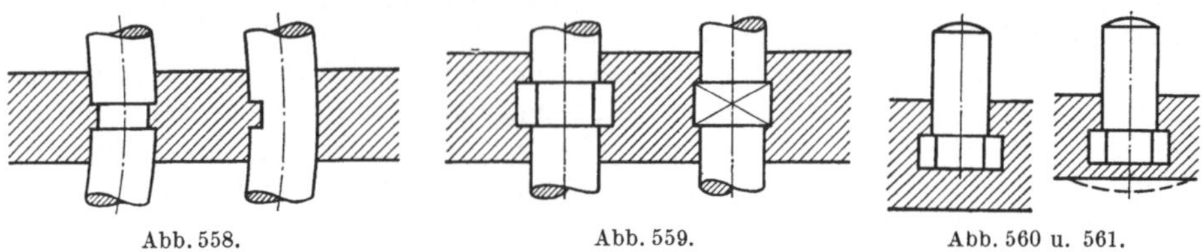

Abb. 558.   Abb. 559.   Abb. 560 u. 561.

Zunächst ist darauf zu achten, daß der freie Teil lang genug ist, um noch eine gute Halterung in der Form zu ermöglichen.

Der eingebettete Teil darf nicht zu kurz sein, weil sich sonst das Bauteil im Kunststoff markiert (gestrichelte Linie in Abb. 561). Wenn die einzubettenden Bauteile ungünstig zur Preßrichtung liegen, müssen sie unter Umständen durch besondere Einrichtungen in der Form abgestützt werden, Maßnahmen, die die Form verteuern, weswegen man sie möglichst vermeiden sollte, wie ja überhaupt eingebettete Teile die Form und die Herstellungskosten der Verbindung verteuern, weswegen man überlegen soll, ob man „eingebettete" Teile nicht durch nachträglich „eingelegte" Teile ersetzen kann. Dies gilt insbesondere für eingebettete Bauteile mit Muttergewinde, weil bei ihnen auch noch die Gefahr besteht, daß das Muttergewinde durch Preßmasse verunreinigt wird und nachgeschnitten werden muß.

Grundsätzlich ist zu sagen, daß eine beiderseitige Halterung des Bauteiles in der Form zwar gut ist, für den Vorgang des Pressens und die damit verbundenen Beanspruchungen aber das Einlegen und Zusammenfügen der beiden Formhälften erschwert. Nach Möglichkeit sollten deshalb die Bauteile in der unteren Formhälfte eingelegt und gehalten werden.

Eingebettete Muttern, die in der Form von einem Haltedorn gehalten werden müssen, werden zweckmäßigerweise nicht mit durchgehendem Gewinde, sondern als Hutmuttern gestaltet. Wegen der hohen Beanspruchung des Haltedorns sollte man Gewinde von M 4 aufwärts verwenden (Abb. 562).

Da Preßgrat an den mit Pfeilen gekennzeichneten Stellen nicht zu vermeiden ist (Abb. 563),

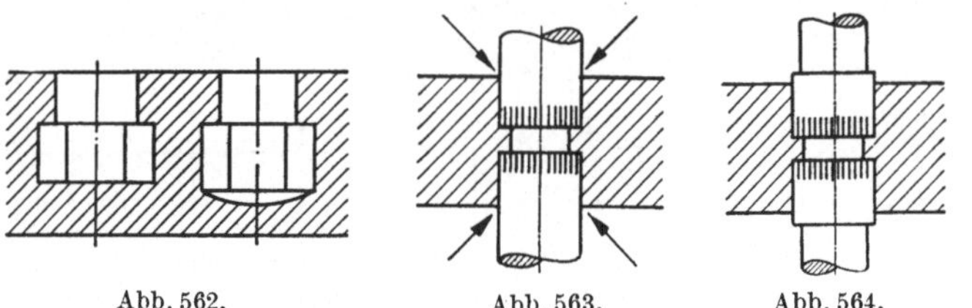

Abb. 562.   Abb. 563.   Abb. 564.

sollten die Bauteile so gestaltet sein, daß dieser Preßgrat nicht stört oder aber leicht entfernt werden kann (Abb. 564).

Wenn nicht besondere Gründe dagegensprechen, sollte das Bauteil so gestaltet sein, daß das überstehende Ende nicht die Formherstellung erschwert. Das in Abb. 565 unter a gezeigte Beispiel bedingt ein Sechskantloch zur Halterung des Bauteiles, das in b gezeigte Beispiel ermöglicht ein rundes Loch.

Bauteile, die mit dem Preßteil abschneiden, sind möglichst zu vermeiden. Besser ist es, das Preßteil mit Augen zu versehen, um ein nachträgliches Abschleifen zu ermöglichen (Abb. 566).

Die gleichen Überlegungen hinsichtlich Halterung und Sicherung gelten auch für Bauteile aus Blech (Abb. 567). Bauteile dieser Art können durch Löcher, herausgerissene Lappen oder Schlitze u. dgl. gesichert werden. Bei sehr dünnen Blechen besteht die Gefahr, daß die Bauteile durch den Preßdruck abgeschert werden.

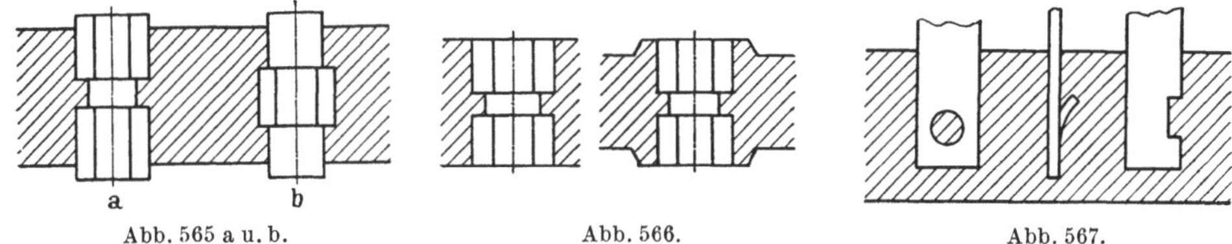

Abb. 565 a u. b.
Abb. 566.
Abb. 567.

Alle diese Überlegungen gelten vor allen Dingen für solche Preßmassen, bei denen während des Preßvorganges hohe Drücke auftreten, was aber nicht in allen Fällen zutrifft, weswegen dann auf die eine oder andere der oben geschilderten Vorkehrungen verzichtet werden kann. Die Art des Kunststoffes ist nicht nur für das Einbetten, sondern auch für die Beanspruchung des eingebetteten Bauteiles von Wichtigkeit. Bauteile, die infolge nachträglicher Erwärmung (z. B. Löten) sich lösen oder lockern können, müssen in Kunststoffe eingebettet werden, die diese Erwärmung aushalten, oder aber so gestaltet werden, daß die Erwärmung sich nicht auf die Einbettung auswirkt (z. B. eine entsprechend lang gestaltete Lötfahne).

Ähnliche Überlegungen gelten für das *Einbetten in Spritzguß*. Bei der Massenherstellung spielt das Einbetten von Bauteilen aus Stahl in Teile aus Leichtmetall heute eine große Rolle, weil derartige Verbindungen, besonders bei großen Stückzahlen, zu guten und wirtschaftlichen Lösungen führen. Bei Einbettungen in Spritzguß sind die Schwierigkeiten meist geringer als bei Kunstharz, weil Spritzguß dünnflüssiger ist und die Druckbeanspruchungen geringer sind.

Auch *Einkitten* ist eine Verbindungsart, die unter das Kapitel Einbetten gehört. Meist handelt es sich um Teile aus Glas, die in Ermangelung einer anderen Verbindungsmöglichkeit eingekittet werden müssen. Glühlampen, Sicherungen, Libellen u. dgl. können in metallischen Fassungen nur durch Einkitten befestigt werden. Vom Kitt, der dafür verwendet wird, muß man verlangen, daß er sich gut verarbeiten läßt, gut bindet, nicht zu spröde wird und Temperaturschwankungen aushält. Nicht zuletzt ist die Ausdehnungszahl zu berücksichtigen.

Wichtig ist die Gestaltung der Teile an der Kittstelle. Anzustreben ist ein guter Formschluß, eine gute Lagesicherung und eine geeignete Entlastung der Verbindungsstelle.

Ein Verbindungsverfahren, das in der Feinwerktechnik sehr oft verwendet wird, ist das *Kleben*. In der Radiotechnik (Lautsprecherbau), Meßinstrumentenfertigung (Rähmchen für Drehspulinstrumente) und in der Optik (Linsen) spielt das Kleben eine große Rolle. Dabei werden Werte von 2 bis 4 kg/mm² erreicht. Bei Geräten, die in den Tropen verwendet werden, ist bei der Auswahl des Klebemittels besondere Vorsicht geboten. Besonders gute Klebemittel, die in neuerer Zeit in den Handel kommen, dürften dazu führen, daß auch bei metallischen Teilen Kleben als Verbindungsart mehr und mehr Eingang findet.

L. Schweißverbindungen.

I. Allgemeines.

1. Schweißen in der Feinwerktechnik. Schweißen erweist sich immer mehr als besonders geeignetes Verfahren zur Herstellung von Verbindungen. Es stellt in vielen Fällen die einfachste und wirtschaftlichste Verbindungsmöglichkeit überhaupt dar und ist vielfach am besten geeignet, um ungelernte Arbeitskräfte schnellstens anzulernen. Häufig ergibt gerade die Schweißverbindung eine werkstoffsparende Lösung, wie das beispielsweise bei der Umstellung einer Lötverbindung in eine Schweißverbindung der Fall ist. Die in vielen Zweigen der Feinwerktechnik übliche Weichlötung von kleinen Teilen, Drähten usw. wird mehr und mehr durch Schweißen verdrängt.

Die Entwicklung der Schweißtechnik und die Einführung von Schweißgeräten und -maschinen hat es mit sich gebracht, daß die Güte der Schweißung nicht mehr in dem Maße von der Geschicklichkeit des Schweißers abhängig ist wie vordem.

Die Festigkeit geschweißter Verbindungen, einschließlich solcher in Leichtmetall, hält dem Vergleich mit einer Nietverbindung ohne weiteres stand.

Die Feinwerktechnik bedient sich fast sämtlicher Verfahren.

Es ist unerläßlich, daß sowohl Betriebsmann als Konstrukteur die Eigenarten der verschiedenen Schweißverfahren kennen und sich bewußt sind, welchem Verfahren sie gegebenenfalls den Vorzug geben. Die Wahl wird bestimmt durch Form, Festigkeit und die zu fertigende Menge. Vor allem sind es die elektrischen Widerstandsschweißverfahren, die weitestgehend verwendet werden.

Es sind ausgesprochene Massenfertigungsverfahren, bei denen vielfach sogar die Maschinen dem Werkstück angepaßt werden. Lediglich das Hammer- oder Feuerschweißen findet kaum Anwendung, wenn man davon absieht, daß die elektrische Widerstandsschweißung mit der Hammerschweißung vergleichbar ist, nur mit dem Unterschied, daß bei ersterer der elektrische Strom als Wärmequelle dient und der Druck nur kurzzeitig erfolgt. In diesem Zusammenhang müssen auch Kalt-Preß-Schweißverfahren erwähnt werden, die neuerdings in der Feinwerktechnik Anwendung finden. Es handelt sich dabei um eine ausgesprochene Kaltschweißung, die dadurch zustande kommt, daß unter sehr hohem Druck die reinen Oberflächen der beiden zu verbindenden Teile sich durch die starke Verformung einander bis in den Bereich der atomaren Anziehungskräfte nähern.

Die Punktschweißung, die aus der Stumpfschweißung hervorgegangen ist, ist in ihrer Anwendbarkeit so außerordentlich vielseitig, daß sie zum wichtigsten Schweißverfahren der Feinwerktechnik geworden ist.

Die Einführung von halb- und vollautomatischen Schweißmaschinen hat auch die elektrische Stumpfschweißung in erweitertem Maße der Massenfertigung zugänglich gemacht.

Wenn die Abschmelzschweißung in Verbindung mit den Widerstandsschweißverfahren und zusammen mit dem Stumpfschweißen genannt wird, dann nur deshalb, weil es diesem in der Art und Anwendung sehr ähnelt. Die Wärmevorgänge jedoch sind ganz andere. Die Erhitzung erfolgt weniger durch den Widerstand, den die Werkstücke dem elektrischen Strom entgegensetzen, als vielmehr durch den entstehenden Lichtbogen. Es stellt, strenggenommen, ein kombiniertes Verfahren aus Preß- und Schmelzschweißen dar und hat eine größere Bedeutung erlangt als die Wulst- oder Druckschweißung.

Die Entwicklung von Kleinschweißgeräten hat sehr viel dazu beigetragen, daß auch die Lichtbogenschweißung weitestgehend eingeführt werden konnte.

Die Gasschmelzschweißung findet schon seit langem in einigen Sondergebieten der Feinwerktechnik Anwendung. Durch die Verwendung von Schweißmaschinen hat sie sich auch in der Massenfertigung eingebürgert.

2. Schweißverfahren. Die hauptsächlichsten Schweißverfahren, unterteilt nach dem Zustand der Schweißstelle, sind:

a) Preßschweißen. Die zu verbindenden Teile werden in plastischem Zustand der Schweißstelle unter Druck miteinander verbunden.

Bei der *elektrischen Widerstandsschweißung* wird die durch den Übergangswiderstand an der Berührungsstelle zweier elektrischer Leiter auftretende Wärme zum Erhitzen der Schweißstelle benutzt.

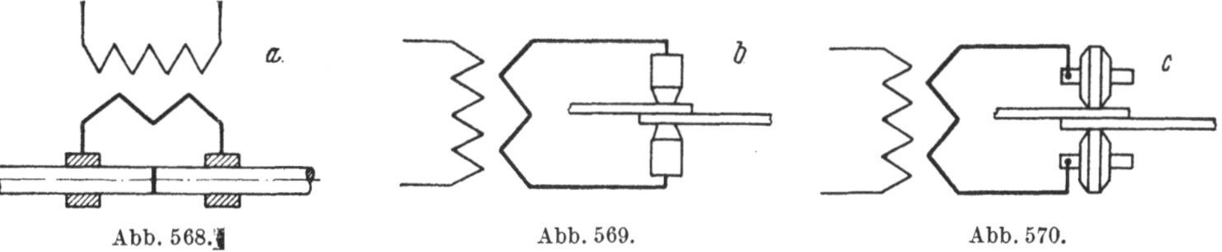

Abb. 568.　　　　　　　Abb. 569.　　　　　　　Abb. 570.

Man unterscheidet *Stumpfschweißen* (Abb. 568) (von dünnsten Drähten bis zu 40000 mm² Querschnitt bei Stahl, 2000 mm² bei Kupfer und 300 mm² bei Aluminium) und *Punktschweißen* (Abb. 569) (das wichtigste Schweißverfahren der Feinwerktechnik, das in allen möglichen Variationen bis zu 25 mm Gesamtdicke bei Stahl angewendet wird).

Eine Abart des Punktschweißens, das *Rollen-Naht-Schweißen* (Abb. 570), ergibt dichte und saubere Nähte bei hoher Schweißgeschwindigkeit. Blechdicke: Stahl bis etwa 2,5 mm, knetbare Leichtmetalle und kupferhaltige Legierungen bis etwa 1,5 mm.

b) Schmelzschweißen. Die zu verbindenden Teile werden, meist unter Hinzufügen eines geeigneten Werkstoffes, in geschmolzenem Zustand der Schweißstelle miteinander verbunden.

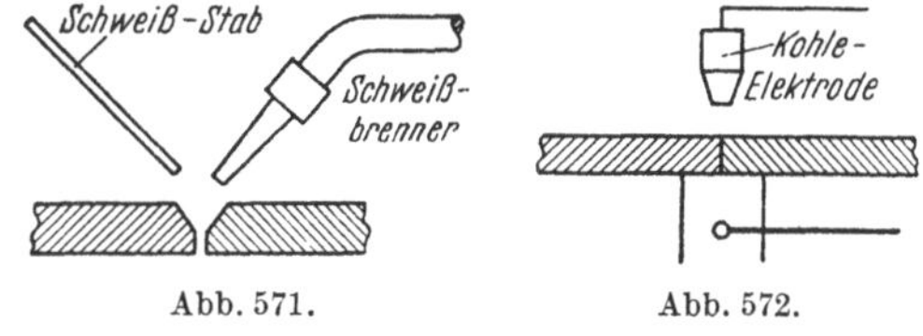

Abb. 571.　　　　　　　Abb. 572.

Beim *Gasschmelzschweißen (autogene Schweißung)* (Abb. 571) wird die Wärme einer Gasflamme unter gleichzeitiger Zuführung von Sauerstoff zum Schmelzen der Schweißstelle und des Schweißstabes benutzt.

Beim *Lichtbogenschweißen* (Abb. 572) wird die Wärme des elektrischen Lichtbogens zum Schmelzen benutzt. (Näheres über die einzelnen Verfahren s. Abschnitt III „Schmelzschweißen".)

II. Elektrisches Widerstandsschweißen.

a) Stumpfschweißen.

1. Wulst- und Abbrennschweißung. Man unterscheidet zwei Arten der Stumpfschweißung, die Wulstschweißung und die Abbrennschweißung.

Die Wulstschweißung erfordert eben bearbeitete Werkstücke. Vor dem Einschalten des Stromes zur Erwärmung der Schweißstelle werden die zu verbindenden Teile mittels Spannelektroden zusammengedrückt (Abb. 573). Nach genügender Erwärmung (teigiger Zustand der Werkstoffe) erfolgt unter erhöhtem Stauchdruck die Verschweißung. An der Schweißstelle entsteht ein Wulst (Abb. 574).

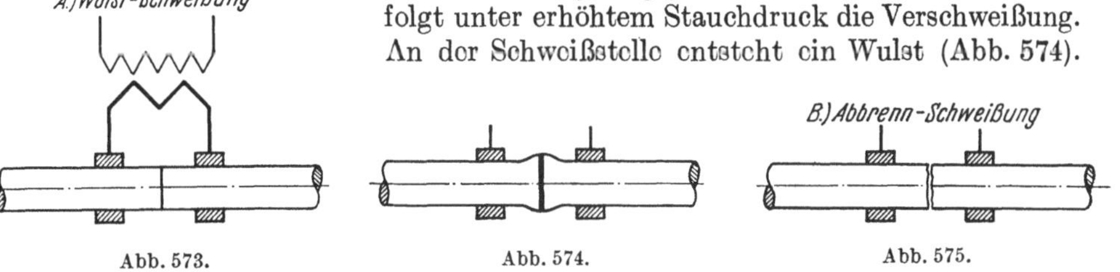

Abb. 573.　　　　　　　Abb. 574.　　　　　　　Abb. 575.

Bei der Abbrennschweißung brauchen die Werkstücke im Gegensatz zur Wulstschweißung nicht plan zu sein. Nach dem Einschalten des Stromes werden die Teile zur Berührung gebracht (Abb. 575). Kleine Querschnitte, die nacheinander zur Berührung kommen, verflüssigen bis zur völligen Anpassung der Teile. Verbrannter Werkstoff und schlechte Beimengungen werden herausgeschleudert. Das Abbrennen dient damit zur Erwärmung und Reinigung. Anschließend erfolgt der Stauchdruck. Es entsteht ein gratartiger Wulst. Die erreichbare Festigkeit ist größer als bei der Wulstschweißung (Abb. 576).

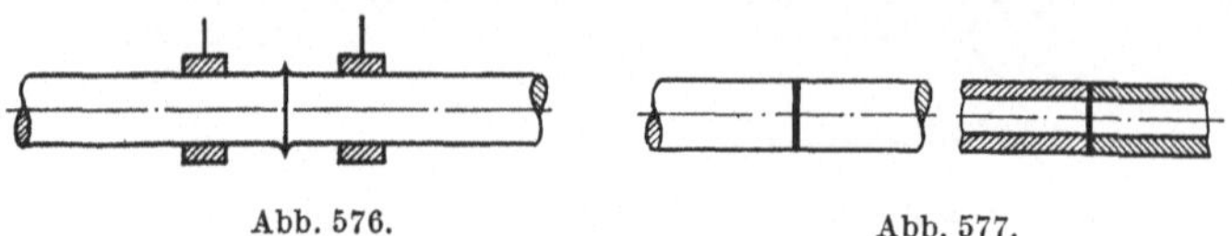

Abb. 576.   Abb. 577.

Bei der *zeichnerischen Darstellung* wird die Schweißstelle durch einen dicken Strich gekennzeichnet (Abb. 577).

2. Gestaltung der Teile. Bei der Gestaltung der Teile ist mit Rücksicht auf gleiche Schweißhitze an der Verbindungsstelle auf gleichen Querschnitt zu achten.

Bei der Bemessung der Teile ist der Abbrand zu berücksichtigen. (Bei der zeichnerischen Bemaßung wird der Abbrand nicht berücksichtigt.)

Auf die in Abb. 578 und 579 angegebenen Abmessungen ist dabei Rücksicht zu nehmen.

Bei kleineren Teilen verschiedenen Querschnittes kann durch Anstauchen des einen

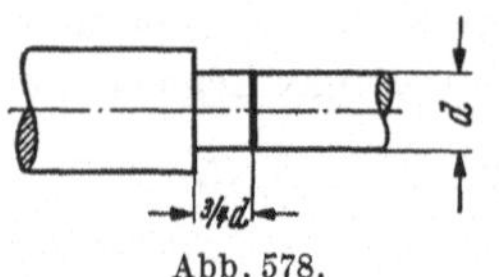

Abb. 578.

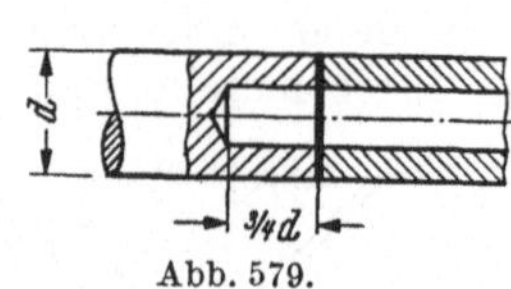

Abb. 579.

Teiles der notwendige gleiche Querschnitt an der Schweißstelle erzielt werden (Abb. 580).

Bei entsprechender Anordnung der Elektroden können auch winkelig zueinander stehende Teile geschweißt werden (z. B. Rohre) (Abb. 581).

Um eine zu große Wärmeableitung an der Schweißstelle zu verhindern, können Einschnitte am Bauteil angebracht werden (Abb. 582).

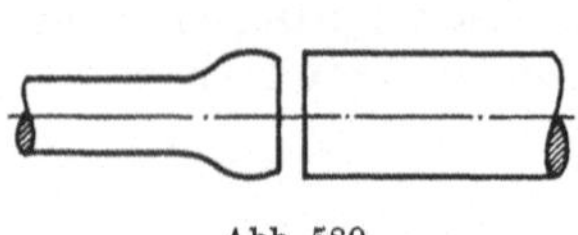
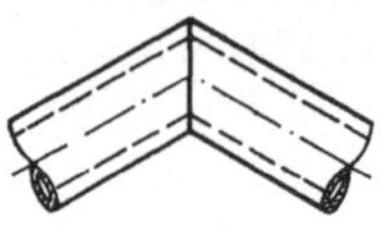
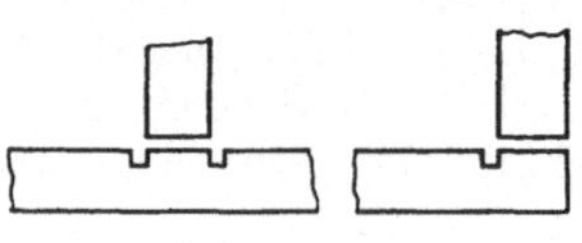

Abb. 580.   Abb. 581.   Abb. 582.

Bei geeigneter Gestaltung der Schweißmaschine können auch mehrere Schweißstellen gleichzeitig geschweißt werden (Abb. 583), wobei jedoch auch immer auf gleichen Querschnitt an der Schweißstelle zu achten ist (Abb. 584), während die Form der Teile ohne Einfluß auf die Schweißung ist (Abb. 585).

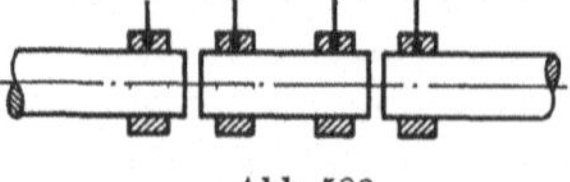
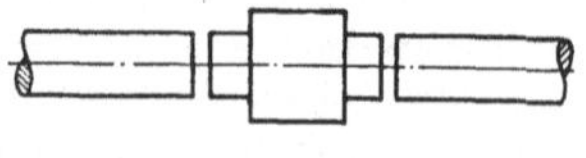
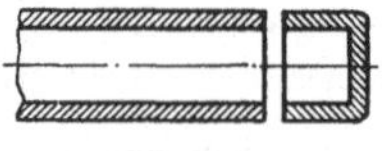

Abb. 583.   Abb. 584.   Abb. 585.

Der Übergang von Stumpfschweißung zur Punktschweißung wird deutlich, wenn die Form der beiden Teile die Anwendung von Spann- und Punktelektrode notwendig macht (Abb. 586).

Auch die bei der Buckelschweißung übliche Gestaltung der Teile findet Anwendung. Die durchgedrückten Pimpel verringern den Stromübergangsquerschnitt, wodurch eine hohe Temperatur bei Beginn des Schweißvorganges erreicht wird (Abb. 587).

Ähnlich ist der Vorgang bei einer mit Rand versehenen Buchse, der sich unter dem Schweißdruck in das Blech eindrückt (Abb. 588).

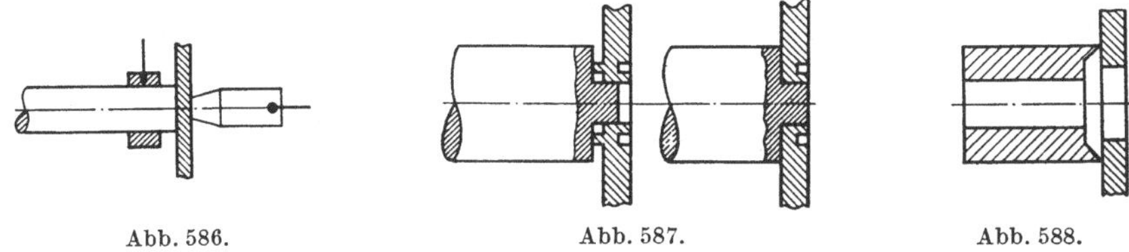

Abb. 586.   Abb. 587.   Abb. 588.

Beim Einschweißen von Buchsen in Bleche erreicht man eine gute Zentrierung, wenn man die Buchse mit einem Konus versieht. Dadurch wird eine Schweißlehre unnötig. Für die Einleitung des Schweißvorganges ist die scharfe Lochkante günstig, weil eine große Stromdichte und damit eine hohe Erwärmung erreicht wird (Abb. 589).

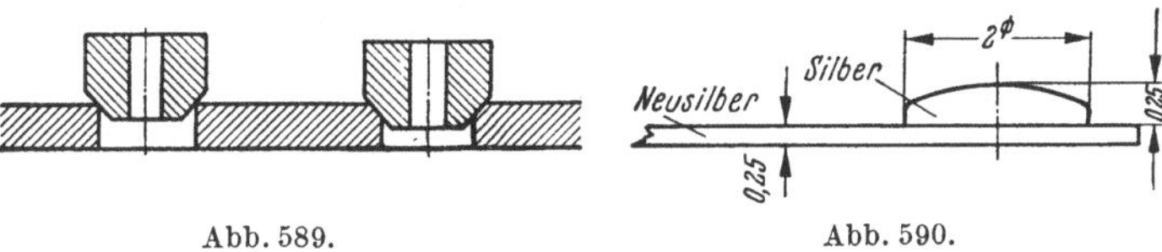

Abb. 589.   Abb. 590.

Die Abb. 590 zeigt einen senkrecht und stumpf aufgeschweißten Silberdraht als Beispiel einer billigen Kontaktfertigung. Der Draht wird erst nach dem Schweißen abgeschnitten und das aufgeschweißte Stück verformt.

In Abb. 591 ist ein prismatischer Kontakt auf die gleiche Weise befestigt. Um ein Ausrichten der Feder zu vermeiden, werden die Kontakte kreuzweise aufgeschweißt (Abb. 592).

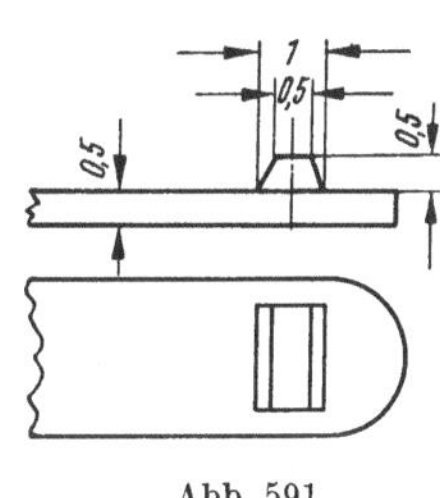

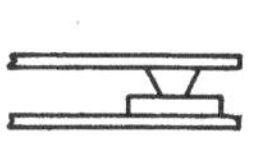

Abb. 591.   Abb. 592.   Abb. 593.

In Abb. 593 ist ein Kontaktplättchen aus Wolfram auf einen vernickelten Eisenhebel geschweißt. Wie bei der Punktschweißung ist auch hier wesentlich, die Querschnitte und die Formgebung der einzelnen Werkstoffe so zu wählen, daß die Unterschiede der elektrischen und Wärmeleitfähigkeit ausgeglichen werden. Derartige Verbindungen bedürfen meist einer Reihe von Versuchen, um zu brauchbaren Ergebnissen zu kommen.

Ein gutes Beispiel einer werkstoffsparenden Gestaltung eines Bauteiles durch Stumpfschweißung stellt die in Abb. 594 dargestellte Fadenspule dar. (Aus Richter & v. Voss: „Bauelemente der Feinmechanik".) Zwei gleiche Teile aus 0,7 mm Eisenblech werden stumpf aneinandergeschweißt. Es werden zuerst zwei Töpfe gezogen, die Böden abgestochen und die so entstandenen Stirnflächen überschliffen und dann zusammengeschweißt. Der Stauchweg beträgt in diesem Fall etwa 1 mm.

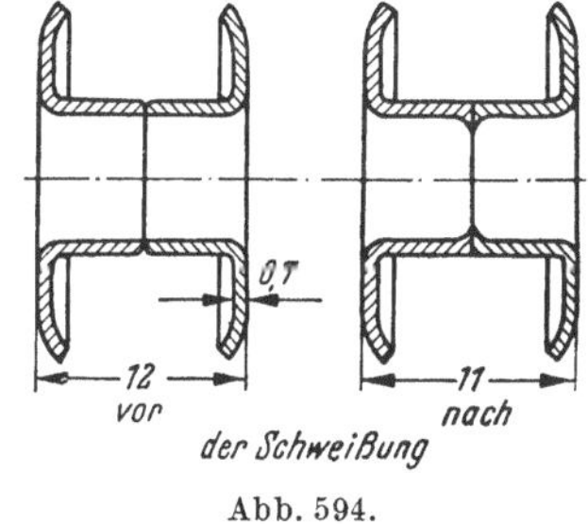

Abb. 594.

b) Punktschweißen.

1. Möglichkeiten der Punktschweißung. Bei flach aneinanderliegenden Bauteilen verwendet man zwei Punktelektroden (Abb. 595).

Bei schwer zugänglichen Bauteilen kann eine Elektrode der Form des Werkstückes angepaßt werden (Abb. 596).

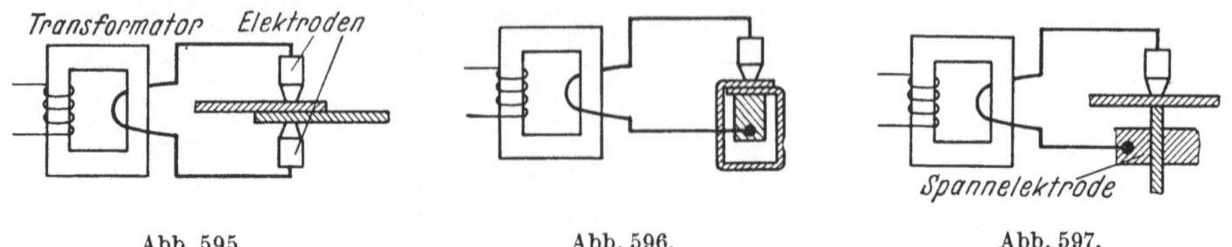

Abb. 595.   Abb. 596.   Abb. 597.

Wenn eine beiderseitige Elektrodenanordnung nicht möglich ist, z. B. beim Aufschweißen eines Bleches auf die Kante eines anderen, wird eine Elektrode als Spannelektrode ausgebildet (Abb. 597) oder man verwendet die Doppelpunktschweißung, bei der die Elektroden nebeneinanderliegen, vorwiegend bei nur einseitig zugänglichen Bauteilen oder bei Blechen sehr verschiedener Stärke. Bei gleichen Blechen wird, der besseren Stromverteilung wegen, eine Gegenlage als Strombrücke verwendet (Abb. 598).

Um die Schweißzeiten zu verringern, verwendet man Mehrfach-Punkt-Schweißmaschinen (Abb. 599).

Die zweipaarige Doppelpunktschweißmaschine, bei der zwei voneinander unabhängige Transformatoren verwendet werden, hat den Vorteil einer unbeschränk-

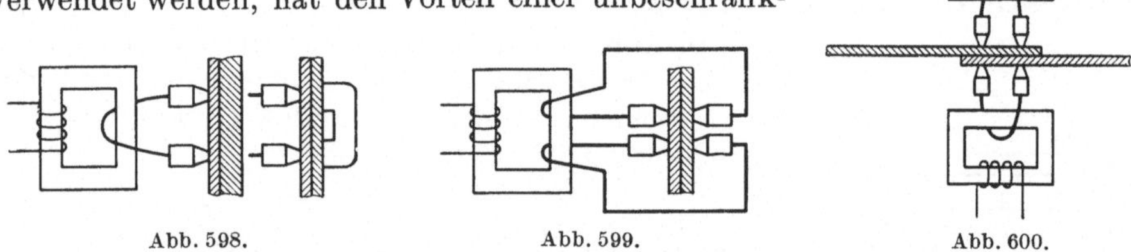

Abb. 598.   Abb. 599.   Abb. 600.

ten Ausladung der Schenkel der Schweißvorrichtung (Abb. 600).

Für Sonderfälle werden Vielfach-Schweißeinrichtungen, die den jeweiligen Bedürfnissen angepaßt sind, verwendet. Die Einrichtungen sind meist teuer und setzen große Stückzahlen voraus (Karosseriebau, Drahtgewebe u. dgl. (Abb. 601).

Die Schaltung und Anordnung ist unterschiedlich. Es wird sowohl die normale Punktschweißung als auch die Doppelpunktschweißung in einer Vielfachschaltung verwendet (Abb. 602).

Außerdem sind Anordnungen bekannt, bei denen für jeden Schweißpunkt je ein Elektrodenpaar vorgesehen ist, die aber, um auf eine geringe elektrische Lei-

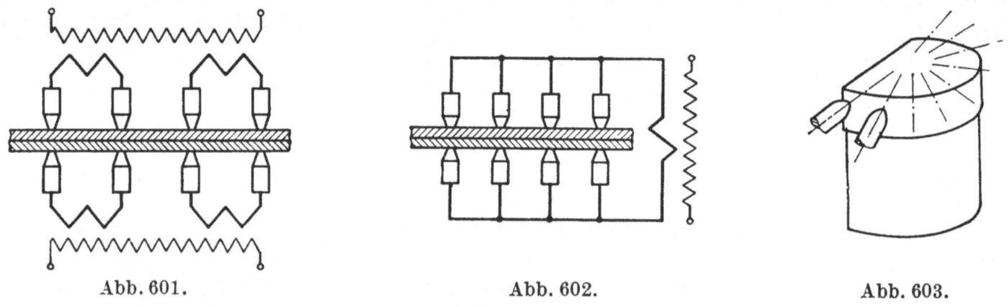

Abb. 601.   Abb. 602.   Abb. 603.

stung zu kommen, nacheinander eingeschaltet werden, ohne daß das Werkstück dabei bewegt werden muß (Abb. 603).

Zu den Mehrfach-Schweißeinrichtungen gehört auch die Buckel-, Warzen- oder Dellenschweißung. Dabei werden plattenförmige Elektroden verwendet, durch deren Druck die Warzen wieder plan gedrückt werden und die Werkstücke wieder eben aufeinanderliegen (siehe besonderer Abschnitt „Buckelschweißen") (Abb. 604).

2. Gestaltung der Teile. Die *zeichnerische Darstellung* der Schweißstelle wird in der Draufsicht durch einen Punkt dargestellt (Abb. 605).

Die Lage der Schweißpunkte muß, wenn nötig, bemaßt werden (Abb. 606). Dabei darf der Abstand a des Schweißpunktes mit Rücksicht auf den Platz für die Elektrode nicht zu klein gewählt werden ($a \geq 15$ mm). Um ein Verdrücken der Blechkante zu vermeiden, rechnet man für die Überlappung $b \geq 10$ mm (Abb. 607).

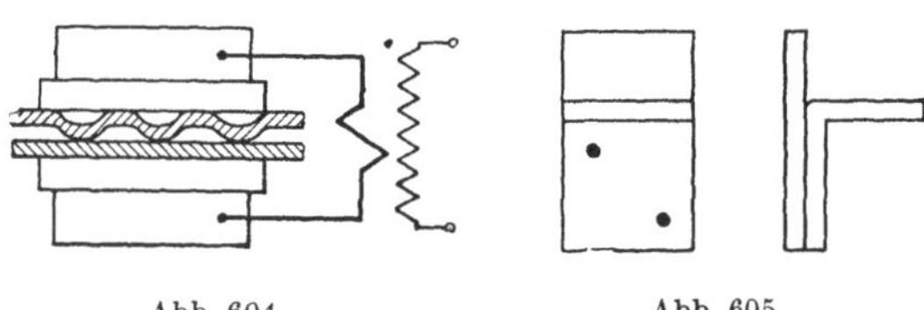

Abb. 604.　　　　　　Abb. 605.

Bei der Gestaltung der Teile ist auf die Zugänglichkeit der Schweißstelle mit normalen Elektroden zu achten. Abb. 608 erfordert eine Sonderelektrode, es sei denn, der obere Schenkel wird mit einem Loch zum Durchstecken der Elektrode versehen oder nach der anderen Seite abgebogen (Abb. 609).

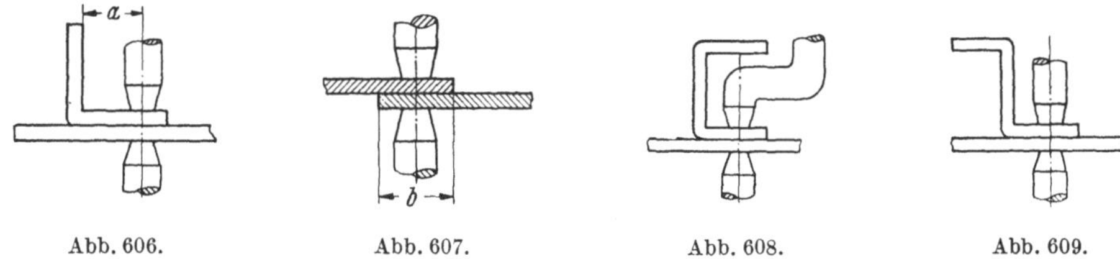

Abb. 606.　　　　　Abb. 607.　　　　　Abb. 608.　　　　　Abb. 609.

Unter Umständen kann man durch nachträgliches Biegen des zu befestigenden Teiles eine Sonderelektrode vermeiden, wie dies in Abb. 610 gezeigt ist.

Zur Lagesicherung der Teile während des Schweißens werden Schweißlehren verwendet, sofern nicht schon durch geeignete Gestaltung der Teile auf eine Haltevorrichtung, zumindest auf eine komplizierte Schweißlehre, verzichtet werden kann. Das Flachschlagen von Rundstäben, die auf Blech aufgeschweißt werden sollen, erleichtert das Schweißen und ergibt eine bessere Lagesicherung (Abb. 611).

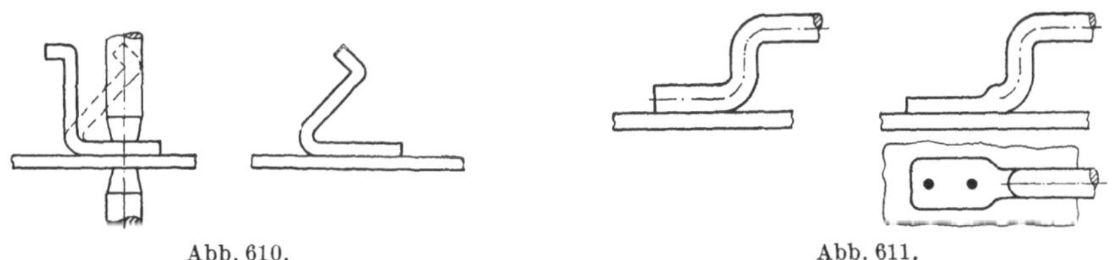

Abb. 610.　　　　　　　　　　Abb. 611.

Wird zur Lagesicherung, wie in Abb. 612, das Blech durchgedrückt, so ist es, um einen definierteren Stromübergang zu erzielen, zweckmäßig, den Biegeradius des Bleches größer als den Radius des Rundstabes zu machen.

Eine Haltevorrichtung kann vermieden

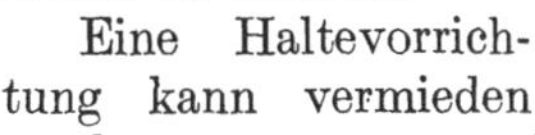

Abb. 612.　　　　　　Abb. 613.

werden, wenn man zur Lagesicherung eines der beiden Teile mit durchgeprägten Punzen versieht (Abb. 613).

Bei geeigneter Elektrodenwahl (Abb. 614) oder entsprechender Anordnung der Elektroden (Doppelpunktschweißung) ist die Schweißung zweier ungleicher Bleche

möglich. Ein einfacher Weg, das Schweißen unter Verwendung gleicher Elektroden
zu erleichtern, ist auch das Senken des stärkeren Bleches (Abb. 615).

Häufig wird zum Schweißen ungleicher Blechstärken die Doppelpunktschweißung angewandt. Dabei liegen die beiden Elektroden nebeneinander, der Strom
fließt also durch die beiden Werkstücke parallel, verschweißt wird jedoch nur an
den Stellen, an denen der Strom von einem Werkstück in das andere fließt (Abb.616).

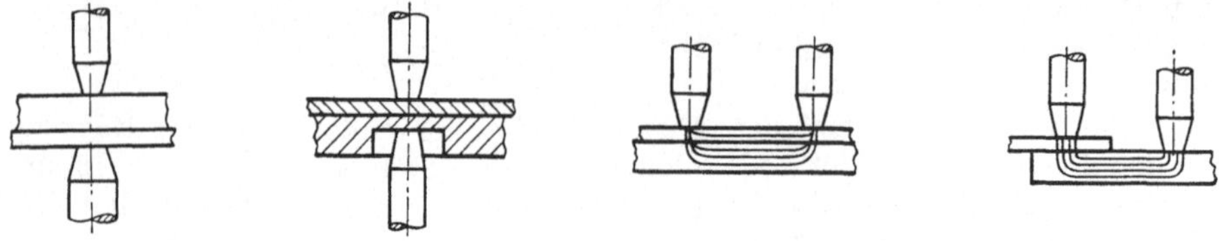

Abb. 614 u. 615.   Abb. 616 u. 617.

Die Schweißverbindung kann verbessert werden, wenn man die Anordnung nach
Abb. 617 vornimmt. Die Doppelpunktschweißung findet auch deshalb häufig Anwendung, weil im Gegensatz zur normalen beiderseitigen Anordnung der Elektroden, diese auf der einen Seite des Werkstückes angesetzt werden können.
Abb. 618 zeigt, daß man auch durch das Hinzufügen eines dritten Teiles *A* zwei
ungleich starke Bleche gut miteinander verbinden kann. Dabei kann es sich beim
Teil *A* um ein Bauteil handeln, das Teil kann aber auch lediglich zur Erzielung
einer guten Schweißung
hinzugefügt sein.

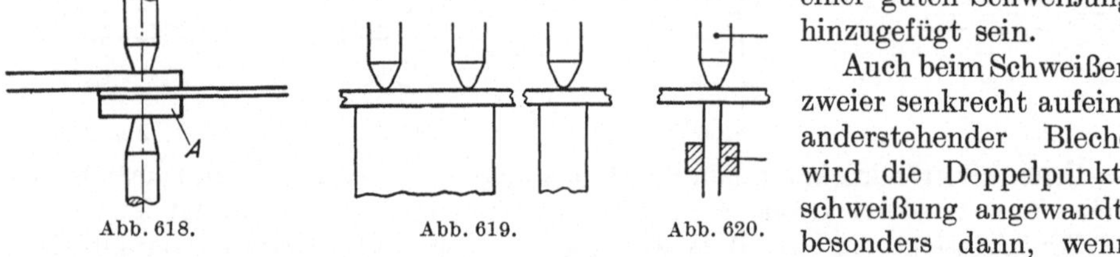

Abb. 618.   Abb. 619.   Abb. 620.

Auch beim Schweißen
zweier senkrecht aufein-
anderstehender Bleche
wird die Doppelpunkt-
schweißung angewandt,
besonders dann, wenn
das untere Blech dicker ist. An Stelle der Doppelpunktschweißung kann auch
die Schweißung mittels einer Spannelektrode und einer Punktelektrode ausgeführt
werden (Abb. 619 und 620).

Das Schweißen zweier senkrecht aufeinander stehender Bleche kann durch Abwinkeln des einen Bleches umgangen werden. Besonders bei dickeren Blechen, die
nicht gut aufeinanderliegen, wird die Schweißung unzuverlässig, wenn die Bleche
nicht abgewinkelt sind und senkrecht aufeinandergeschweißt werden sollen (Abb.621).

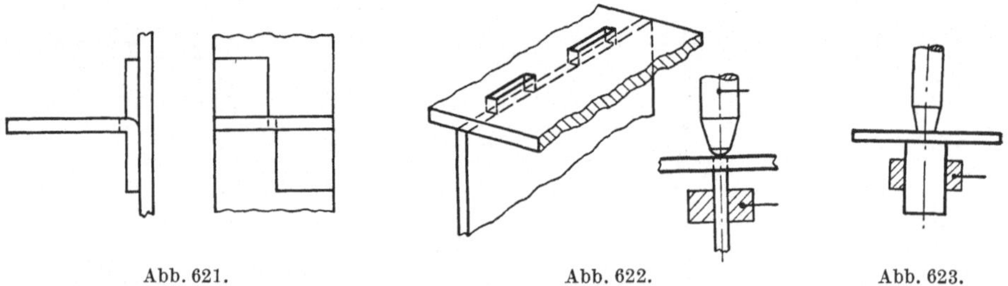

Abb. 621.   Abb. 622.   Abb. 623.

Abb. 622 zeigt ein Beispiel für eine Verbindung, die mit einer Verlappung oder
Vernietung mit prismatischem Nietzapfen vergleichbar ist und durch Punktschweißen hergestellt wurde. Die beiden, senkrecht aufeinanderstehenden Bleche
werden so vorbereitet, wie dies bei einer Verlappung oder Vernietung geschieht.
Die prismatischen Zapfen stehen etwas vor und werden beim Schweißvorgang
niedergeschmolzen. Das eine Blech wird mit einer Spannelektrode gehalten.

Zur Verbindung von Blechen mit Rundstäben, Drähten u. dgl., die senkrecht auf das Blech aufzuschweißen sind, verwendet man entweder Spannelektroden (Abb. 623) oder besonders gestaltete Punktelektroden (Abb. 624).

Auf ähnliche Weise wurden Kontaktfedern hergestellt. Auf die Blattfeder wird zunächst Draht aus dem Kontaktmaterial durch Punktschweißung aufgeschweißt, der Draht sodann abgeschnitten und in gewünschter Weise verformt (Abb. 625).

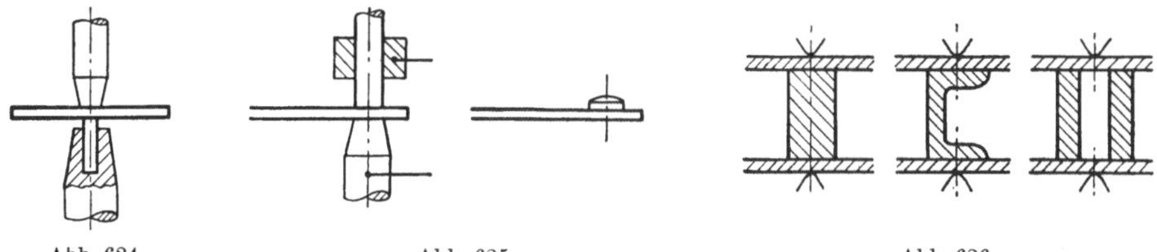

Abb. 624. Abb. 625. Abb. 626.

Werkstücke, die sich aus drei Teilen zusammensetzen und bei denen das mittlere Bauteil irgendein Profil mit sehr unterschiedlichem Querschnitt ist, lassen sich schweißen. Zum Beispiel Verbindungen von Stahlblechen mit Rundstäben, U-Profilen oder Rohren (Abb. 626).

Rohre und Rundstäbe lassen sich auch in Längsrichtung gut mit Blechen verbinden. Verbindungen wie in Abb. 627 und 628 sind möglich.

Der Querschnittsunterschied der zu verbindenden Teile ist bei derartigen Verbindungen weniger von Bedeutung, als dies wegen der verschiedenen Erwärmungzeiten bei der Verbindung von nur zwei Teilen der Fall ist.

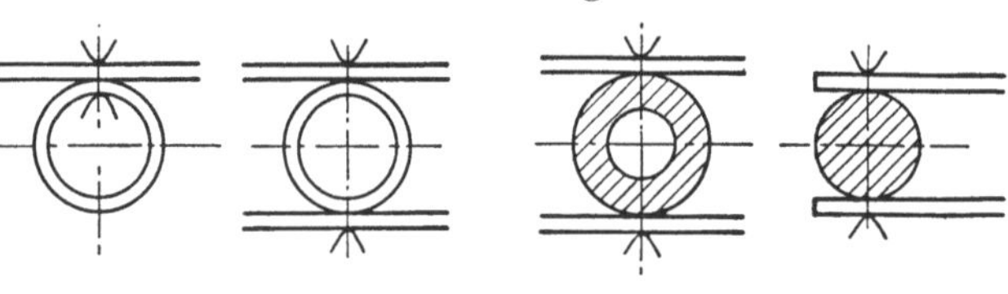

Abb. 627. Abb. 628.

Bei der Verbindung von rohrförmigen Körpern oder Rundstäben mit Rohren muß für eine gute Anlage der zu verbindenden Teile gesorgt werden. In Abb. 629 ist dies durch eine gute Passung erreicht, in Abb. 630 dadurch, daß das Rohr aus gerolltem Blech hergestellt wurde. Nachteilig ist in beiden Fällen, daß ein Teil des Schweißstromes durch den Nebenschluß abgeleitet wird, der unter Umständen die Schweißung erschwert oder auch unmöglich macht.

Die Verbindung zweier Rundstäbe durch ein Rohr, ähnlich den beiden vorhergehenden Beispielen, zeigt Abb. 631.

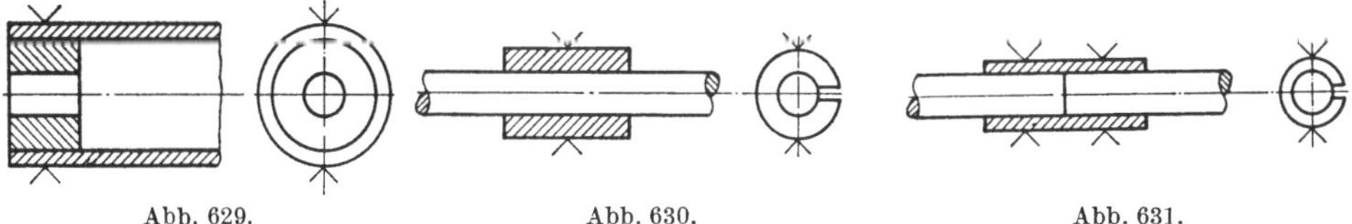

Abb. 629. Abb. 630. Abb. 631.

In einem weiteren Beispiel nach Abb. 632, das die Verbindung eines Bleches mit einem Rundstab zeigt, soll dargestellt werden, wie man dem obenerwähnten Nebenschluß begegnen kann. In Figur *a* besteht die Möglichkeit, daß die Schweißung erschwert oder unmöglich gemacht wird. In Figur *b* wird gezeigt, wie die Schweißung ohne weiteres ausführbar und durch einen nachträglichen Biegevorgang (Figur *c*) die gewünschte Verbindung erreicht wird.

Auch winkelig zueinanderstehende Rundstäbe lassen sich durch Punktschweißen miteinander verbinden. Bei der Konstruktion ist darauf zu achten, daß die Stäbe beim Schweißvorgang zum Teil ineinander übergehen (Abb. 633).

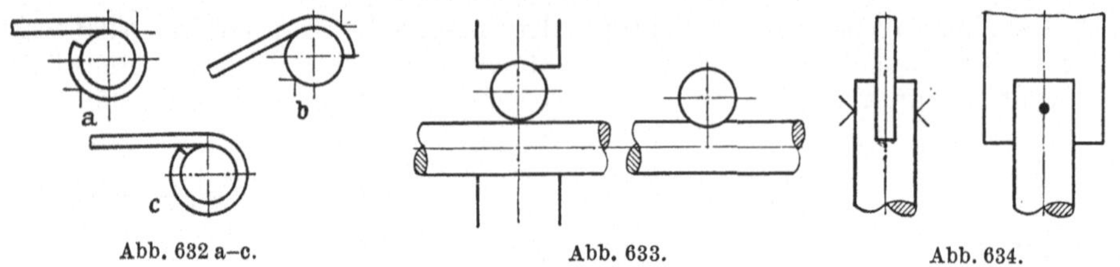

Abb. 632 a–c. Abb. 633. Abb. 634.

In Abb. 634 wird gezeigt, daß sich die zu verbindenden Teile fast immer so gestalten lassen, daß die Verbindung sowohl konstruktiv wie schweißtechnisch günstig wird. (Verbindung eines geschlitzten Rundstabes mit einem Blech.)

3. Buckel- (Warzen-) Schweißen. Bei einer Abart des Punktschweißens, beim sogenannten Buckel- oder Warzenschweißen, wird das eine der beiden zu verbindenden Teile an den gewünschten Verbindungsstellen mit Buckeln versehen, durch die die Größe und Lage der Schweißpunkte bestimmt wird. Durch die Buckel erzielt man einen definierten Stromübergang und damit eine begrenzte Erhitzung der Schweißstelle. Außerdem wird der Elektrodendruck auf die Schweißstelle beschränkt. Man erreicht auch bei dicken Blechen und Blechen verschiedener Stärke eine sichere Schweißung. Bei dünnen Blechen wird die Buckelschweißung zur gleichzeitigen Herstellung mehrerer Schweißpunkte angewandt. Die Buckel (Warzen) werden beim Schweißen wieder in die Ebene zurückgedrückt (Projektionsschweißung) (Abb. 635). Der guten Auflage wegen wählt man gerne drei Buckel, die übliche Höchstzahl ist 10 bis 12. Ausgeführt wurden schon Schweißungen bis zu 20 Punkten. Die Buckel werden kegelig oder flach ausgeführt — mit einem Durchmesser von 3 bis 5 mm und einer Höhe von 0,2 bis 1,5 mm, je nach Arbeitsbedingung und Abmessung der Teile (siehe Tabelle). Bei kleineren Teilen im allgemeinen etwa 0,5 mm. Der Blechdicke sind keine Grenzen gesetzt. Die unterste Grenze für Stahlblech liegt bei etwa bei 0,5 mm.

Infolge der sehr kurzen Schweißzeiten und der auf die Buckel beschränkten Erhitzung werden die Werkstücke kaum erwärmt und damit die Standzeit der Elektroden vervielfacht. Die Buckelschweißung ist so weitgehend entwickelt, daß viele Teile der Massenfertigung, die früher durch spanabhebende Bearbeitung oder schwieriges Zusammensetzen aus mehreren Teilen, nunmehr aus einzelnen Teilen mit geringstem Werkstoffaufwand, schnell und wirtschaftlich durch die Buckelschweißung hergestellt werden können. Zu beachten ist dabei, daß sich der Schweißstrom beim Buckelschweißen, gegenüber der normalen Punktschweißung, entsprechend der Anzahl der Buckel oder Warzen, addiert.

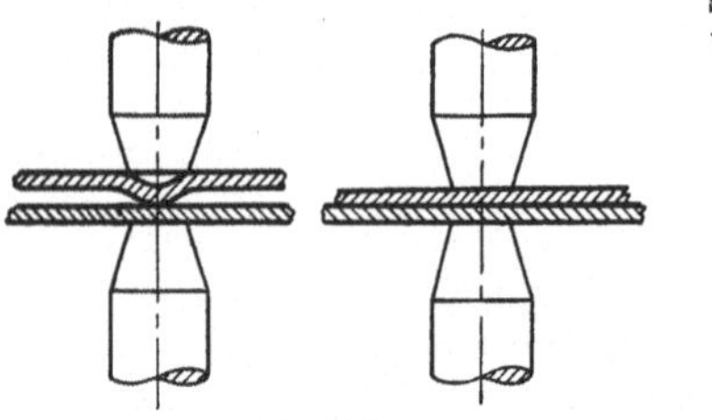

Abb. 635.

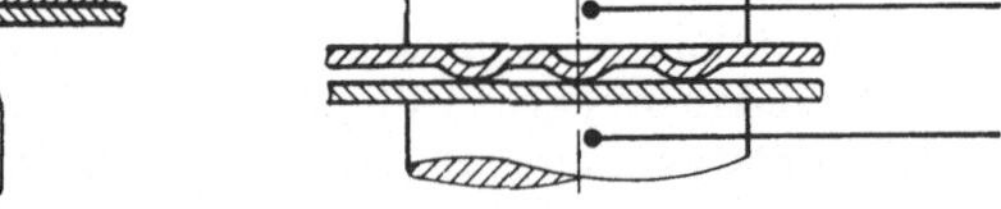

Abb. 636.

Bei der Warzenschweißung werden großflächige Elektroden verwendet, die alle Warzen überdecken (Abb. 636).

Abmessung der Warzen.

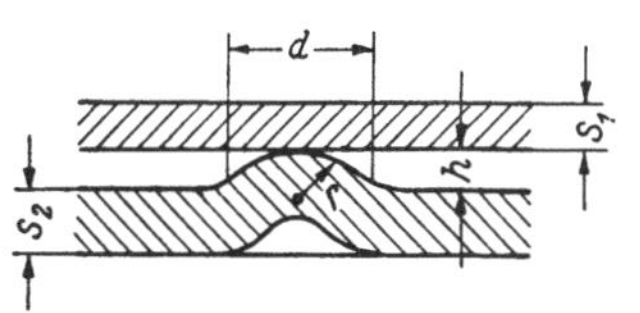

Warze im dickeren Blech, wenn das dünnere Blech 2,5 mm oder dünner ist.

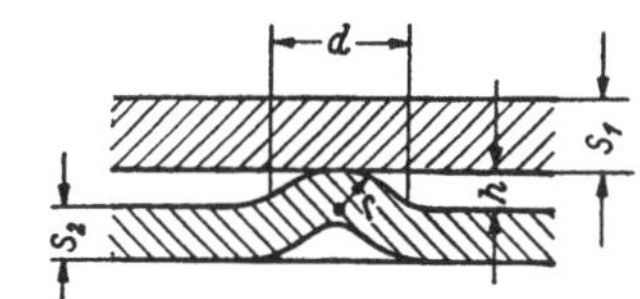

Warze im dünneren Blech, wenn beide Bleche über 2,5 mm dick sind.

(s_1)	0,5 bis 1			> 1 bis 2	
(s_2)	bis 1	> 1 bis 2	> 2 bis 4	bis 2,5	> 2,5 bis 5
$d \pm 0{,}3$	3	3,5	4	4	4,5
$h \pm 0{,}15$	0,8	0,8	0,8	1	1
r	1,8	2,3	2,9	2,5	3

(s_2)	> 2,5 bis 3			> 3 bis 4	> 4 bis 5
(s_1)	bis 3	> 3 bis 4	> 4 bis 5	> 4 bis 5	> 5
$d \pm 0{,}3$	4,5	4,5	5	5	5,5
$h \pm 0{,}15$	1,2	1,5	1,5	1,5	1,5
r	2,4	2,7	2,8	2,8	3,3

Abb. 637.

Die Vorteile der Warzenschweißung werden häufig bei der Gestaltung von Bauteilen ausgenutzt, indem Bauteile unmittelbar, zur Buckelschweißung geeignet, gestaltet werden. Ein besonders ausgebildeter Schraubenkopf mit Warzen, die sich beim Schweißen in das Bauteil (im vorliegenden Fall Blech) eindrücken. ist in Abb. 638 gezeigt.

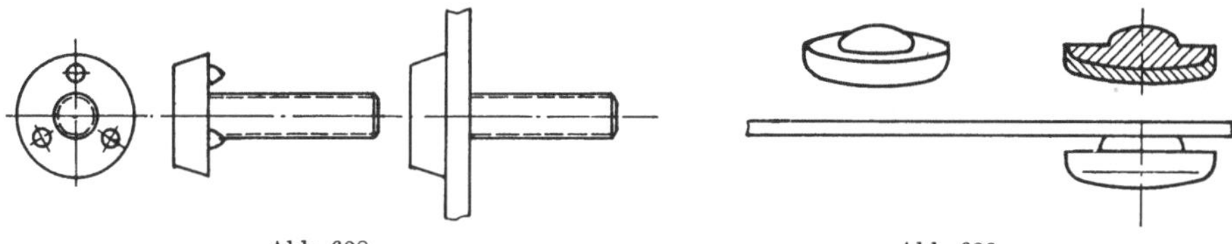

Abb. 638.

Abb. 639.

Ein neuartiger Kontakt aus Bimetall (Abb. 639), bei dem sich die Warze zum Teil in das Werkstück eindrückt, gewährleistet eine sichere Schweißung.

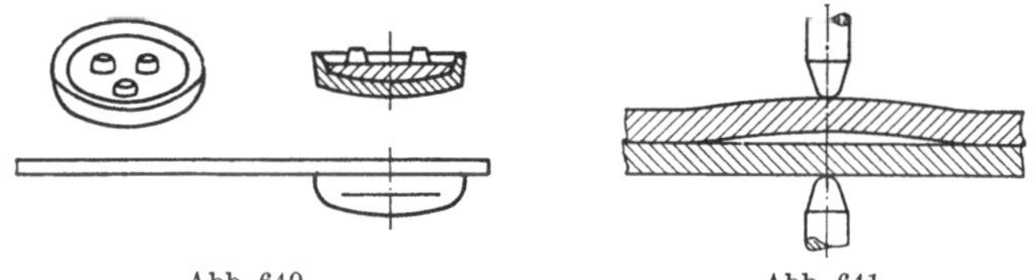

Abb. 640.

Abb. 641.

In einem ähnlichen Beispiel wird der Kontakt mit drei Warzen versehen, die sich so weit eindrücken, daß der Rand des Kontaktes aufliegt (Abb. 640).

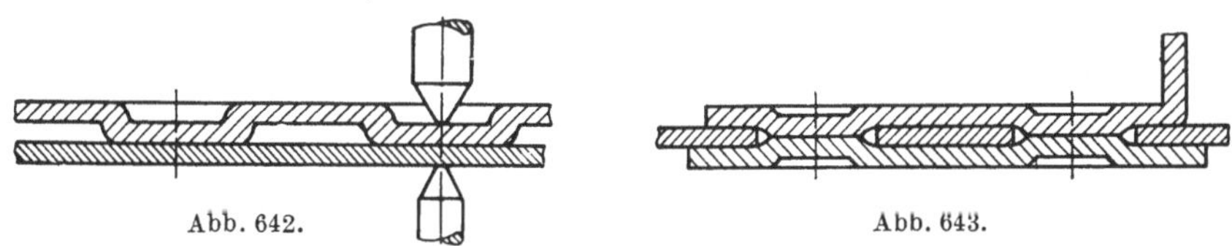

Abb. 642.

Abb. 643.

Eine wichtige Voraussetzung für eine sichere und gute Schweißung ist das gute Aufeinanderliegen der beiden zu verbindenden Bauteile an der Schweißstelle. Nicht immer genügt der Elektrodendruck, um die Bleche zur Anlage zu bringen. Wie schon erwähnt, ist es ein Vorteil der Warzenschweißung, daß diese Forderung erfüllt wird (Abb. 641).

Häufig werden aber auch Bauteile an den Verbindungsstellen zur Erzielung einer guten Auflage durchgedrückt und dann verschweißt, ohne daß diese Stellen wieder in ihre Ebene zurückgedrückt werden, weil die Elektroden anders als bei der Warzenschweißung angesetzt werden. Eine Verbindungsart, die der Warzenschweißung nur ähnlich ist, aber mit dieser nichts mehr zu tun hat (Abb. 642).

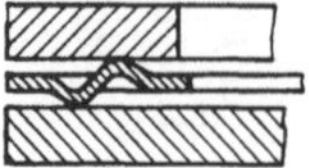

Abb. 644.

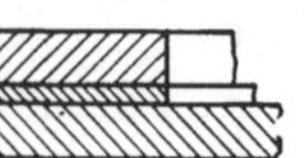

Abb. 645.

[Häufig angewandt, wenn ein schwer schweißbares Bauteil lediglich durch Einklemmen gehalten werden soll (Abb. 643). Ein kleiner Abstand, der erst durch den Elektrodendruck ausgeglichen wird, erhöht die Klemmwirkung (Abb. 644).] Abb. 645 zeigt eine Warzenschweißung von zwei dickeren und einem dünnen Blech.

c) Nahtschweißen.

1. Möglichkeiten und Gestaltung der Teile. Die Nahtschweißung ist ein aus der Punktschweißung hervorgegangenes Verfahren. An Stelle der Punktelektroden werden maschinell angetriebene Rollenelektroden verwendet. Die Rollen, von denen fast immer nur eine angetrieben wird, laufen gleichmäßig oder schrittweise. Der Schweißstrom wird durch einen Stromrichter oder einen Modulator gesteuert. Die Vorrichtungen werden, wie beim Punktschweißen, nach Bedarf gestaltet. Die Nahtschweißung ersetzt Nähte, die sonst durch Nieten, Falzen und Löten hergestellt werden.

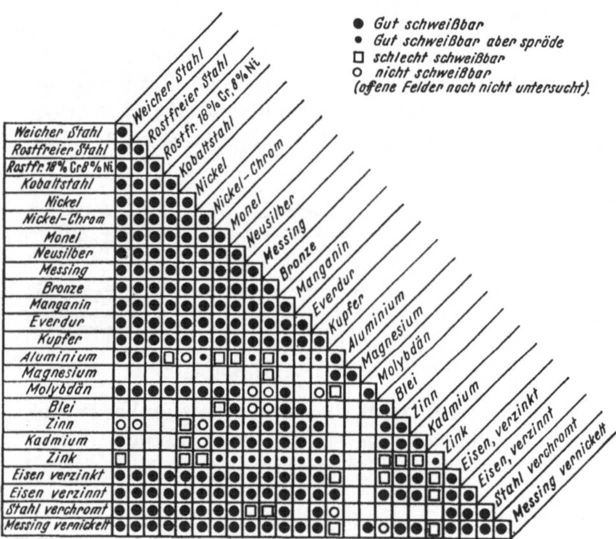

Abb. 646. Übersicht über die, mittels Punktschweißung schweißbaren Werkstoffe (nach FERGUSON).

Die *zeichnerische Darstellung* der Schweißstelle ist bei Stumpfschweißung und überlappter Schweißung durch einen dicken Strich gekennzeichnet, bei überlappter Verbindung an der Stelle der Schweißnaht (Abb. 647).

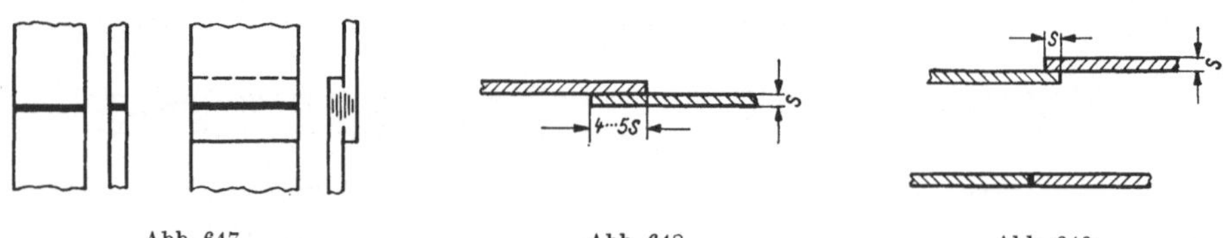

Abb. 647.   Abb. 648.   Abb. 649.

Gestaltung der Teile. Bei überlappter Ausführung der Schweißstelle sind die Teile so zu bemessen, daß die Überlappung mindestens 4 bis 5 s beträgt (Abb. 648). Eine geringe Überlappung (= Blechstärke) der Bleche wird durch den Rollendruck wieder auf Blechstärke verringert. Es entsteht eine Stumpfnaht (Abb. 649).

Stumpf aneinanderstoßende oder mit Bördelrand versehene Bleche ergeben eine, für geringe Ansprüche vollauf genügende, Stumpfnaht. An Stelle des Bördelrandes genügt vielfach der beim Schneiden der Bleche entstehende Grat. Bördelrand oder Grat werden beim Schweißen bis auf Blechstärke niedergedrückt (Abb. 650).

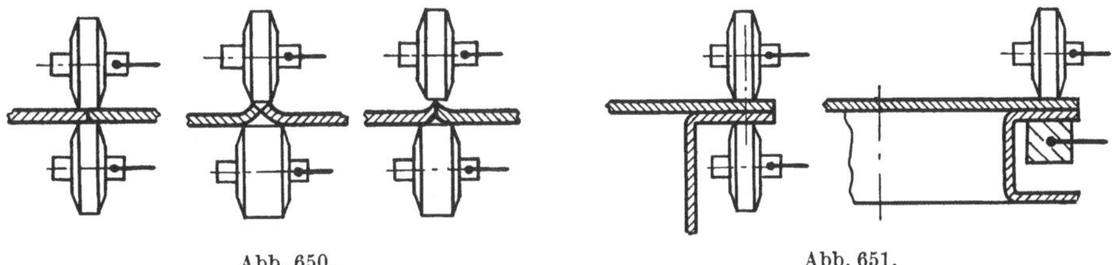

Abb. 650.   Abb. 651.

Die Festigkeit bei überlappter Schweißung ist größer. Wenn die Gegenseite des Werkstückes nicht zugänglich ist, wird eine feste Auflage als Gegenelektrode benutzt (Abb. 651).

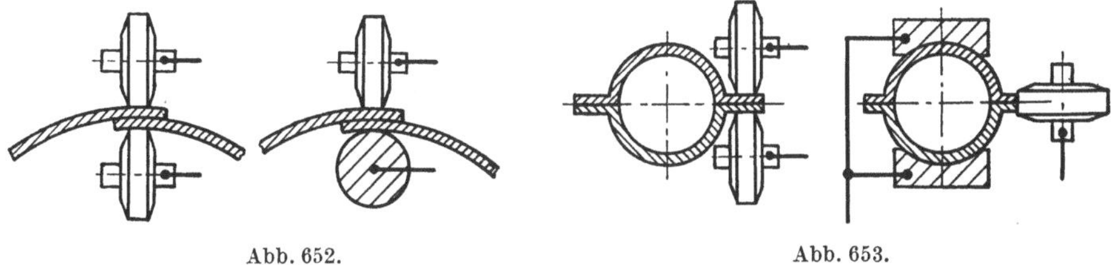

Abb. 652.   Abb. 653.

Die Form der Gegenelektrode kann dem zu schweißenden Werkstück angepaßt werden (Abb. 652).

Vielfach wird die Gegenelektrode als Spannelektrode oder Elektrodenfutter ausgebildet (Abb. 653).

Ähnlich der Punktschweißung ist die Anordnung der beiden Elektroden auf einer Seite oder je eines Elektrodenpaares auf beiden Seiten des Werkstückes möglich (Abb. 654 und 655).

Der Umstand, daß sich bei einer geringen Überlappung (1 × Blechstärke) die Bleche wieder in eine Ebene zurückdrücken lassen,

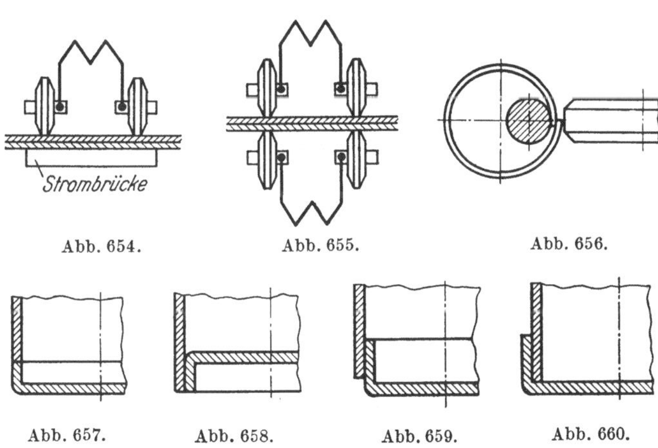

Abb. 654.   Abb. 655.   Abb. 656.

Abb. 657.   Abb. 658.   Abb. 659.   Abb. 660.

wird häufig zur Herstellung zylindrischer Teile benutzt (Abb. 656).

Auch das Einschweißen eines Bodens in zylindrische Gefäße wird in allen möglichen Abarten mittels Nahtschweißung ausgeführt. Voraussetzung ist, bei ineinandergefügten Teilen eine gute Passung, um an allen Stellen ein gutes Aufeinanderliegen der beiden zu verbindenden Teile zu erreichen. Je nach Gestaltung des Bodens werden die Rollenelektroden den jeweiligen Bedürfnissen angepaßt.

In den Abb. 657 bis 660 einige Beispiele nahtgeschweißter, runder Gefäße.

7*

Eine wegen der guten Anlage mit Passung auszuführende Verbindung zweier Rohre mittels Nahtschweißung, die zwar möglich ist, aber selten ausgeführt wird, zeigt Abb. 661.

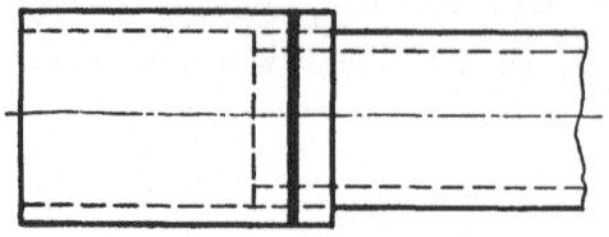

Möglich ist auch, wie in Abb. 662 dargestellt, die Verbindung von Blechen und Rundstäben durch

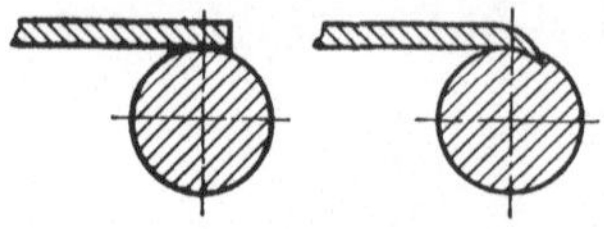

Abb. 661.

Abb. 662.

Rollennahtschweißung. Der Rundstab wird dabei von einer Spannelektrode gehalten und der Rand des Bleches durch eine Rollenelektrode niedergeschmolzen.

III. Schmelzschweißen.

a) Gasschmelz- und Lichtbogenschweißen.

Die Gasschmelzschweißung (autogene Schweißung) und die Lichtbogenschweißung sind, trotz der Verschiedenheit ihrer Energiequellen, hinsichtlich ihrer Anwendungsmöglichkeit eng miteinander verwandt. Die für den Konstrukteur wichtigen Eigenheiten der beiden Verfahren sollen kurz aufgezeigt werden, da sie zum Teil die Gestaltung der Teile und die Güte der Verbindung beeinflussen.

Bei der Lichtbogenschweißung erfolgt der Schweißvorgang sehr rasch. Die Schweißstelle wird schnell erhitzt und erweicht; die entstehende Erweichungszone bleibt klein und kühlt deshalb auch rasch ab. Bei der Gasschmelzschweißung wird die Schweißstelle länger heiß gehalten. Daraus folgt der Nachteil der größeren Wärmewirkungen bei der Gasschmelzschweißung. Der Lichtbogenschweißung ist also dort der Vorzug zu geben, wo Spannungen und Schrumpfungen gefährlich werden können, bei Teilen größerer Abmessungen, Blechtafeln u. dgl., bei winkelig zueinander stehenden Teilen (Kehlnähte), vor allem aber bei überlappter Schweißung. Überall dort, wo Wärmewirkungen keine Rolle spielen, sei es durch die entsprechende Gestaltung der Teile oder bei Metallen mit großer Wärmeleitfähigkeit, kann auch die Gasschmelzschweißung angewandt werden. Sie wird bevorzugt bei Verbindungen mit großer Biegebeanspruchung, weil die Schweißnaht widerstandsfähiger und zäher ist als bei der Lichtbogenschweißung. Hauptanwendungsgebiet ist die Verbindung stumpf aneinanderstoßender Bleche (Stumpfnähte).

Durch die Verbesserung der einzelnen Verfahren sucht man, die ihnen noch anhaftenden Mängel zu beseitigen. Hauptsächlich die Lichtbogenschweißung wird mehr und mehr vervollkommnet. So sucht man beispielsweise das schnelle Erkalten der Schweißstelle und die Aufnahme von Luftsauerstoff und Stickstoff zu verhindern (siehe auch Arcatomschweißung).

Die Kehlnaht wird gegenüber der Stumpfnaht gerne bevorzugt, da die Bearbeitung der Kanten im allgemeinen entfällt; dagegen ist die Stumpfnaht, besonders bei wechselnden Beanspruchungen, der Kehlnaht überlegen, da bei letzterer der Kraftlinienfluß immer abgelenkt und nie so geradlinig ist wie bei der Stumpfnaht.

Die Lichtbogenschweißung, die den elektrischen Lichtbogen zum Schmelzen benutzt, findet in vielerlei Abarten Anwendung. Es wird sowohl mit Gleichstrom wie mit Wechselstrom geschweißt. Der Lichtbogen wird entweder zwischen zwei Elektroden oder zwischen Elektrode und Werkstück gezogen. Verwendet werden Kohle- oder Metallelektroden. Vorgang und Aussehen der Schweißung sind der Gasschmelzschweißung ähnlich. Bei Stumpfschweißung werden die Bleche wie bei der Gasschmelzschweißung gestaltet.

Der Lichtbogen wird gezogen zwischen Kohle und Werkstück (Benardos-Verfahren, Abb. 663) oder zwischen zwei Kohleelektroden (Zerener-Verfahren, Abb. 664). Bei diesem Verfahren entsteht durch magnetische Ablenkung des Lichtbogens eine auf das Werkstück gerichtete Stichflamme.

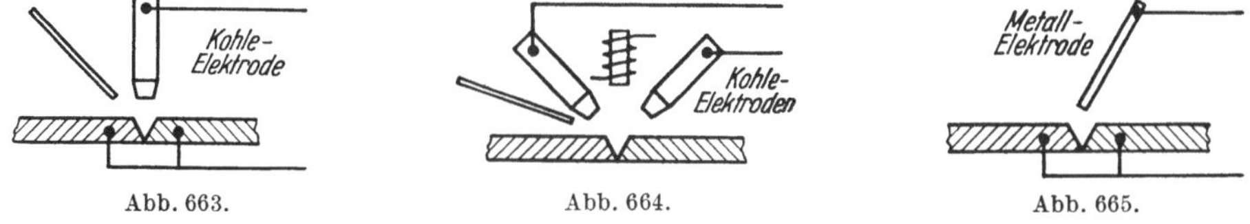

Abb. 663.   Abb. 664.   Abb. 665.

Am gebräuchlichsten ist die Lichtbogenschweißung mittels Metallelektrode (Slavianoff-Verfahren), bei dem die Elektrode gleichzeitig der Zusatzstab ist, der beim Schweißvorgang abschmilzt und die Schweißfuge ausfüllt (Abb. 665).

1. Benennung der Nähte. Unabhängig vom Schweißverfahren unterscheidet man der Form nach die *Stumpfnaht* für Bleche oder flache Teile, die stumpf zusammenstoßen (Abb. 666) und die *Kehlnaht* für winkelig zueinanderstehende Teile (Abb. 667).

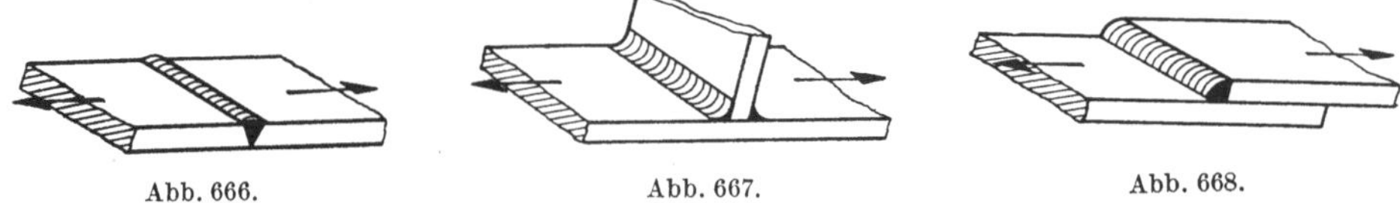

Abb. 666.   Abb. 667.   Abb. 668.

Bei Kehlnähten spricht man von *Stirnnaht* (Abb. 668), *Flankennaht* (Abb. 669) und *Schrägnaht* (Abb. 670), je nach Lage zur Kraftrichtung, in der das Teil beansprucht wird.

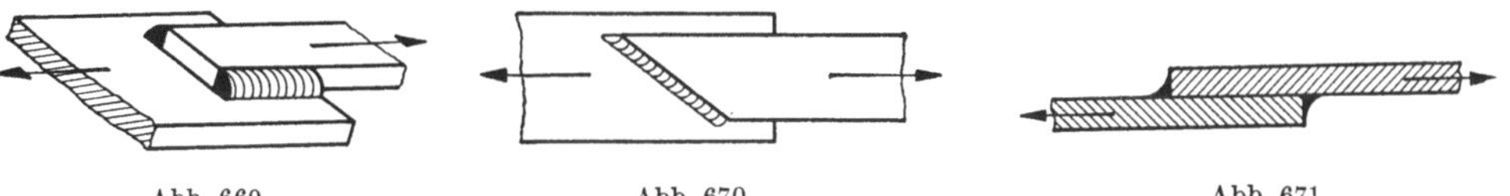

Abb. 669.   Abb. 670.   Abb. 671.

Vielfach werden die Nähte auch danach benannt, wie die zu verbindenden Teile zusammenstoßen. Man spricht dann von *Überlappungsstoß* (Abb. 671), *Bördelstoß* (Abb. 672), *Winkel-* und *T-Stoß* (Abb. 673), je nach Anordnung der zu verbindenden Teile.

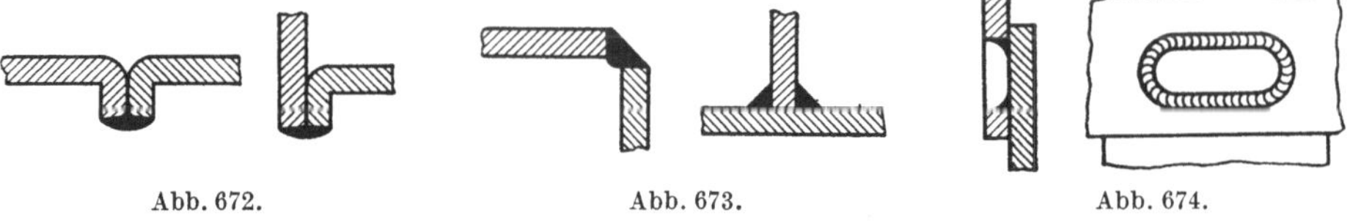

Abb. 672.   Abb. 673.   Abb. 674.

Von *Lochschweißungen* spricht man, wenn eines der Teile ein Loch oder einen Schlitz zur Aufnahme der Schweißnaht erhält (Abb. 674).

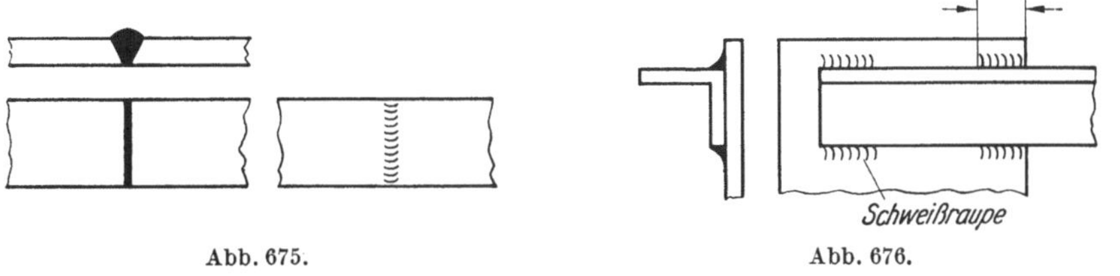

Abb. 675.   Abb. 676.

2. Gestaltung der Teile. Wie in Abb. 675 gezeigt, wird der Verlauf der Schweißnaht im allgemeinen als dicker Strich dargestellt. Schweißraupen werden durch Halbrundlinien in der Draufsicht nur dargestellt, wenn dies zum besseren Verständnis der Zeichnung notwendig ist oder wenn die Länge der Schweißnaht be-

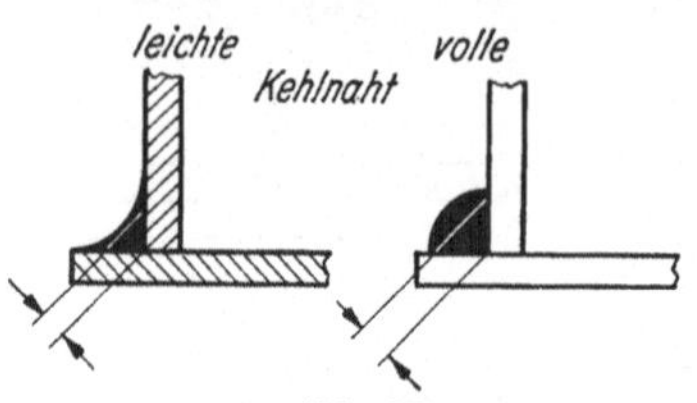

Abb. 677.

maßt werden muß (Abb. 676). Zur Bemaßung des Querschnittes der Kehlnaht wird jeweils die Höhe des eingeschriebenen Dreieckes angegeben (Abb. 677). Die Darstellung der Kehlnaht ist in Ansicht und Schnitt gleich. (Im übrigen können Schweißsinnbilder nach DIN 1912 angewendet werden.)

Darstellung und Gestaltung der Teile gilt sowohl für Gasschmelzschweißung wie für Lichtbogenschweißung, unter Berücksichtigung der einleitend erwähnten Unterschiede beider Verfahren.

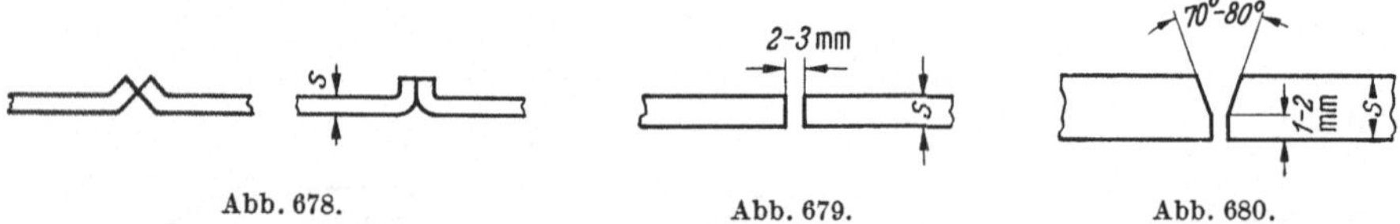

Abb. 678.   Abb. 679.   Abb. 680.

Es wird angewendet die „Bördelschweißung" bis zu einer Blechstärke s = 1,5 mm. Der umgebördelte Rand wird beim Schweißen niedergeschmolzen (Bördelnaht) (Abb. 678), die „I-Naht" für Blechstärken bis $s = 5$ mm (Abb. 679), die „V-Naht" für Blechstärken bis $s = 15$ mm (Abb. 680), die „X-Naht" für

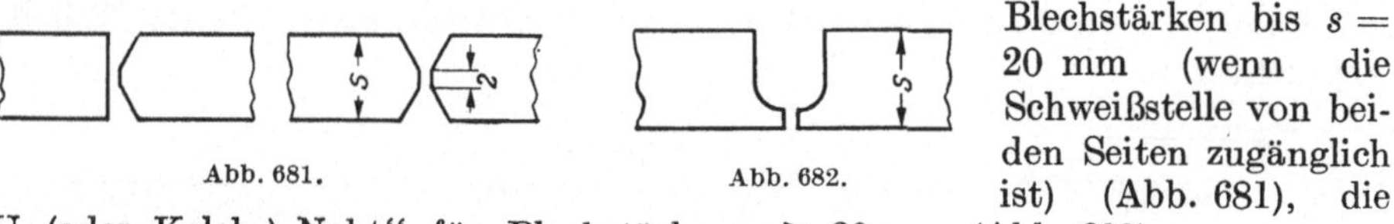

Abb. 681.   Abb. 682.

Blechstärken bis $s = 20$ mm (wenn die Schweißstelle von beiden Seiten zugänglich ist) (Abb. 681), die „U- (oder Kelch-) Naht" für Blechstärken $s \geq 20$ mm (Abb. 682).

Bei der Gestaltung der Teile ist Größe und Art der Beanspruchung ausschlaggebend. Die Verbindung in Anlehnung an die bei Vernietung übliche Gestaltung (Überlappung, Laschen, Knotenbleche) führt meist zu Fehlkonstruktionen, da die Festigkeit im allgemeinen geringer und die Korrosionsgefahr größer wird.

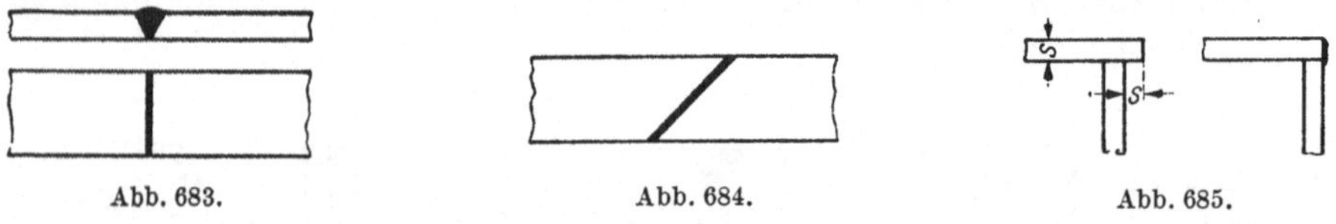

Abb. 683.   Abb. 684.   Abb. 685.

Bei reiner Zugbeanspruchung verwendet man deshalb vorwiegend die Stumpfnaht (Abb. 683). Durch eine schräge Stumpfnaht kann die Festigkeit noch erhöht werden (Abb. 684). Bei winkelig zueinanderstehenden Blechen und Blechstärken bis etwa 4 mm kann bei geringen Festigkeitsanforderungen ein überstehender Rand niedergeschmolzen werden (Abb. 685). Abb. 686 zeigt übliche, einfache Ver

Abb. 686.   Abb. 687.

bindungen winkelig zueinander stehender Bleche bei geringen Beanspruchungen Bei

spiel 1 und 2 lassen ein besseres Anpassen zu. Im Beispiel 3 wird durch das Durchschweißen eine größere Festigkeit erreicht. In Abb. 687 sind dieselben Beispiele mit einer durch eine zweite Schweißnaht erzielten höheren Festigkeit dargestellt. In Abb. 688 sollen zwei Beispiele gezeigt werden, bei denen durch eine zweckmäßige Gestaltung der Stoßkante ein gutes Anpassen der Teile und eine,

besonders im zweiten Beispiel, hohe Festigkeit erreicht werden.

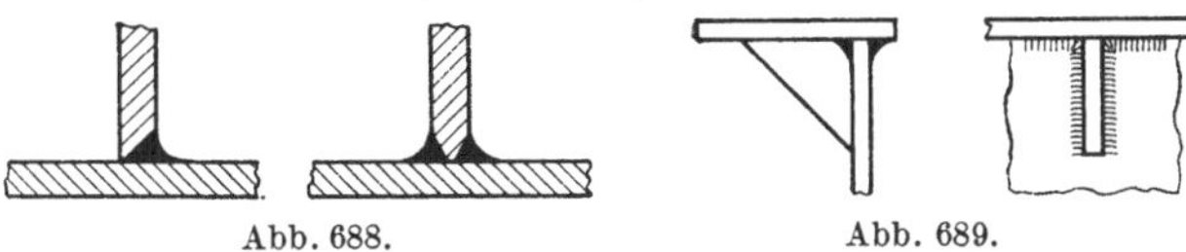

Abb. 688.　　　　　Abb. 689.

Bei Biegebeanspruchung kann die Schweißstelle durch Rippen u. dgl., wie das beispielsweise in Abb. 689 dargestellt ist, entlastet werden.

Die Verbindungsstelle soll möglichst nicht an die Stelle großer Querschnittswechsel gelegt werden (Abb. 690). Abb. 691 zeigt die Verbindung von zylindrischen Teilen, Platten und Flanschen mit Rohren u. dgl. Zur Zentrierung oder besseren Anpassung, zylindrische Teile mit Ansatz versehen, Rohre bessereinschweißen, als stumpf aufschweißen. Bei diesen

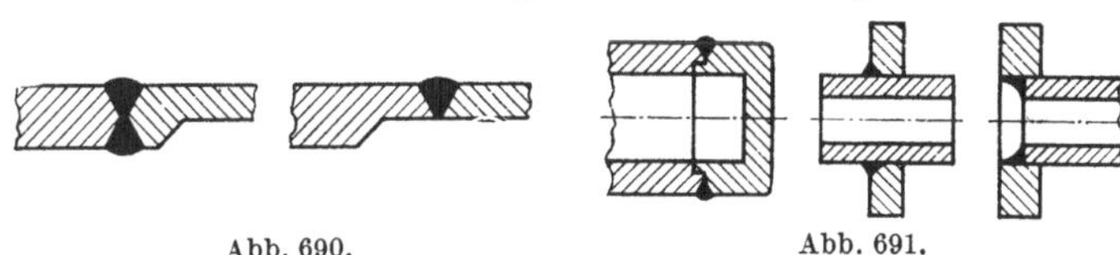

Abb. 690.　　　　　Abb. 691.

Hinweisen ist allerdings schon weitgehend auf die besonderen Belange der Feinwerktechnik Rücksicht genommen. Die in Abb. 691 gezeigten Beispiele stellen nicht mehr die festigkeitsmäßig beste Lösung dar, sie erleichtern unter Verzicht auf die größtmögliche Festigkeit lediglich dem Schweißer die Arbeit. Für die festigkeitsmäßig beste Lösung ist immer die Stumpfnaht wie im zweiten Beispiel der Abb. 695 anzustreben.

Durch Zentrieransätze wird ein genauer Abstand aufzuschweißender Teile gewährleistet. Abb. 692 zeigt einen solchen Fall.

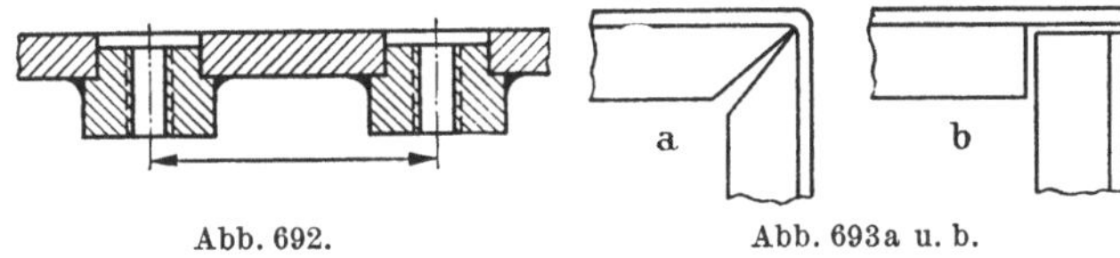

Abb. 692.　　　　　Abb. 693a u. b.

In Abb. 693 ist im Beispiel a eines Winkeleisenprofils der Winkel größer als 90° ausgespart, so daß nach dem Biegen noch eine Lücke für die Unterbringung des Schweißgutes bleibt. Im Beispiel b ist eine Haltevorrichtung beim Schweißen notwendig. Dafür wird im Falle b gegenüber a bessere Maßhaltung und geringeres Verziehen gewährleistet.

Die Anhäufung mehrerer Nähte an der gleichen Stelle ist wegen der großen Wärmebeanspruchung nach Möglichkeit zu vermeiden. (Im zweiten Beispiel sind die Wärmebeanspruchungen geringer.) (Abb. 694.)

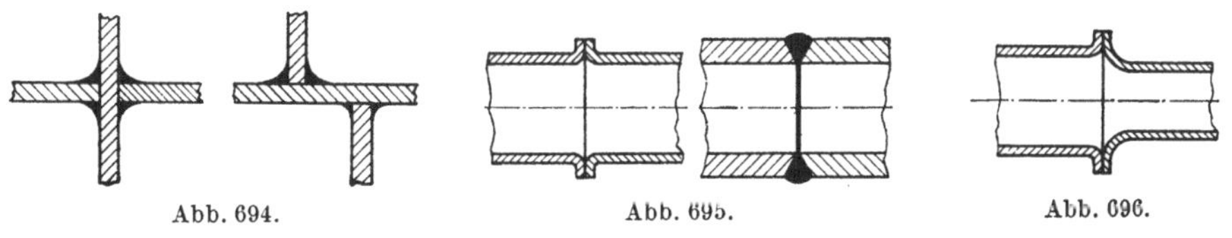

Abb. 694.　　　　　Abb. 695.　　　　　Abb. 696.

Rohrverbindungen werden bei dünnwandigen Rohren durch Bördelschweißung, bei größeren Wandstärken in der üblichen Stumpfschweißung ausgeführt (Abb. 695), die in allen Fällen, bei denen die Festigkeit eine Rolle spielt, bei Behältern, Rohr- oder Flanschverbindungen, bei Armaturen usw. angestrebt werden soll und auch den bestmöglichen Kraftfluß ergibt.

Bei Rohren verschiedener Weite wird das Rohr mit der kleineren Abmessung weiter aufgebördelt (Abb. 696).

Bei abgewinkelten Blechen und geringer Blechstärke (bis 1,5 mm) kann die abgewinkelte Blechkante niedergeschmolzen werden (Abb. 697).

Abgewinkelte Bleche (sog. Bördelstoß) werden in den verschiedensten Zusammenstellungen miteinander verschweißt. Dabei wird der umgebördelte oder überstehende Blechrand meist ohne Hinzufügen von Schweißgut zum Schweißen benutzt und teilweise niedergeschmolzen (Abb. 698).

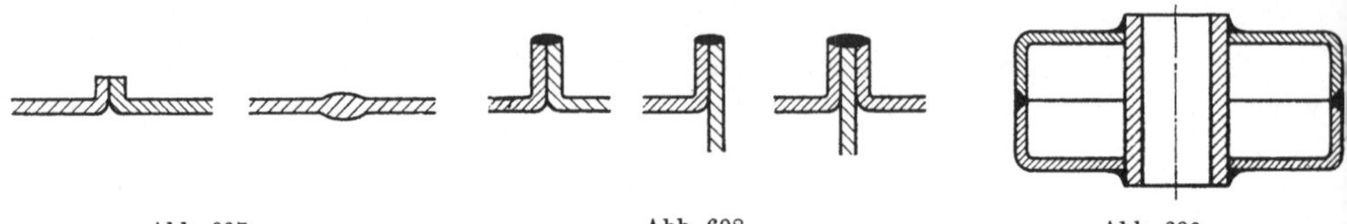

Abb. 697. Abb. 698. Abb. 699.

Abb. 699 zeigt eine Laufrolle (für Transformatoren u. dgl.) als typisches Beispiel eines aus mehreren Teilen zusammengesetzten verschweißten Bauteiles (DIN 42561), Durchmesser 100 bis 200 mm, Blechstärke 3 bis 5 mm, Wandstärke des Rohres 6 bis 7 mm.

3. Überschlägige Berechnung der Schweißnaht.

Es bedeuten:

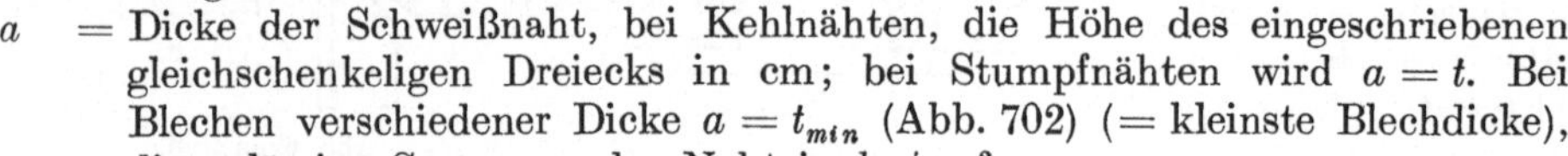

Abb. 700.

ϱ = die Spannung der Naht in kg/cm²,

P = die Größe der durch die Schweißverbindung zu übertragenden Kraft in kg (Abb. 700),

l = Länge der Schweißnaht in cm,

a = Dicke der Schweißnaht, bei Kehlnähten, die Höhe des eingeschriebenen gleichschenkeligen Dreiecks in cm; bei Stumpfnähten wird $a = t$. Bei Blechen verschiedener Dicke $a = t_{min}$ (Abb. 702) (= kleinste Blechdicke),

ϱ_{zul} = die zulässige Spannung der Naht in kg/cm²,

t = Dicke des Bleches in cm (Abb. 701),

σ_{zul} = zulässige Spannung des zu verschweißenden Werkstoffes in kg/cm².

Die Spannung in der Schweißnaht ist

$$\varrho = \frac{P}{(\Sigma a \cdot l)} \quad \text{(nach DIN 4100)}.$$

Die zulässigen Werte für ϱ ($= \varrho_{zul}$) in Abhängigkeit von der zulässigen Spannung in dem zu verschweißenden Werkstoff sind (nach DIN 4100) nachfolgender Tabelle zu entnehmen:

Zulässige Spannung ϱ_{zul}:				
Stumpfnaht:				Kehlnaht:
Zug	Druck	Biegung	Abscheren	Alle Belastungsfälle
$0{,}75 \cdot \sigma_{zul}$	$0{,}85 \cdot \sigma_{zul}$	$0{,}80 \cdot \sigma_{zul}$	$0{,}65 \cdot \sigma_{zul}$	$0{,}65 \cdot \sigma_{zul}$

Die zulässige Belastung für die Schweißnaht wird demnach:

$$P = \Sigma (a \cdot l) \cdot \varrho_{zul}.$$

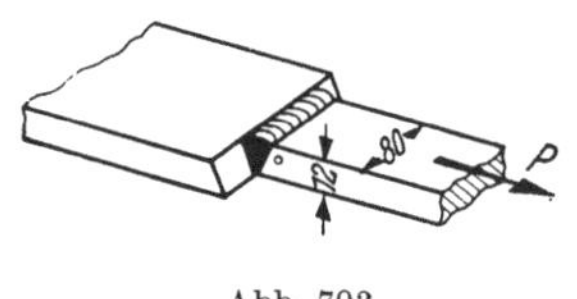

Abb. 701.

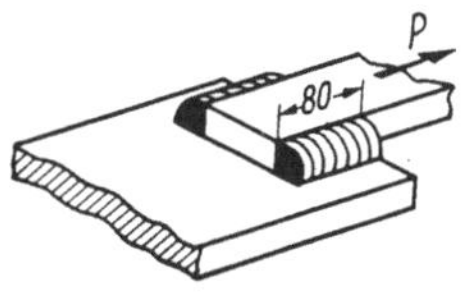

Abb. 702.

Beispiele: (Abb. 703 bis 705).

Abb. 703.
Stumpfnaht
$\sigma_{zul} = 1400\ \text{kg/cm}^2$
$\Sigma\,(a \cdot l)\,\varrho_{zul} = 1{,}2 \cdot 8 \cdot 0{,}75 \cdot 1400$
$= 10080\ \text{kg}$

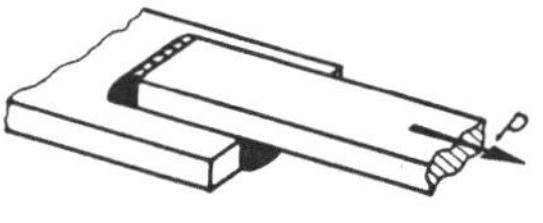

Abb. 704.
Kehlnaht (2 Stirnnähte)
$a = 0{,}7 \cdot 12 = 8{,}4\ \text{mm}$
$\Sigma\,(a \cdot l)\,\varrho_{zul} =$
$2 \cdot 0{,}84 \cdot 8 \cdot 0{,}75 \cdot 1400 = 14112\ \text{kg}$

Abb. 705.
Kehlnaht
(2 Flankennähte).
Berechnung wie im vorher-
gehenden Beispiel.

IV. Sonderverfahren.

Eine Reihe von Sonderschweißverfahren versuchen den einen oder anderen Nachteil, der den gebräuchlichen Schweißverfahren anhaftet, zu vermeiden oder sind für besondere Zwecke entwickelt worden. Im nachfolgenden werden die wichtigsten dieser Sonderverfahren, die alle in das Gebiet der Schmelzschweißung gehören, kurz behandelt.

Ellira-Verfahren. Beim Ellira-Verfahren wird ein besonderes Pulver (Ellira-Schweißpulver) zur Erzielung der notwendigen Wärme benutzt. Das Pulver dient außerdem zur Schaffung eines gut schützenden Schlackenüberzuges, wodurch eine reine Schweißnaht erreicht wird, es wird mit einer Zündpille gezündet, zum Schweißen werden blanke Elektroden benutzt. Gearbeitet wird mit Gleich-, vorwiegend aber Wechselstrom. Das Verfahren ergibt einen hohen Einbrand, ermöglicht große Schweißgeschwindigkeit, ergibt schlackenfreie Nähte und läßt die Schweißung dicker Bleche (60 mm) in einer Lage zu.

Schweißen unter Schutzgas. Der für die Güte der Schweißung schädlichen Aufnahme von Sauerstoff und Stickstoff aus der Luft, besonders beim elektrischen Lichtbogenschweißen, sucht man durch das Schweißen unter Schutzgas zu begegnen. Die zwei bekanntesten Verfahren sind das „Arcogen-Verfahren" und das „Arcatom-Verfahren".

Arcogen-Verfahren. Das Arcogen-Verfahren macht sich die Vorteile der Lichtbogenschweißung und die der Gasschmelzschweißung (autogene Schweißung) unter weitgehender Ausschaltung der Nachteile beider Verfahren zunutze. Geschweißt wird mittels elektrischen Lichtbogen und ummantelter Elektrode. Der Lichtbogen ist zum Schutz gegen Luftsauerstoff und Stickstoff von einer Azetylenschweißflamme umgeben. In dieser Flamme wird die Trennstrecke zwischen Elektrode und Werkstück leichter ionisiert, weswegen der Lichtbogen leicht gezogen und gehalten werden kann.

Das Arcogen-Verfahren hat nicht die Bedeutung erlangt wie das Arcatom-Verfahren.

Verwendbar für Bleche von 0,8 mm an. Stumpf-, Bördel- und Kantennähte, Eisen und Nichteisenmetalle (außer Kupfer).

Arcatomschweißung (atomares Schweißen). Wechselstromlichtbogen zwischen Wolframelektroden, die nur als Stromleiter dienen. Durch ringförmig um die Elektroden angeordnete Düsen wird Wasserstoffgas geblasen, das den Zutritt von Sauerstoff und Stickstoff aus der Luft verhindert. Durch die Licht-

bogentemperatur werden Wasserstoffmoleküle in Atome gespalten, die sich beim
Auftreffen auf die Schweißstelle wieder zu Molekülen vereinigen. Die frei werdende
Spaltwärme kommt der Schweißstelle zugute (Abb. 706).

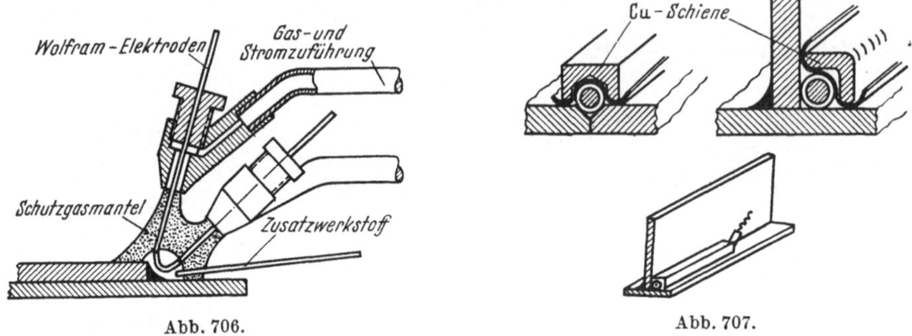

Abb. 706.   Abb. 707.

Elin-Hafergut-Verfahren, zur selbsttätigen Lichtbogenschweißung ohne
maschinelle Einrichtung. Eine ummantelte Elektrode wird auf die Schweißstelle
gelegt, mit Papier und einer darüberliegenden Cu-Schiene abgedeckt. Das Werkstück und ein Ende der Elektrode werden an den Schweißumformer angeschlossen.
Am freien Ende der Elektrode wird durch kurzzeitiges Darüberstreichen der Lichtbogen entzündet, der dann die Elektrode über der Schweißnaht selbsttätig ab-
schmelzen läßt. Für Bleche von 0,5 mm ab (Abb. 707).

Weibel-Verfahren. Ein Widerstandsschmelzschweißverfahren für die Verbindung von dünnen Blechen aus Leichtmetallegierungen bis 2 mm Dicke. Die
Kohleelektroden werden durch Kurzschließen
auf Rotglut erhitzt und dann an den auf-
gebördelten Blechrändern entlanggeführt, der
Werkstoff schmilzt und fließt in die Naht-
fuge. Für Stahl nicht geeignet (Abb. 708).

Heliarc-Verfahren. Da sich Leichtmetallegierungen, vor allem Magnesium-
legierungen, nicht ohne weiteres schweißen
lassen, weil sie bei den hohen Temperaturen
mit dem Sauerstoff der Luft verbrennen,

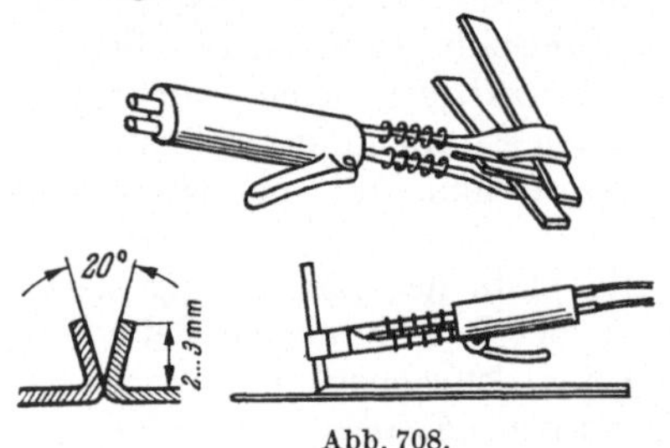

Abb. 708.

wird beim Heliarc-Verfahren versucht, den Luftsauerstoff von der Schweißstelle
fernzuhalten. Der Abschluß von der umgebenden Luft wird durch Helium bewirkt.
Dadurch wird die Oxydation des Metalls verhindert und die Anwendung eines
besonderen Flußmittels unmöglich. Das Helium führt sehr viel Wärme ab, so daß
unangenehme Wärmestauungen verhindert werden.

V. Schweißen von Aluminium und Aluminiumlegierungen.

Aluminium läßt sich wie jedes Schwermetall schweißtechnisch verarbeiten, sofern auf die besonderen Eigenschaften des Aluminiums Rücksicht genommen wird.
Anwendbar sind alle für das Schweißen von Schwermetall gebräuchlichen Verfahren. Die für das Schweißen von Aluminium wichtigen Eigenheiten des Materials
sind neben der guten elektrischen Leitfähigkeit eine große Wärmeaufnahmefähig-
keit und Wärmeleitfähigkeit. Außerdem überzieht sich das Aluminium mit einer
Oxydhaut, die erst durch Anwendung von besonderen Flußmitteln aufgelöst
werden muß, um die Schweißung zu ermöglichen. Diesen Besonderheiten muß auch
bei den Schweißmaschinen für elektrische Widerstandsschweißung Rechnung ge-

tragen werden. Die Maschinen haben größere Leistung und Einrichtungen zur besseren Regelung von Schweißstrom, Schweißzeit und Schweißdruck. Im übrigen sind die Vorgänge dieselben wie beim Schweißen von Schwermetall. Leichtmetall mit Schwermetall zu verschweißen, ist nicht zu empfehlen. Lediglich Kupfer- und Aluminiumleiter werden häufig stumpf geschweißt (Widerstandsschweißung).

Elektrische Widerstandsschweißung. Stumpfschweißung bis zu Querschnitten von 300 mm² möglich.

Punktschweißung bis max. 2×3 mm Blechdicke,

Nahtschweißung bis max. 2×3 mm Blechdicke.

Gasschmelzschweißung. Bei Blechdicken bis 1,5 mm: Bördelschweißung, von 1 bis 3 mm: I-Naht, von 3 bis 12 mm: V-Naht, von 8 mm aufwärts: X-Naht, von 12 mm aufwärts: U-Naht. (Wenn das Bauteil nur von einer Seite zugängig ist.)

Elektrisches Lichtbogenschweißen. Bei Blechdicken von 2 bis 6 mm: I-Naht, von 6 bis 12 mm: V-Naht, über 12 mm: X-Naht.

Arcatomschweißung. Für Blechdicken bis 15 mm.

VI. Schweißen von thermoplastischen Kunststoffen.

Kunststoffe werden nicht mit der Flamme, sondern mit heißer Luft geschweißt. Die heiße Luft (Schweißluft) wird mit dem Schweißgerät durch eine elektrisch oder gasbeheizte Vorrichtung erzeugt. Die notwendige Temperatur- und Ausströmgeschwindigkeit der Heißluft richtet sich nach der Art der auszuführenden Schweißverbindung.

Bei normalen Stumpfnähten wird ein Gütefaktor von 0,6 bis 0,8 erreicht.

Zum Schweißen werden Schweißstäbe aus dem Grundwerkstoff verwendet. Die Verbindung geht im teigigen Zustand der Schweißstelle vor sich.

Nach den Angaben der Schweißtechnischen Lehr- und Versuchsanstalt, Halle, wird das Schweißverfahren in erster Linie angewendet für Erzeugnisse aus hartem Polyvinylchlorid ohne Weichmacher und ohne Füllstoffe („Vinidur", „Decelith H", „Mipolam H"), ferner auch für Erzeugnisse aus Vinylchlorid-Mischpolymerisation („Astralon", „Decelith MP" und „Mipolam MP"), für Erzeugnisse aus Polysobutylen („Oppanol ORG"), Polymethakrysäuremethylester („Plexiglas"), Polystryrol („Trolitul") u. a.

Für jeden dieser Kunststoffe gelten beim Schweißen zum Teil voneinander abweichende Bedingungen.

Für die Gestaltung der Teile gelten ähnliche Richtlinien wie bei der Metallschweißung. Da kein Schmelzfluß entsteht, wie bei der Metallschweißung, müssen die Schweißnahtkanten bei Stumpfnähten bereits von 1 mm Werkstoffdicke an abgeschrägt werden.Der Öffnungswinkel beträgt bis zu 5 mm Dicke 60°, über 5 mm 70° (Abb. 709).

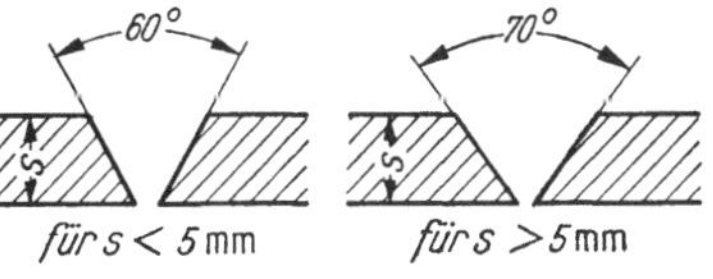

Abb. 709.

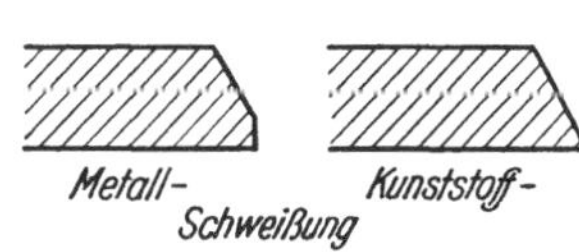

Abb. 710.

Um Fehler in einer ungenügend geschweißten Wurzel einer Naht zu vermeiden, muß die Ausführung der Abschrägung der zu verbindenden Teile entgegen der

Metallschweißung über die ganze Dicke des Materials ausgeführt sein. Bei größeren Dicken wird wie beim Metallschweißen auch die gleichseitige oder ungleichseitige X-Naht vorgesehen, sofern das Werkstück von beiden Seiten zugänglich ist (Abb. 710).

Schweißen nach Art des elektrischen Stumpfschweißens. Teile aus thermoplastischen Kunststoffen können in einem dem elektrischen Stumpfschweißen ähnlichen Verfahren verschweißt werden, wenn sie mit elektrischen Heizgeräten bis auf Fließtemperatur erwärmt und dann durch Druck miteinander verbunden werden. Auf diese Weise lassen sich

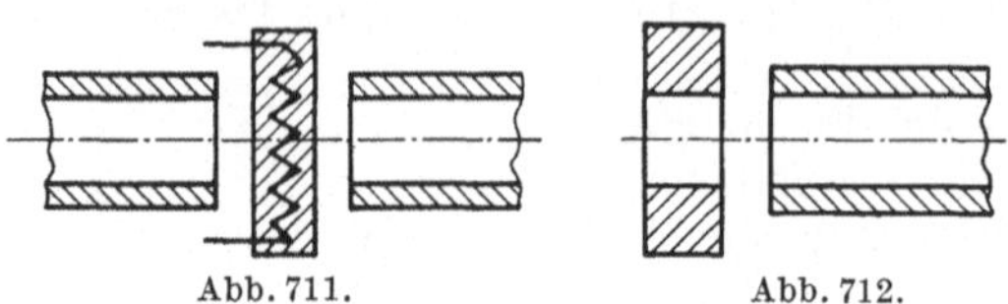

Abb. 711.   Abb. 712.

Werkstücke mit gleichem oder unterschiedlichem Querschnitt miteinander oder mit flächigen Teilen verbinden (Abb. 711).

Auch durch Reibungswärme können Teile so weit vorgewärmt werden, daß eine Verbindung möglich wird. (Meist zur Verbindung von Drehteilen auf der Drehbank ausgeführt, wobei das eine Teil eingespannt und bewegt, während das andere Teil stillsteht und auf das bewegte Teil gedrückt wird. Unter erhöhtem Druck werden beide Teile bei abgestellter Drehbank miteinander verbunden) (Abb. 712).

M. Lötverbindungen.

I. Allgemeines.

Löten nennt man die Verbindung von Teilen gleicher oder verschiedener Metalle unter Zuhilfenahme eines bei niedriger Temperatur schmelzenden Metalles oder einer geeigneten Legierung (Lot).

Dabei geht die Oberflächenschicht des zu lötenden Materials eine Legierung mit dem Lot ein. Die Löttemperatur entspricht der Schmelztemperatur des Lotes. Je nach dieser Schmelztemperatur unterscheidet man Weich- und Hartlote.

1. Weichlötung. Bei der Weichlötung kommen meist Zinnlote (nach DIN 1707) zur Anwendung. Die Löttemperatur liegt zwischen 260 und 300°. Für Sonderzwecke werden Lote mit sehr niedrigem Schmelzpunkt zwischen 70 und 100° verwendet. Die Weichlötung ist für fast alle Metalle anwendbar. In manchen Fällen ist eine vorherige Verzinnung der Teile zweckmäßig. Die Lötflächen müssen vor Ausführung der Lötverbindung sauber gemacht werden.

Die Festigkeit von Lötverbindungen ist der Festigkeit des Lotes entsprechend meist nur sehr gering und liegt bei etwa 4 bis 8 kg je mm². Wegen dieser geringen Festigkeit werden Lötverbindungen meist so gestaltet, daß die Lötstellen selbst entlastet werden. (Überlappte Lötung u. dgl.)

Die Festigkeit der Weichlötung ist geringer als die der Hartlötung.

Die Anwendung von Einbrennlacken und galvanischen Überzügen ist bei Weichlötverbindungen (im Gegensatz zur Hartlötung) nicht möglich. Die Lötstellen müssen wegen Korrosionsgefahr vor Feuchtigkeit geschützt werden.

Wegen der guten elektrischen Leitfähigkeit, der leichten Ausführbarkeit und der Lösbarkeit werden Weichlötverbindungen vorwiegend zur Verbindung von elektrischen Leitern verwendet. Darüber hinaus zum Verbinden wenig beanspruchter und zum Dichten anderweitig miteinander verbundener Teile.

Die Lötstelle selbst fällt meist unsauber aus und muß deshalb verputzt werden. Sofern Flußmittel verwendet werden, müssen diese wegen der Korrosionsgefahr entfernt werden, was sehr häufig aber nach Fertigstellung der Verbindung nicht mehr möglich ist.

2. Hartlötung. Für die Ausführung der Hartlötung kommen die üblichen Schlaglote mit einer Löttemperatur von 820 bis 875° (nach DIN 1711) in Frage und die Silberlote mit einer Löttemperatur von 720 bis 855° (nach DIN 1710). Für das Hartlöten von Aluminium und seinen Legierungen werden Temperaturen von 550 bis 620° benötigt. Die Festigkeit von Hartlötverbindungen beträgt bei

Schlagloten etwa 20 kg je mm²,
Silberloten „ 22 kg je mm².

Ähnlich der Weichlötung kann die Festigkeit der Verbindung durch geeignete Gestaltung der Teile (Überlappung u. dgl.) wesentlich erhöht werden. Die erreichbaren Festigkeiten sind etwa mit einer Schweißverbindung zu vergleichen. Die Gefahr des Durchbrennens ist bei einer Hartlötverbindung geringer als bei einer Schweißverbindung.

Die Oberfläche wird meist sehr unsauber und muß nötigenfalls nachgearbeitet werden. Eine Oberflächenbehandlung mit Einbrennlacken und galvanischen Überzügen, desgleichen Emaillierung, ist möglich.

Hartlötverbindungen werden meist dann angewendet, wenn Weichlötverbindungen wegen der im Betrieb auftretenden Temperatur nicht mehr möglich sind. In der Massenfertigung hat das Hartlöten erst durch die Einführung der Schutzgaslötung große Anwendung gefunden.

Wenn man von der Hartlötung unter Schutzgas absieht, kann gesagt werden, daß sowohl Weichlöt- als Hartlötverbindungen in der Feinwerktechnik zwar sehr verbreitet sind, aber bei weitem nicht die Bedeutung haben, wie dies allgemein angenommen wird. Die Verfahren sind zu unwirtschaftlich, man sucht sie deshalb zu vermeiden und durch geeignetere Verbindungsarten zu ersetzen.

3. Die verschiedenen Lötverfahren. Die praktische Ausführung der Lötung (Weichlötung oder Hartlötung) ist sehr verschieden und richtet sich nach der Art der zu verbindenden Teile nach der Stückzahl und den jeweils gegebenen Fertigungsmöglichkeiten. Es gibt Lötverfahren, bei denen lediglich die Lötstelle und solche, die die teilweise oder vollständige Erwärmung der Werkstücke bedingen.

Ofenlötung. Das für die Feinwerktechnik wichtigste Lötverfahren ist die Ofenlötung (Lötung unter Schutzgas), wobei die fertig zusammengebauten und mit Lot versehenen Teile in einem Ofen unter Schutzgasatmosphäre erwärmt werden. Verwendet werden Durchlauföfen und Drehherdöfen. (Näheres über dieses Verfahren unter „Hartlöten unter Schutzgas".)

Kolbenlötung. Das bekannteste Lötverfahren ist die Lötung mit dem Lötkolben, eines mit Holzkohlenfeuer, Gebläse oder durch elektrische Heizung auf etwa 550° erwärmten Kupferklotzes. Die Anwendung dieses Verfahrens setzt die Zugänglichkeit der Lötstelle voraus. Das Verfahren hat den Vorteil, daß eine Überhitzung des Lotes und ein Verziehen der Teile wegen der geringen Breite der erwärmten Zone vermieden wird.

Flammenlötung. Wenn die Erwärmung durch den Lötkolben nicht mehr ausreicht, wendet man die Flammenlötung an. Bei diesem Verfahren werden die zu verbindenden Teile durch Lötlampen, Schweißbrenner oder Kohlelichtbogen erhitzt. Die Flammenlötung ist für Hart- und Weichlötung geeignet und wird vor allem bei größeren Lötflächen bevorzugt.

Drucklötung. Bei der Drucklötung werden die Teile vorher verzinnt, zwischen Eisenbacken gespannt und unter Druck erwärmt und dabei verlötet. Häufig geschieht die Erwärmung auch elektrisch (Kohlebacken). Das Verfahren ist geeignet für Hart- und Weichlötung und hat den Vorteil eines guten, schnellen und gleichmäßigen Wärmeüberganges und kann für Lötstellen verwendet werden, die mit dem Kolben nicht zugänglich sind. Bei Verwendung des elektrischen Stromes

zur Erwärmung der Teile ist das Verfahren auch unter dem Namen „Widerstandslötung" bekannt.

Reiblötung. Bei der Verbindung von Leichtmetallen oder Zink wird Lötzinn mit einer Drahtbürste auf der erhitzten Fläche aufgerieben (Reiblötung) und
dabei die Oxydhaut des Werkstückes zerstört. Die Korrosionsgefahr, durch die
sonst übliche Anwendung von Flußmitteln bedingt, entfällt, da Flußmittel bei
diesen Verfahren nicht angewendet werden. Verbindungen durch Reiblötung sind
Weichlötverbindungen, bei denen die Gefahr der Korrosion durch das verschiedene
Potential der verbundenen Metalle besteht, die Lötstelle ist deshalb vor Luft-
zutritt zu schützen.

Reaktionslötung. Ebenfalls für Leichtmetalle angewendet wird die Reaktionslötung. Bei diesem Verfahren besteht das Lot aus Metallsalzen (Zink-
chlorid), das auf den zu verbindenden Teilen auf etwa 300° erhitzt wird und dabei
durch die Oxydhaut dringt. Die Schwermetalle, die bei diesem Vorgang aus-
geschieden werden, vorwiegend Zink, gehen eine Verbindung mit dem Leichtmetall
ein und schützen zugleich die Lötstelle vor weiterer Oxydation. Das Verfahren
wird hauptsächlich verwendet zum Metallisieren von Oberflächen, um sie dann
weichlöten zu können.

Tauchlötung. Die Tauchlötung, die sowohl für Hart- und Weichlötung Anwendung findet, hat ihren Namen davon, daß die zu verbindenden Teile in ein
Bad von geschmolzenem Lot getaucht werden. Das Verfahren ist deshalb besonders
vorteilhaft, weil mehrere Lötstellen gleichzeitig ausgeführt werden können. Ein
typisches Beispiel ist die Hartlötung von Fahrradrahmen.

Ultraschall-Lötung. Die Ultraschall-Lötung ist eine Tauchlötung und mit
dieser zu vergleichen. Sie hat ihren Namen davon, daß durch Ultraschall Be-
wegungen der Teile im Bad hervorgerufen werden, die die Oxydschichten zerstören und das Lot sich unmittelbar anlegiert. Zum Löten von Aluminiumdrähten
viel verwendet.

Löten im Salzbad. Das Löten im Salzbad ist ein Hartlötverfahren, das ebenfalls mit der Tauchlötung vergleichbar ist und wie diese vorwiegend dann angewandt wird, wenn mehrere Lötstellen an einem Werkstück ausgeführt werden
müssen, wobei das Verziehen gering gehalten werden kann. Das geschmolzene
Salz wird als Wärmequelle benutzt, meist wird ein elektrischer Strom zugeleitet,
der eine Zersetzung des Salzgemisches bewirkt, wobei durch das ausgeschiedene
Natrium und Kalium eine Reduktion der Oxyde herbeigeführt wird.

Löten durch induktive Erwärmung. Durch den Einfluß eines Hoch-
frequenzfeldes auf metallische Werkstoffe werden in diesem Spannungen induziert,
die das Fließen von Wirbelströmen und damit die Erwärmung der Teile zur Folge
haben. Es können alle lötbaren Metalle im Hochfrequenzfeld gelötet werden.

II. Weichlötverbindungen.

1. Gestaltung der Bauteile. Abb. 713 zeigt die Verbindung eines Bourdon-
Rohres mit dem Druckanschlußstutzen als Beispiel für eine *Widerstandslötung*.

Das Anschlußstück wird durch
Elektroden schnell erhitzt, ohne
daß das empfindliche, dünnwandige Bourdon-Rohr Scha-
den leidet. Das Anschlußstück
und das Bourdon-Rohr werden
weich miteinander verlötet.

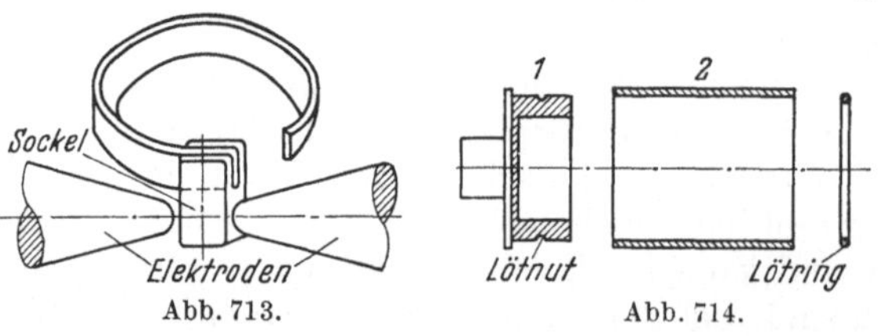

Abb. 713.   Abb. 714.

In Abb. 714 ist ein Beispiel für eine mittels *Flammenlötung* ausgeführte Lötverbindung, die äußerlich sauber aussehen und zugleich dicht sein soll, gezeigt. Der Lötring wird in das Teil *1* eingelegt, das rohrförmige Teil *2* darübergeschoben und dann mittels Flamme gelötet.

Mitunter ist für eine gute Lötung die Dosierung des Lotes notwendig. In Abb. 715 dem Beispiel einer Kolbenlötung, wird für die Lötung eines Temperaturfühlers (Dampfdruckthermometer) ein Lötkolben mit Körner zur Begrenzung der Lotmenge verwendet.

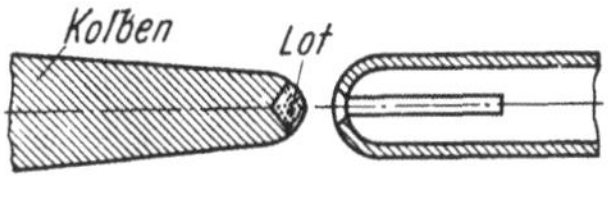

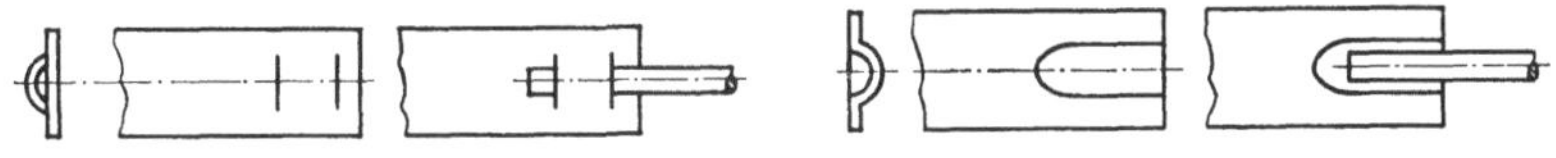

Abb. 715. 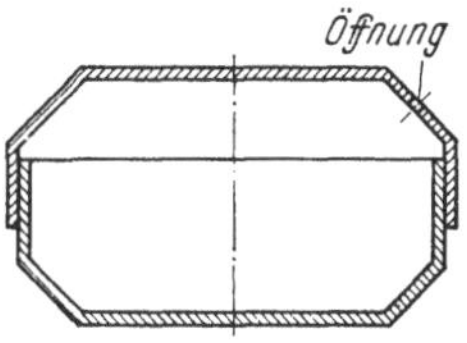   Abb. 716.    Abb. 717.

Bei Lötverbindungen an Hohlkörpern (Schwimmern u. dgl.), die dicht sein sollen, ist eine Öffnung vorzusehen für das Entweichen der warmen Luft beim Lötvorgang, und das nachfolgende Trocknen eines Lacküberzuges im Trockenofen, um das Platzen des Hohlkörpers zu verhindern. Die Öffnung muß nach dem Trocknen verschlossen werden. (Eventuell durch schnelles Verlöten.) (Abb. 716.)

Durch Verlängerung der Lötnaht (z. B. schräger Schnitt bei Rohren) kann die Festigkeit der Lötverbindung erhöht werden (Abb. 717).

Abb. 718.

Die in Abb. 718 dargestellten Stromschienen, Lötösen, stromführenden Federn u. dgl. sind so gestaltet, daß ein gutes Anlöten des Drahtes und eine Entlastung der Lötstelle erreicht wird.

Abb. 719 soll zeigen, daß schon ein einfaches Abwinkeln eines Bleches, Lötöse u. dgl. eine fühlbare Erleichterung beim Löten bringt.

Auch das in Abb. 720 dargestellte Blechteil ist zum Anlöten von Drähten gestaltet. Nach dem Einlegen des Drahtes werden die Blechlappen zusammengebogen und die Lötstelle auf diese Weise entlastet. Das Löten erfolgt nach dem Biegen.

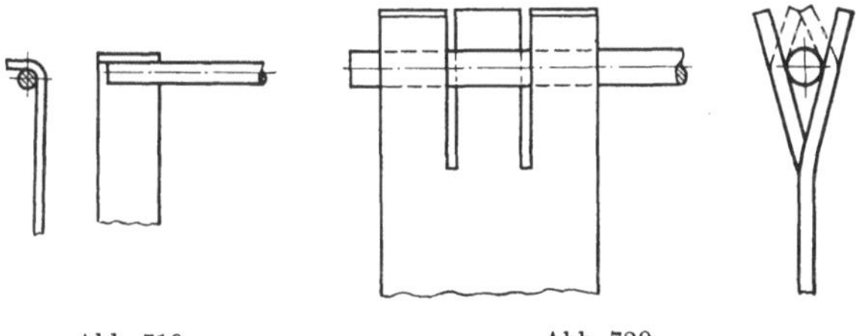

Abb. 719.   Abb. 720.

Besondere Vorkehrungen müssen immer getroffen werden, wenn Drähte in Bohrungen bei Drehteilen eingelötet werden müssen.

Ein Drehteil, das zum Einlöten eines Leiters und zur besseren Lotzuführung mit Schlitz versehen ist, ist in Abb. 721 gezeigt.

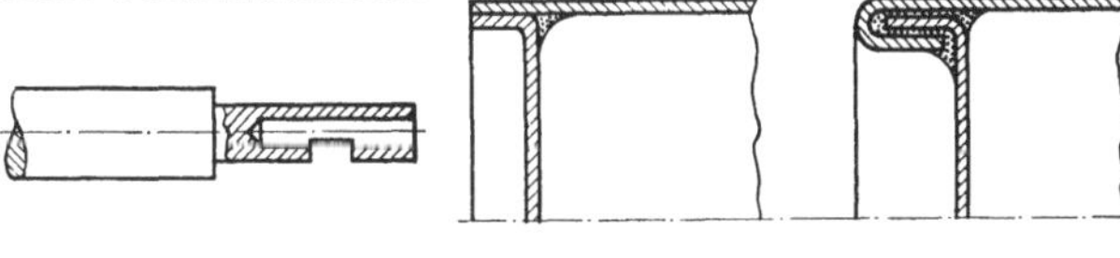

Abb. 721.   Abb. 722.

In ein rundes Gefäß eingelöteter Boden, als nicht entlastete und entlastete Lötverbindung gestaltet, wie in Abb. 722, sollen nur als mögliche, nicht als für die Massenherstellung geeignete Beispiele gezeigt werden.

In Blech eingelötete Rohrstücke, bei denen die Lötstelle in einem Falle durch ein zusätzliches Blechteil, im anderen Falle durch eine Düse entlastet ist, können, wie in Abb. 723, gestaltet werden.

Die Schraube in Abb. 724 ist ein Beispiel für eine Kontaktschraube mit eingelötetem Platin- oder Silberkontakt. Das Einlöten ist in diesem Falle billiger als das Einpressen,

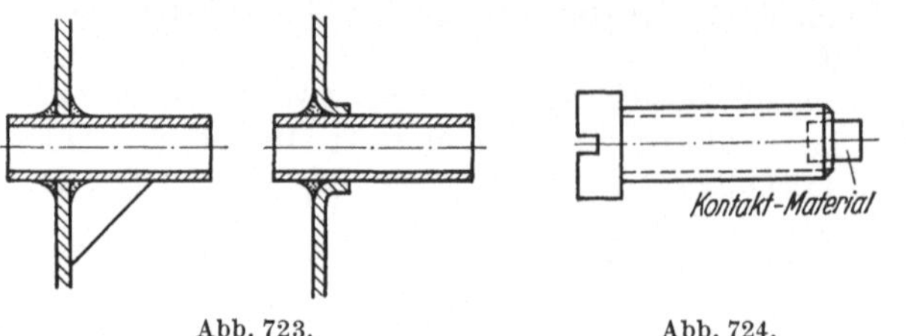

Abb. 723.   Abb. 724.

weil der Stift zum Einlöten kürzer sein kann als beim Einpressen.

III. Hartlötverbindungen.

1. Hartlöten unter Schutzgas. Beim Hartlöten unter Schutzgas handelt es sich um eine unlösbare Verbindung von Teilen, vorwiegend aus Eisen oder Stahl. Die Durchführung der Lötung unter Schutzgas hat vor allem den Zweck, die Oxydbildung während des Lötvorganges zu verhindern. Damit entfällt die sonst beim Hartlöten übliche Anwendung von Flußmitteln gänzlich. Darüber hinaus werden aber auch bereits vorhandene Oxyde beseitigt. Die gelöteten Teile erhalten eine saubere, zunderfreie Oberfläche. Eine Nachbehandlung der Oberfläche vor allem an der Lötstelle selbst, wie das bei der üblichen Hartlötung notwendig war, kann unterbleiben. Als Lötmittel wird vorwiegend Kupfer verwendet, das als dünner Draht, Pulver oder galvanisch an der Lötstelle aufgebracht wird. Das geschmolzene Lot geht mit dem Eisen eine Legierung ein. Die Festigkeit der Lötstelle wird dadurch größer als die des Lötmittels.

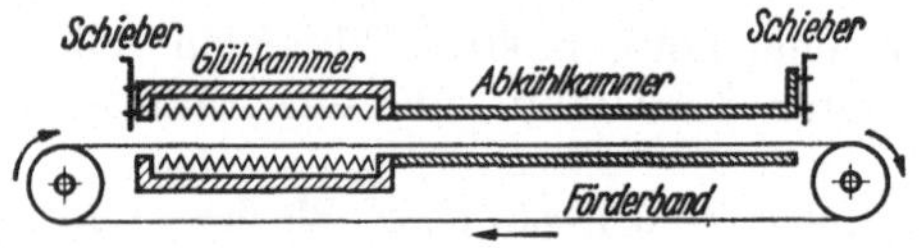

In der Massenfertigung wird der Förderbandofen verwendet (Abb. 725). Er besteht im wesentlichen aus einer elektrisch beheizten Glühkammer und einer daran anschließenden Abkühlkammer, die vom Förderband durch-

Schieber   Glühkammer   Abkühlkammer   Schieber   Förderband

Abb. 725.

laufen werden. Das Durchlaufen geschieht stetig, die Geschwindigkeit des Bandes und damit die Lötzeit ist regelbar. An der Eingangs- und Ausgangsöffnung des Ofens sind Schieber angebracht, die den Abmessungen der Teile entsprechend eingestellt werden, um die Öffnungen möglichst klein zu halten. Das Schutzgas wird in einer besonderen Anlage hergestellt und dem Ofen zugeführt, es kann nur an der Eingangs- und Ausgangsöffnung des Ofens entweichen.

Bei der Gestaltung der Teile muß auf einige Besonderheiten dieser Verbindungsart Rücksicht genommen werden. Da das geschmolzene Lot durch die Kapillarkraft in die feinsten Fugen eindringt, ist auf die richtige Lötfugengestaltung besonderer Wert zu legen. Zur Erhöhung der Kapillarwirkung ist es deshalb günstiger, die zu verbindenden Teile mit einem Preßsitz auszuführen, als sie lose zusammenzufügen. Bei Teilen, die nicht durch Preßsitz gehalten werden können (winklig oder flach aneinander gefügte Bleche usw.), muß für eine geeignete Halterung gesorgt werden, um ein Verschieben der Teile während des Lötens zu vermeiden. Außerdem muß eine Möglichkeit zur Aufbringung des Lotes vorgesehen werden.

Das Verfahren hat den Vorteil, daß sich Wärmespannungen weniger unangenehm auswirken als beim Schweißen, da die Teile gleichmäßiger erwärmt werden. Es ermöglicht die Einsparung größerer Zerspannungsarbeit bei komplizierten

Teilen. Weitere Vorteile sind eine unbedingte Drehsicherheit auch bei Schlag- und Biegebeanspruchung sowie eine saubere unverzunderte Oberfläche der gelöteten Teile.

2. Gestaltung der Teile. Bei der Gestaltung der Teile ist eine Möglichkeit zur Anbringung des Lotes vorzusehen. In den meisten Fällen kann das als Lot dienende Kupfer, in Form eines Kupferringes, durch das Bauteil selbst während des Lötvorganges gehalten werden (Abb. 726 und 727).

Durch eine Senkung (Abb. 728) oder eine Rille (Abb. 729) u. dgl. wird die Ka-

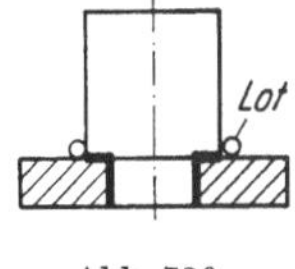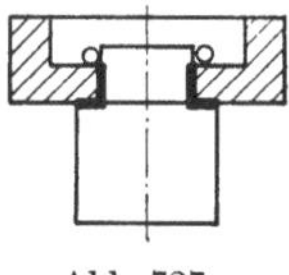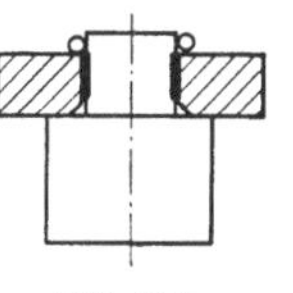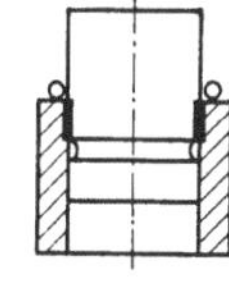

Abb. 726. Abb. 727. Abb. 728. Abb. 729.

pillarwirkung unterbrochen. Die Lötung erfolgt deshalb, im Gegensatz zu den vorhergehenden Beispielen, nur in dem zylindrischen Teil bis zur Senkung bzw. Rille.

Teile, die nicht durch Preßsitz miteinander gehalten werden können, sind durch Verstiften (Abb. 730), Punktschweißen (Abb. 731) oder Verschrauben zu sichern.

Mit Rücksicht auf eine gute Lötung muß für gute Anlage der Teile gesorgt werden. So müssen beispielsweise Ecken

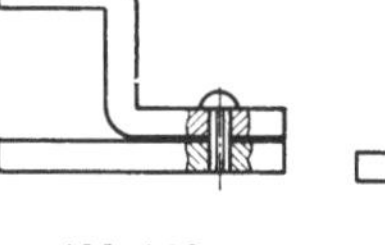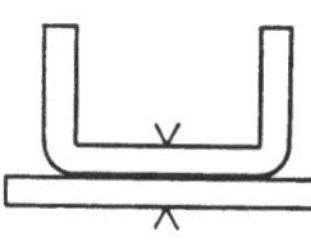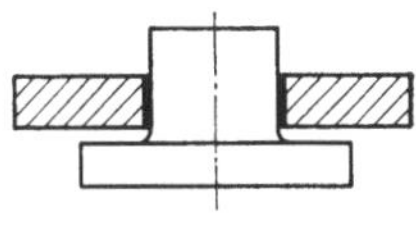

Abb. 730. Abb. 731. Abb. 732.

scharf ausgedreht sein, da sonst die Lötung nur im zylindrischen Teil der Verbindung erfolgt (Abb. 732).

Ein großer Vorteil dieser Verbindungsart besteht darin, daß mehrere Teile gleichzeitig miteinander verbunden werden können (Abb. 733).

Abb. 734 zeigt die Aufbringung des Lotes bei mehreren Lötstellen an einem mehrteiligen Werkstück. Bei mehrteiligen Werkstücken ist es mitunter schwierig das Lot anzubringen. Trotzdem muß bei der Gestaltung der Teile darauf Rücksicht genommen werden.

Besonders bei komplizierten Teilen, die nicht ohne weiteres durch spanabhebende Bearbeitung hergestellt werden können, macht sich der Vorteil der

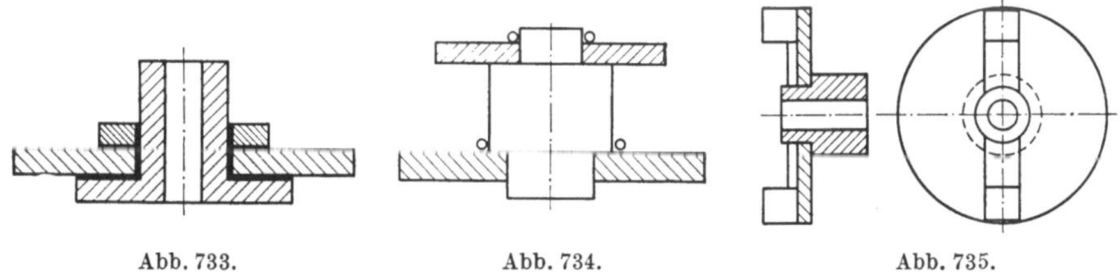

Abb. 733. Abb. 734. Abb. 735.

Hartlötung bemerkbar. Dies gilt im besonderen für Teile, an denen umfangreiche Fräs- und Dreharbeiten notwendig wären, wenn man sie aus einem Stück herstellen wollte (Abb. 735).

Mitunter erfordert dann das Zusammenhalten der komplizierten Werkstücke während des Lötvorganges noch besondere Verbindungselemente. In Abb. 736 sind die Teile durch Verschrauben für den Lötvorgang gesichert. Das Lot ist auf dem Teil *A* galvanisch aufgetragen. In Abb. 737 ist das Bauteil durch Umrollen gesichert.

Bei Rohrverbindungen, die häufig vorkommen, ist eine gute Passung mit Rücksicht auf eine gute Kapillarwirkung und die Halterung der Teile während des Lötvorganges notwendig (Abb. 738).

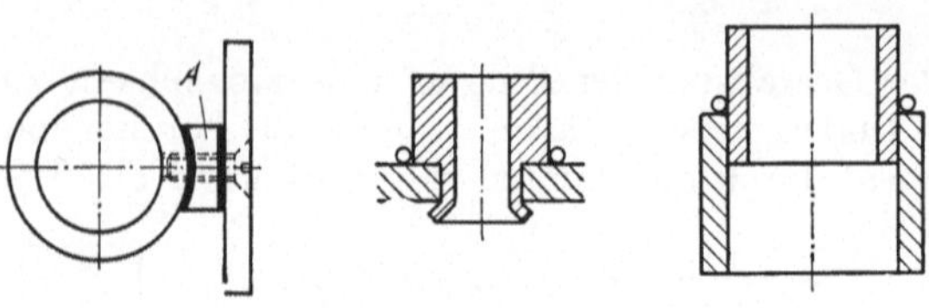

Abb. 739 zeigt die Möglichkeit einer Lötverbindung, die unsichtbar oder deren Außenfläche nicht mit Kupfer überzogen sein soll. Die Halterung während des Lötvorganges ist durch Festsitz, eventuell auch durch Rändeln, zu erreichen.

Abb. 736.   Abb. 737.   Abb. 738.

Bei Teilen mit Sackloch muß eine Entlüftungsbohrung vorgesehen werden, wie das in der Abb. 740 dargestellt ist.

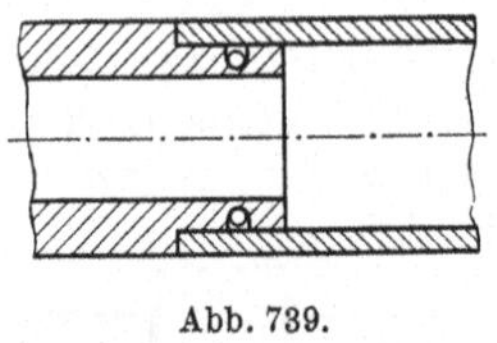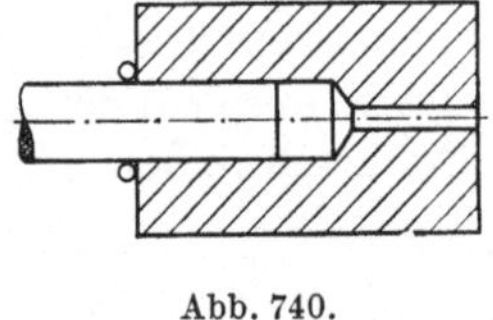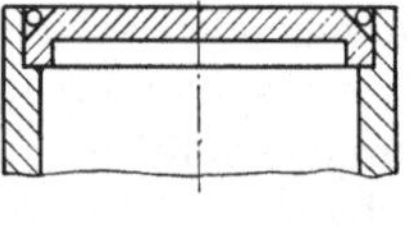

Abb. 739.   Abb. 740.   Abb. 741.

Abb. 741 zeigt den eingelöteten Boden eines runden Behälters. Der Boden ist abgeschrägt, um das Lot einlegen zu können.

SPRINGER-VERLAG / BERLIN · GÖTTINGEN · HEIDELBERG

Fertigungs- und stoffgerechtes Gestalten in der Feinwerktechnik

Von

Baudirektor Dr.-Ing.

Karl-Heinz Sieker VDI
Direktor der Ingenieurschule Gauss, Berlin

unter Mitarbeit von Baurat **Kurt Rabe,** Dozent an der Ingenieurschule Gauss, Berlin.

(Konstruktionsbücher. Hrsg. K. Kollmann, Karlsruhe, 13. Band.)

Mit 493 Abbildungen. V, 166 Seiten. 1954.

DM 21,—; Ganzleinen DM 24,—.

Inhaltsübersicht: Einleitung. Merkmale der Feinwerktechnik. Ein- und Mehrteilgestaltung. — **I. Metallische Bauteile.** Durch Zerspanen geformte Bauteile: Allgemeines. Drehteile. Bohrteile. Frästeile. Räumteile. Schleifteile. — Gestanzte Bauteile: Überblick über die Verfahren. Werkstoffe. Formungsgerechtes Gestalten. Festigkeitsbedingtes Gestalten. Fügegerechtes Gestalten. — Gegossene Bauteile: Sand- und Kokillenguß. Verfahren. Werkstoffe. Gießgerechtes Gestalten. Festigkeitsbedingtes Gestalten. Bearbeitungsgerechtes Gestalten. Fügegerechtes Gestalten. — Druckguß. Verfahren. Werkstoffe. Gießgerechtes Gestalten. Festigkeitsbedingtes Gestalten. Fügegerechtes Gestalten. — Pulvermetallische Bauteile: Verfahren. Werkstoffe. Preßgerechtes Gestalten. — **II. Nichtmetallische Bauteile.** Bauteile aus Schichtpreßstoff: Verfahren. Werkstoffe. Bearbeitungsgerechtes Gestalten. Fügegerechtes Gestalten. — Bauteile aus Formpreßstoff: Verfahren. Werkstoffe. Preßgerechtes Gestalten. Festigkeitsbedingtes Gestalten. Fügegerechtes Gestalten. — Bauteile aus Keramik: Verfahren. Werkstoffe. Formungsgerechtes Gestalten. Fügegerechtes Gestalten. — Schluß: Konstruktionsbeispiele. — **Namen- und Sachverzeichnis.**

Konstruktionsbücher. Herausgeber: Professor Dr.-Ing. **K. Kollmann,** Karlsruhe.

1. Band: **Stahlleichtbau von Maschinen.** Von Direktor **K. Bobek,** Berlin, Dr.-Ing. **A. Heiß,** Hannover, und Dr.-Ing. **F. Schmidt,** Augsburg. Zweite Auflage.

In Vorbereitung

3. Band: Berechnung und Gestaltung von Metallfedern. Von Dipl.-Ing. **Siegfried Groß,** Sevenoaks, Kent, England. Zweite, verbesserte und erweiterte Auflage. Mit 79 Abbildungen. IV, 95 Seiten. 1951. DM 7.50

5. Band: Berechnung und Gestaltung von Schraubenverbindungen. Von Dr.-Ing. habil. **H. Wiegand,** Düsseldorf, und Ing. **B. Haas,** Berlin. Zweite Auflage. Mit 71 Abbildungen. V, 68 Seiten. 1951. DM 6.60

11. Band: Gestaltung gezogener Blechteile. Von Dr.-Ing. habil. **G. W. Oehler,** Privatdozent an der Technischen Hochschule Hannover. Mit 145 Abbildungen. IV, 120 Seiten. 1951. DM 8.40

12. Band: Schweißkonstruktionen. Berechnung und Gestaltung. Von Dipl.-Ing. **Richard Hänchen.** Mit 349 Abbildungen. IV, 80 Seiten. 1953. DM 9.—